智能输电线路原理方法和关键技术

盛戈皞　刘亚东　著

科学出版社

北京

内 容 简 介

　　智能输电线路的目标是实现输电线路运行控制的信息化、互动化和自动化,提高电网输电环节的安全性和可靠性,提升电网运行效率和资产利用率,是智能电网的重要环节。本书结合智能电网的建设和发展现状,系统阐述智能电网条件下输电线路智能化的技术原理和实现方法,主要内容包括智能输电线路的技术内涵、架构体系以及智能输电线路监测技术、动态增容技术、分布式故障定位技术、多维度状态评价方法、监测装置共性关键技术等。

　　本书包含对智能输电线路这一新概念的全面阐释,既有现有智能监测技术的原理和应用分析,又有近年来随着智能电网发展涌现的新方法、新技术的原理和实现,理论联系实际,具有先进性和实用性,可供电力行业输电线路设计制造、运行管理、检修维护以及电网调度等相关专业科研人员及工程技术人员阅读使用,也可供高等院校电气工程相关专业师生参考。

图书在版编目(CIP)数据

智能输电线路原理方法和关键技术 / 盛戈皞,刘亚东著.—北京:科学出版社,2017.12
　(先进能源智能电网技术丛书)
　ISBN 978 - 7 - 03 - 055090 - 3

Ⅰ.①智…　Ⅱ.①盛…　②刘…　Ⅲ.①智能控制—输电线路—研究　Ⅳ.①TM726

中国版本图书馆 CIP 数据核字(2017)第 268584 号

责任编辑:王艳丽　王　威
责任印制:谭宏宇/封面设计:殷　靓

科学出版社 出版
北京东黄城根北街 16 号
邮政编码:100717
http://www.sciencep.com
南京展望文化发展有限公司排版
广东虎彩云印刷有限公司印刷
科学出版社发行　各地新华书店经销

*

2017 年 12 月第　一　版　　开本:787×1092　1/16
2021 年 3 月第五次印刷　　印张:16 3/4
字数:410 000
定价:**98.00 元**
(如有印装质量问题,我社负责调换)

序

　　当今人类社会面临能源安全和气候变化的严峻挑战,传统能源发展方式难以为继,随着间歇式能源大规模利用、大规模电动车接入、各种分布式能源即插即用要求和智能用户互动的发展,再加上互联网＋智慧能源、能源互联网(或综合能源网)等技术的蓬勃兴起,推动了能源清洁化、低碳化、智能化的发展。在能源需求增速放缓、环境约束强化、碳排放限制承诺的新形势下,习近平主席于2014年提出了推动能源消费、供给、技术和体制四大革命及全方位加强国际合作的我国能源长期发展战略。作为能源产业链的重要环节,电网已成为国家能源综合运输体系的重要组成部分,也是实现国家能源战略思路和布局的重要平台。实现电网的安全稳定运行、提供高效优质清洁的电力供应,是全面建设小康社会和构建社会主义和谐社会的基本前提和重要保障。

　　电力系统技术革命作为能源革命的重要组成部分,其现阶段的核心是智能电网建设。智能电网是在传统电力系统基础上,集成新能源、新材料、新设备和先进传感技术、信息技术、控制技术、储能技术等而构成的新一代电力系统,可实现电力发、输、配、用、储过程中的全方位感知、数字化管理、智能化决策、互动化交易。2014年下半年,中央财经领导小组提出了能源革命、创新驱动发展的战略方向,指出了怎样解决使用新能源尤其是可再生能源所需要的智能电网问题是能源领域面临的关键问题之一。

　　放眼全球,智能电网已经成为全球电网发展和科技进步的重要标志,欧美等发达国家已将其上升为国家战略。我国也非常重视智能电网的发展,近五年来,党和国家领导人在历次政府工作报告中都强调了建设智能电网的重要性,国务院、国家发改委数次发文明确要加强智能电网建设,产业界、科技界也积极行动致力于在一些方向上起到引领作用。在"十二五"期间,国家科技部安排了近十二亿元智能电网专项资金,设置了九项科技重点任务,包括大规模间歇式新能源并网技术、支撑电动汽车发展的电网技术、大规模储能系统、智能配用电技术、大电网智能运行与控制、智能输变电技术与装备、电网信息与通信技术、柔性输变电技术与装备和智能电网集成综合示范,先后设立"863"计划重大项目2项、主题项目5项、支撑计划重大项目2项、支撑计划重点项目5项,总课题数合计84个。国家发展和改革委员会、国家能源局、工业和信息化部、国家自然科学基金委员会、教育部等部委也在各个方面安排相关产业基金、重大示范工程和研究开发（实验）中心，国家电网公司、中国南方电网有限公司也制定了一系列相关标准，有力地促进了中国智能电网的发展，在大规模远距离输电、可再生能源并网、大电网安全控制等智能电网关键技术、装备和示范应用方面已经具有较强的国际竞争力。

国家能源智能电网（上海）研发中心也是在此背景下于 2009 年由国家能源局批准建立，总投资 2.8 亿元，包括国家能源局、教育部、上海市政府、国家电网公司和上海交通大学的建设资金，下设新能源接入、智能输配电、智能配用电、电力系统规划、电力系统运行五个研究所。在"十二五"期间，国家能源智能电网（上海）研发中心面向国家重大需求和国际技术前沿，参与国家级重大科研项目六十余项，攻克了一系列重大核心技术，取得了系列科技成果。为了使这些优秀的科研成果和技术能够更好地服务于广大的专业研究人员，并促进智能电网学科的持续健康发展，科学出版社联合国家能源智能电网（上海）研发中心共同策划组织了这套"先进能源智能电网技术丛书"。丛书中每本书的选择标准都要求作者在该领域内具有长期深厚的科学研究基础和工程实践经验，主持或参与智能电网领域的国家"863"计划、"973"计划以及其他国家重大相关项目，或者所著图书为其在已有科研或教学成果的基础上高水平的原创性总结，或者是相关领域国外经典专著的翻译。

"十三五"期间，我国要实施智能电网重大工程，设立智能电网重点专项，继续在提高清洁能源比例、促进环保减排、提升能效、推动技术创新、带动相关产业发展以及支撑国家新型城镇化建设等方面发挥重大作用。随着全球能源互联网、互联网＋智慧能源、能源互联网及新一轮电力体制改革的强力推动，智能电网的内涵、外延不断深化，"先进能源智能电网技术丛书"后续还会推出一些有价值的著作，希望本丛书的出版对相关领域的科研工作者、生产管理人员有所帮助，以不辜负这个伟大的时代。

江秀臣

2015.8.30 于上海

前　言

　　输电线路是电力输送的物理通道和电力通信的重要载体，也是电力系统分布最广、造价最高的组成部分，其高效、可靠运行是电网安全、经济运行的基础。为适应建设坚强智能电网的要求，输电线路的发展需要将电气技术、检测技术、通信技术、信息处理、大数据和人工智能等各领域最新研究成果与输电线路设计、运行、管理的各个环节有机结合，实现输电线路运行状态的智能化感知、分析和评估诊断以及信息流的网络化共享、融合和互动，建设信息化、数字化、互动化、自动化的智能输电线路运行体系。

　　目前，我国已经在特高压、高级调度中心、智能变电站等电网关键技术方面取得突破性的进展并获得重大的成果，为智能电网的建设奠定了良好的基础。相对于调度和变电环节，国内外输电线路智能化技术的发展相对较慢，线路信息化、数字化、自动化和互动化的程度较低，离智能电网的要求还有相当大的距离。2008 年以来，输电线路的在线监测技术获得较为广泛的应用，为智能输电线路的实现提供了基础支撑条件，但是由于对智能输电线路的模式、目标、功能和实现方案还没有统一的认识和实践经验，线路状态与电网运行相结合的智能决策缺乏系统完善的模型和分析方法，智能输电线路的应用还远未成熟。本书结合作者的研究工作对智能输电线路涉及的理论方法和关键技术进行阐述，探索一些共性问题与新的技术发展方向，希望能够有更多的科研机构及电网相关专业部门重视智能输电线路的研究和应用，在应用中不断完善，使之真正成为实现智能电网建设与发展目标的关键环节。

　　输电线路智能化技术是实现线路高效可靠运行的手段，既要立足于目前处于发展期的现实，又要兼顾未来成熟期的前景。本书依据智能电网对输电环节的要求以及智能输电线路技术支撑体系，结合智能输电线路示范应用工程，系统地阐释智能电网条件下智能输电线路的理论方法与关键技术，主要内容是智能电网条件下智能输电线路的实现模式、技术体系架构、技术原理和方法，涵盖输电线路智能化涉及的关键理论与新兴技术，其中输电线路分布式故障定位与故障辨识、负载能力动态评估、输电线路健康状态多维度差异化评价以及大数据分析技术的应用等原理和方法是本书作者近年来完成国家自然科学基金项目、科学技术部"863"计划（国家高技术研究发展计划）、科学技术部国际合作项目以及上海市科学技术委员会科技攻关项目等相关研究的成果，内容涉及线路规划设计、运行维护、生产管理和电网调度等多个电网业务部门。本书既有理论分析和验证,又有现场实践应用经验的总结,并结合国内外最新的研究进展提出新的技术发展方向,可以为智能输电技术的研究和应用提供理论与方法的指导。

本书的研究成果是作者所在的上海交通大学智能输配电研究所教师及所指导的研究生共同取得的。直接参与本书写作的有盛戈皞、刘亚东,其中,盛戈皞撰写了第1～3章、第5章、第7章,刘亚东撰写了第4章和第6章。江秀臣教授、李国杰教授、钱勇老师为本书的研究和撰写工作进行了指导并提出了非常宝贵的建议和意见,研究生任丽佳、严英杰、王孔森、岳天琛、江淼、谢潇磊、秦嘉南、刘珂宏、申文、邵庆祝、朱成喜、徐湘忆、毛先胤、朱文俊、胡佳豪、邢毅、陆鑫森、吴波、齐书情、庄启恺、毋金涛、张成、袁力翔、孙务本、杨威威等做了大量的研究工作,代杰杰、杨越文、梁涵卿等进行了校对。此书在编写过程中,还得到了上海交通大学电气工程系的领导和同事的大力支持和帮助,作者谨表示由衷的感谢。

本书有关研究工作得到国家自然科学基金项目"基于大数据分析的输变电设备状态评估基础理论与方法"(项目编号:51477100)、国家科学技术部"十二五"国家"863"计划智能电网专项"大数据分析技术在输变电设备状态评估中的研究与应用"课题(项目编号:2015AA050204)、国家国际科技合作项目"智能电网智能输电关键技术与实施方案"(项目编号:2013DFG71630)以及国家电网公司和南方电网公司多个科技项目的资助,本书中涉及的一些数据和现场应用技术材料以及系统的示范应用得到了国网山东省电力公司、国网上海市电力公司、中国南方电网超高压输电公司、广东电网公司、中国电力工程顾问集团华东电力设计院等电网设计和运行单位的帮助,在此一并深表感谢。

智能输电线路是一个涉及面较广的、全新的技术领域,本书主要结合作者的科研工作对关键技术问题进行了论述,覆盖范围有限。由于作者学识水平有限以及研究工作的局限性,疏漏与不足之处在所难免,恳请读者批评指正。

作　者

2017年9月

目　录

序
前言

第1章

智能输电线路概述

1.1 智能输电线路的目标和内涵

当今人类社会面临能源安全和气候变化的严峻挑战,传统能源发展方式难以为继,可再生能源大规模利用,互联网、新能源等技术蓬勃兴起,推动了能源清洁化、低碳化、智能化发展。在能源需求增速放缓、环境约束强化、碳排放限制承诺的新形势下,习近平于2014年提出了推动能源消费、供给、技术和体制四大革命和全方位加强国际合作的国家能源长期发展战略。通过科技创新驱动,建立安全、低碳、清洁、高效的能源体系是保障我国能源安全的必然选择。

智能电网也被称为电网2.0,它是以物理电网为基础,将现代先进的传感测量技术、通信技术、信息技术、计算机技术和控制技术与物理电网高度集成而形成的新型电网,实现可靠、安全、经济、高效、环境友好等目标[1]。智能电网已经成为全球电网发展和科技进步的大趋势,被赋予消纳新能源、支撑电动车、提高大电网运行效率和用户节能的重任,欧美等发达国家已将其作为国家战略,并制定了智能电网发展技术路线图和时间表。我国国家电网公司和南方电网有限责任公司分别在2009年和2010年提出了智能电网的发展规划,此后每年的国务院政府工作报告都将智能电网的建设作为重要工作内容,"863"计划、国家重点研发计划重点专项"十三五"规划、国家自然科学基金等都持续将智能电网技术及其装备列为重点研究和发展方向。2015年7月,国家发展和改革委员会下发《关于促进智能电网发展的指导意见》,明确清洁能源的充分消纳、提升输配电网络的柔性控制能力、满足并引导用户多元化负荷需求等发展目标。2016年7月,《"十三五"国家科技创新规划》将智能电网列入15个面向2030年的国家"科技创新2030"重大项目。近年来,国家电网公司提出建设的全球能源互联网(Global Energy Internet)也是以智能电网为基础、以特高压电网为骨干网架、以输送清洁能源为主导、全球互联泛在的坚强智能电网,目标是从根本上解决全球能源安全、生态环境与世界和平等问题[2]。

智能电力设备是智能电网建设和发展的基础,其主要目标是根据设备自身运行状态信息和外界多种信息的综合分析,采用智能分析、智能决策与控制手段,实现对设备运行状态的适时、适当调整与改变。电力设备智能化使得相关信息系统和人员能够实时掌控装备的运行状态,及时发现、快速诊断和消除故障隐患,从而在尽量少的人工干预下,快速隔离故障、自我恢复,使电网具有自适应和自愈能力,促进了智能电网建设中自适应和自愈目标的实现[3]。因此,实现电力设备智能化不但能使电网具备事故防御尤其是大面积事故防御能力,提高电网的自适应和自愈能力,大幅度减少电网大面积停电事故给国民经济和社会公共安全带来的突发性灾难,提高电网可靠安全运行水平,而且为大规模可再生能源利用提供优质电能平台奠定了重要技术基础,对实现节能减排、减少温室效应的目标具有重要战略意义。

输电线路是智能电网的六大环节之一,是电能输送的物理通道和电力通信的重要载体,也是电力系统分布范围最广、建设维护成本最高的组成部分,其高效、可靠运行是电网安全、经济运行的基础。根据电力行业统计分析,输电网络的停电事故大部分都是由于高压电力设备故障引起的,而高压电力设备的故障绝大部分为架空输电线路故障,近年来发生的一些重大停电事故,如2003年美加大停电、2005年"9.26"中国海南大停电、2005年"10.24"中国西藏藏中电网大停电以及2016年"8.12"中国京沪高铁大面积停运等最初都是由于输电线路故障引发的。为适应建设坚强智能电网的要求,输电线路运行管理需要将电气技术、检测技术、信息通信技术、大数据和人工智能技术等各领域最新研究成果与输电线路建设、运行、维护、管理的各个环节有机结合,实现输电线路运行状态的智能化感知、分析和识别以及信息流的网络化共享、融合和互动,建设信息化、数字化、互动化、自动化的输电线路运行维护体系,保障输电线路的安全高效运行。

智能输电线路的主要目标是采用先进的在线监测、智能巡检和带电检测等手段,通过准确可靠的传感测量技术与安全高效的通信技术,获取全景、广域的输电线路状态信息,建立可视化展示的输电线路运行监测分析平台,在此基础上利用多源数据融合分析技术和决策支持技术对输电线路及其通道环境状态进行智能分析评估、在线安全预警、故障精确定位和智能诊断,并与生产管理系统、智能调度系统甚至线路设计部门实现数据共享和互动,为线路设备状态检修、优化调度运行、电网应急防灾等提供线路状态信息和辅助决策支持,从而尽量减少人为参与,增强线路运行的可靠性和安全性,提高线路运行的经济性和线路利用效率,降低电网的建设、运行、维护等成本,减少电网停电损失,使输电线路运行、维护和管理综合效益达到最优化。

智能输电线路是智能电网的基础元件,具有自主感知和评估自身运行状态的能力,能综合外界多源信息,采用智能分析、决策与控制手段,使电网对输电线路运行状态可观测、可调整和可控制,支持电网主动提前应对线路故障、提高输电线路运行效率,达到输电网络安全、高效运行的目标。智能输电线路是传统输电线路适应智能电网发展的必然趋势,其主要内涵体现在以下几个方面。

1) 实现输电线路运行状态的智能监测和自动评估

构建坚强智能电网,首先是提高电力系统运行的可靠性,而实现输电线路智能化监测和状态评估是其中的首要工作之一。采用传感、通信、人工智能等新技术,及时、准确、全面地获取输电线路运行的健康状态、劣化趋势和动态负载能力等关键性能,使设备具备自身状态评估能力,实现输电线路的故障预警,可以在很大程度上避免事故发生,提高线路运行的可靠性,这是建设智能电网的基本内涵之一,也是实现输电线路智能化的最重要手段和基础。

2) 实现输电线路状态信息交互和融合分析

智能电网是物理网与信息网的融合体,智能电力设备可作为一体化网络中的"节点",其信息采集、传输、存储、处理、集成、展现是智能电网建设需要解决的重要问题。因此,为了有效实现输电线路的智能化,使线路状态信息可知,需要在智能电网信息体系架构下建立智能输电线路通信和信息平台,实现智能输电线路之间以及智能输电线路与其他智能电力设备和各层次、各环节应用系统之间的信息集成和交互。通过信息交互和融合形成完整、全面的电网视图,为智能电网智能决策和分析提供技术基础保障。

3) 实现输电线路故障准确定位和智能诊断,为线路故障快速自愈提供支撑

在输电线路状态感知的基础上,通过对线路故障的机理、规律和特性的认识,为故障的智能识别提供理论指导,采用先进的信息处理和智能分析技术,对故障特征信息进行辨识,实现输电线路故障的精确定位和智能诊断,可以及时发现和处理故障,是实现输电线路故障快速自愈的基础。

4) 实现输电线路运行风险实时评估和安全预警,为输电线路应急防灾、状态检修和全寿命周期管理提供智能决策支持

建立输电线路自身风险的实时评估和故障预测模型,具备输电线路故障早期的安全预警能力,实现输电线路应急防灾和状态检修的智能决策和优化管理。以此为基础,根据输电线路健康状态和重要程度,采取预测性检修策略,提高输电线路故障的主动防御能力,同时在满足可靠性要求的前提下,实现最优的线路全寿命周期成本,延长线路的服役时间。

5) 实现输电线路运行状态和电网调度运行的信息互动,为电网优化调度提供辅助决策支持

计及输电线路等电力设备的健康状态和动态负载能力合理制定调度运行方式,分析电网运行风险,在保证安全的前提下调整输电线路的输送容量,充分挖掘输电线路的输送潜力,对电网的安全、高效运行起重要作用。因此,除了支撑输电线路状态检修,智能输电线路还应以支持电网优化调度运行为重要目标。

1.2　智能输电线路的实现模式和价值

在未来,智能电网终将演化成电力空间和信息空间(包括各类信息系统及信息设备)高度融合的电力信息物理系统(electric cyber-physical system, ECPS),其中电力空间覆盖所有电力一次设备作为 ECPS 的物理承载基础,信息空间涵盖所有电力二次系统与电力信息系统作为 ECPS 的控制与运算分析平台[4]。智能输电线路的主要实现模式是基于 ECPS 的原理和架构,建立智能输电线路信息物理系统(transmission cyber-physical system, TCPS),并最终作为 ECPS 的一部分,也是典型的信息物理耦合系统。智能输电线路信息物理系统实现原理如图 1.1 所示,实际的输电线路是由杆塔、导地线等大量设备

和部件组成的物理系统,信息系统由输电线路状态监测系统与能量管理系统(energy management system,EMS)、生产管理系统(production management system,PMS)、智能巡检系统、地理信息系统(geographic information system,GIS)等共同组成,是实现输电线路智能化的运行监测分析平台。信息系统通过在线监测、智能巡检、电网量测等手段获得输电线路部件及整体的关键状态信息、气象环境信息以及电网运行信息等反映输电线路运行情况的全景信息,基于智能分析和评估诊断的结果,通过智能调度、状态检修等手段实现输电线路物理系统状态的调整和控制。智能输电线路信息物理系统的信息系统和物理系统相互依存、相互影响,共同实现输电线路的安全、高效运行。

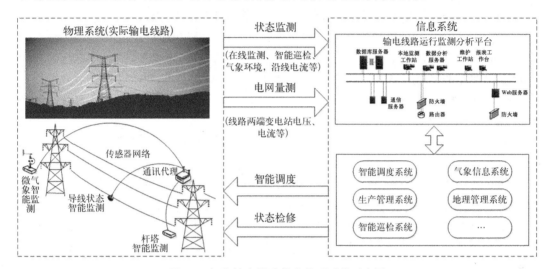

图 1.1 智能输电线路信息物理系统示意图

与其他典型 CPS 一样,智能输电线路信息物理系统同样由智能连接层、数据转换层、信息空间层、认知层和配置层组成。在微观上,智能输电线路信息物理系统通过在输电线路物理系统中嵌入传感、计算与通信内核,实现计算进程与物理进程的一体化,传感器、嵌入式计算机与通信网络对输电的物理进程进行可靠、实时和高效的监测、协调与控制。宏观上,智能输电线路信息物理系统是由运行在不同时间和空间范围的分布式的、异步的异构系统组成的动态混合系统,包括感知、分析、决策和控制等各种不同类型的资源和可编程组件。各个子系统之间通过有线或无线通信技术,依托网络基础设施相互协调工作。

根据智能输电线路的内涵,其关键在于通过先进的传感和测量技术、通信技术、数据分析和决策支持技术,提高线路状态评估和故障辨识的智能化、自动化水平,满足智能电网安全、可靠、高效输电的要求,其应用价值主要体现在以下四个方面。

1) 实现输电线路的信息化和智能化

通过先进的传感器技术、通信技术、信息技术和分布式智能技术对输电线路状态信息感知进行革命性升级,作为建设信息化、自动化、互动化的智能电网输电环节的主要基础。

2) 大幅提高电网输电环节的安全性和可靠性

智能输电线路大大提高了线路状态智能监测和评估诊断的水平,实现了线路故障自动诊断、定位和预警,帮助线路维护部门及时准确地掌握线路运行状态,为输电线路的状态检修和设备全寿命周期管理提供科学依据,使输电线路有能力抵御极端恶劣天气和外部攻击,减少输电环节引起的停电事故,确保用户供电的连续性。

3) 最大限度地挖掘输电线路输送能力和利用效率

通过大量信息的融合分析,在保证输电线路安全运行的基础上,帮助电网运行调度部门最大限度地挖掘输电线路的输送能力,提高输电线路的资产利用效率和系统运行的经济性,减少电网对用户的强迫停电率,缓解拉电和限电,提高电力供应可靠性水平。

4) 有效降低成本和节约资源

通过状态检修可提高检修效率,减少输电线路运行维护成本;通过优化设计减少线路造价,降低电网企业的综合运营成本;现有输电线路利用率的提高可以缓建或少建新的输电线路,从而改善生态环境,节约大量的土地资源和原材料。

总的来说,智能输电线路是智能电网的重要环节,输电线路智能化技术的应用可以大幅度提高输电线路的利用效率和运行安全性,降低电网的建设、运行、维护等成本,减少电网停电损失,为智能电网输电环节智能化提供技术基础和应用装置。

截至 2016 年,国家电网公司现有 110 kV 及以上输电线路 93.8 万公里,南方电网也超过 21 万公里,输电线路智能化技术有相当广阔的应用前景。智能输电线路相关技术涉及传感网、信息、通信、绿色能源接入、新型材料等多个领域的技术研发和产品制造,将有效带动信息、通信、装备制造等产业,并推动技术升级和产业结构调整,产生巨大的经济和社会效益。考虑到建设智能电网是我国能源领域未来发展最为重要的战略步骤之一,也是我国产业政策支持的重点方向,输电线路信息化、智能化技术具有重要的科学研究意义和应用价值。

1.3　智能输电线路的组成架构

智能输电线路的典型组成架构如图 1.2 所示,由若干台输电线路智能监测终端、智能输电线路运行监测分析平台以及其他互动应用系统组成。

输电线路智能监测终端安装在导线上或杆塔上,用于监测杆塔、导地线、绝缘子等部件的关键运行状态,通信管理单元通过无线传感器网络或现场通信总线的方式与安装在不同监测点的分布式智能监测终端进行信息交互,完成状态数据的自动收集、加工处理和初步分析,通过数据通信网络传送至信息化平台。

智能输电线路运行监测分析平台包括智能输电线路技术支持系统基础平台、通信服务系统、输电线路运行状态信息系统、输电线路智能分析应用系统、运行管理系统等五个主要部分以及与其他互动应用系统进行交互的接口。智能输电线路技术支持系统基础平台是所有模块进行数据存储、交互的核心应用支持平台,主要包括实时数据库和历史数据库、系统管理、安全防护、各类信息交互接口及人机支持等。输电线路运行状态信息系统用于实现输电线路运行信息展示,完成线路巡检、实验数据、在线监测运行状态及电气、力学、图像等各类参数的状态全景可视化展示、历史数据趋势分析以及状态预警等。通信服务系统实现监测分析平台与智能监测终端以及相关使用人员智能终端(APP、微信、短消息等)的信息交互。输电线路智能分析应用系统用于实现分析评估诊断与决策的智能化,

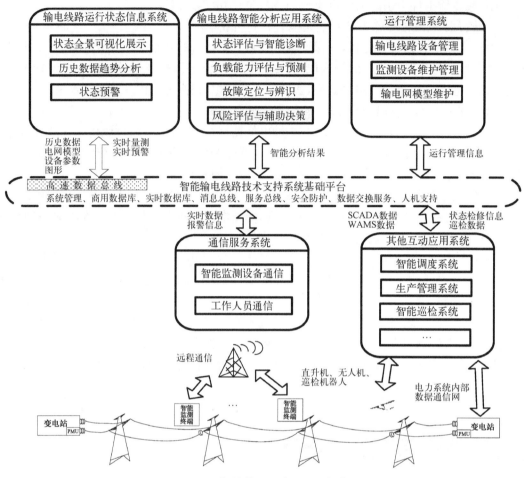

图 1.2   智能输电线路的组成架构

主要功能包括：对输电线路绝缘子、导地线、杆塔等主要部件进行状态评估与智能诊断；线路故障定位与辨识；线路负载能力动态评估与预测；基于可靠性评估、寿命预测、风险评估等方法进行线路运行安全风险评估以及状态检修、灾害预警以及优化调度的辅助决策等。运行管理系统实现智能监测终端以及输电线路运行监测分析平台本身的维护和管理。

其他互动应用系统是需要与智能输电线路运行监测分析平台进行信息交互的相关系统，也是实现输电线路智能化目标的重要环节，主要相关的系统包括：智能调度系统，生产管理系统，基于无人机、直升机或巡线机器人的智能巡检系统，GIS 以及气象信息系统等。与智能调度系统互动一方面从数据采集与监视控制（supervisory control and data acquisition，SCADA）系统和广域监测系统（wide area measurement system，WAMS）获取电压、电流及相位、功率等电网运行数据，为设备状态综合评价提供参考；另一方面提供输电线路健康状态和动态载流量等信息，为电网的优化调度、保障电网的安全运行提供辅助决策支撑。与生产管理系统的互动：一方面获取设备的管理信息，包括线路台账、缺陷和维修记录、全寿命周期管理信息、例行和抽样实验以及巡检数据等，作为综合评估分析的重要依据；另一方面提供输电线路状态评估、故障诊断结果和检修策略建议，使线路状态对运行和检修人员可视化,以便及时掌握设备运行状态,为状态检修和全寿命周期管理提供支撑。另外,平台还可与线路设计部门完成线路数字化优化设计的信息交互,与电网应急指挥系统进行线路预警信息交互。

1.4　输电线路智能化的关键理论和技术

依据构建智能电网对输电环节的要求以及智能输电线路的组成架构,智能输电线路的研究涉及线路规划、设计、建设、运行、电网调度和生产管理等多个环节,具有状态信息量大、分布范围广、关联复杂和影响因素众多等特点,其理论和技术的研究需要电气、计算机、信息通信、传感检测等多学科领域的交叉,涉及的关键理论和技术主要包括输电线路故障机理、状态监测、评估诊断、动态增容、故障检测、风险评估、智能决策等。

1. 输电线路典型故障机理和发展规律

对输电线路典型故障机理和故障发展规律的研究可以为线路状态的智能监测、评估诊断和故障定位等提供特征信息,涉及的主要研究内容包括:输电线路导地线覆冰、舞动、振动、绝缘子冰闪、污闪、雷击、山火等主要故障发生机理和发展规律等。

2. 输电线路状态感知技术

采用先进的在线监测、带电检测和智能巡检技术实现安全高效的输电线路状态感知、提高线路信息化水平是实现智能输电线路的基础。取得良好应用效果的输电线路带电检测方法包括红外热像、激光/雷达测距、紫外成像等[5,6],应用较多的输电线路在线监测技术包括线路覆冰监测、导线温度/弧垂监测、图像和视频监控、微气象监测、导线振动监测、雷击监测等[7]。近年来,利用直升机、无人机或线路巡检机器人进行智能巡检的技术也在逐步推广,取得了较好的效果,基于卫星遥感的输电线路通道环境广域监测技术也得到初步的研究和应用[5]。综合来看,输电线路状态感知涉及的主要技术包括:

(1) 基于电气、光学、物理、化学等多种物理效应的新型传感器和检测技术,具备高灵敏度、高可靠性、高稳定性,能准确地现场提取和识别输电线路主要部件的关键运行状态;

(2) 高效、可靠的输电线路在线监测装置供电技术;

(3) 基于物联网的输电线路状态感知和安全、可靠的数据传输技术;

(4) 智能传感器和多传感器信息融合技术;

(5) 传感器与设备本体的一体化集成设计和制造;

(6) 基于直升机、无人机和巡检机器人的立体化智能巡检技术。

高性能、集成化、智能化的关键状态传感技术以及高效、可靠的监测装置供电和通信技术是输电线路状态监测的主要发展方向。

3. 输电线路状态智能评估与故障诊断的理论和方法

输电线路状态智能评估与诊断主要应用最新的数字信号处理方法、信息融合技术和人工智能技术,有效分析并充分利用输电线路监测状态量中蕴涵的大量特征信息,实现输电线路绝缘子、杆塔、导地线等部件关键状态评价、缺陷/故障诊断以及可靠性和使用寿命分析,主要技术包括:

（1）绝缘子污秽程度和绝缘状态评估；

（2）雷电检测和定位；

（3）导地线舞动和振动特征分析；

（4）绝缘子和导地线覆冰特征分析与预测；

（5）导线弧垂估算；

（6）导地线可靠性和寿命评估；

（7）微气象与环境通道状态分析；

（8）输电线路健康状态的综合评价。

利用电网运行、环境气象与在线监测、带电检测、实验等实时和历史数据进行健康状态综合评价和故障预测是未来的发展方向。大数据挖掘分析、机器学习、图像处理等新兴信息技术可以在输电线路状态评估和诊断中得到很好的应用。

4. 输电线路动态增容技术

输电线路负载能力动态评估的主要目标是最大限度地提高现有输电线路的传输能力以适应电力日益增长的需求及满足经济和环保的要求。提高电网输电线路传输容量的方法较多，智能输电线路主要研究基于气象环境和运行状态的动态增容方法，涉及技术包括：

（1）输电线路负载能力动态评估和预测的理论和方法；

（2）基于导线状态在线监测的动态增容原理和技术；

（3）输电线路增容运行的风险评估方法；

（4）考虑输电线路动态负载能力的优化调度辅助决策。

5. 输电线路故障智能检测与精确定位技术

输电线路故障对系统的安全运行构成较大威胁，也给线路运行维护人员带来了繁重的查找故障点的负担。故障点的快速、准确定位，可以大大缩短故障修复的时间，减少因停电造成的损失，提高系统运行的可靠性，涉及的主要技术包括：

（1）输电线路故障测距与精确定位技术；

（2）输电线路故障特征信号分析和故障智能辨识技术；

（3）导线高阻接地故障的在线检测方法。

6. 输电线路运行风险评估和安全预警的智能决策理论和方法

提高输电线路的故障防御能力以及故障自愈能力，需要根据获得的线路状态信息、变化发展过程以及线路本身的特性，预测故障发生的可能性，达到提前预警和故障控制的目的。输电线路运行风险评估与安全预警主要为输电线路的风险控制和维护管理提供理论依据和决策支持手段，涉及的主要技术包括：

（1）输电线路运行灾害预测及安全分析理论和技术，包括线路雷击、覆冰、污闪、舞动、山火、地质灾害等故障预测技术；

（2）输电线路运行风险评估方法及风险水平评估指标体系；

（3）微观化数值气象预报技术；

（4）输电线路运行风险源辨识和故障预警方法；

（5）输电线路预想事故推演方法与仿真技术。

7. 基于智能化互动分析的输电线路状态检修和优化调控技术

智能输电线路的信息化系统应与生产管理系统、能量管理系统、气象信息系统等进行

数据交互,实现各类不同信息的融合分析,为状态检修和优化调控辅助决策提供技术支撑。主要技术包括:

(1) 基于风险评估和全寿命周期管理的线路状态检修优化决策;

(2) 输电线路运行状态对大电网安全稳定影响的辅助分析;

(3) 考虑设备健康状态的电网优化调度辅助决策。

建立考虑设备状态的电力系统调度运行分析理论和方法体系,提出适用于智能调度的风险评估方法及风险防控技术,确保电网运行的安全和高效是主要的研究发展方向。

1.5 智能输电线路的发展现状

智能输电线路的技术基础来自输电线路状态监测与故障诊断。国际上从 20 世纪 60 年代开始研究开发电力设备绝缘在线监测技术,但直到 20 世纪 80 年代,随着传感器、计算机、通信等高新技术的发展和应用,在线监测技术才得到快速发展,尤其进入 20 世纪 90 年代,人工智能技术在抗干扰、模式识别、故障诊断方面的应用,推进了在线监测技术的进步[8]。由于用电紧张,部分电力设备故障率高,我国的在线监测技术在 20 世纪 80 年代得到重视和快速发展,1985 年以来,电力部门先后三次主持了"全国电力设备绝缘带电测试、诊断技术交流会",开展学术交流和推广应用讨论。国家自然科学基金委员会、原电力部、国家电网公司也先后以重点、重大项目形式资助了该方面的研究。目前,我国的在线监测和故障诊断技术的研究,与国际同步发展,处于几乎相同的水平,并且在设备信息处理、故障诊断方面的研究居于前列。

输电线路作为电网的重要组成部分,地域分布广泛、运行环境复杂、易受自然环境及外力破坏、检修困难,对电力系统安全和可靠运行有重要的影响。传统的线路检修方式主要依靠定期巡视和检测的方法来进行线路的维护,难以保证线路的安全运行。为了提高输电线路信息化和智能化水平,输电线路关键状态的在线监测技术近年来在电网中的应用发展很快。输电线路状态监测技术是在不影响设备运行的条件下,通过直接安装在输电线路部件上的监测装置,对表征线路运行状态的特征量进行测量、传输和处理的技术。输电线路状态监测是智能电网建设中输电环节的重要组成部分,是实现输电线路状态检修、提高输电线路安全运行水平的重要技术手段。通过对输电线路关键状态监测参数的分析,可及时判断输电线路故障并提出事故预警和维护方案,便于及时采取措施,降低输电线路事故发生的可能性。

国外 20 世纪 80 年代开展了输电线路在线监测技术的研究,取得了较好的成果,一些发达国家如美国、加拿大、日本等开始应用输电线路运行状态与气象环境监测装置实施状态检修工作[9-12]。其中应用时间较长的典型线路运行状态监测装置有美国 USI 公司生产的能同时测量导线温度、倾角和线路电流的 Power Donut 电力测量环,用于提高输电线路输送容量的 CAT-1 导线张力监测系统以及加拿大生产的 PAVICA 型测振仪。另外,澳大利亚红相公司研制的绝缘子泄漏电流监测装置也获得较多的应用。总的来看,欧洲、美国和日本等国家和地区非常重视电力设备的状态检修工作,较早地开展了输电线路安全运行技术及 IT 技术在管理和运行维护中的应用,重视研究对输电线路关键状态进行数据采集、处理、存储的方法,以及使用新的诊断工具和方法评估运行中设备的预期使用寿命、风险和维修策略。

20 世纪 90 年代,我国西安交通大学、清华大学、中国电力科学研究院等单位开展了输电线路在线监测技术的理论和实验研究工作,重点对绝缘子泄漏电流监测技术进行了研究,但由于对应用价值认识不足,且受电源、通信等技术的制约,多处于实验研究和示范应用的阶段[7]。21 世纪初,随着传感器和无线通信技术的快速发展以及设备状态检修工作的逐步实施,输电线路在线监测技术开始在国内推广应用,一些科研院所和专业公司陆续开发了不同功能的输电线路状态监测装置,如武汉高压研究所开发的雷电定位系统、西安金源、杭州雷鸟等公司开发的输电线路覆冰监测、导线温度监测、图像监控、导线舞动等监测装置,逐步在电网中获得较多的应用,并在抵御覆冰等灾害天气、保障电网安全运行方面发挥了积极的作用[7,13-18]。但是,在此期间建立的在线监测系统缺乏统一的标准和规范、相互孤立、无法实现信息共享,难以满足综合分析和智能评估诊断的要求。

2009 年开始,国家电网公司和南方电网公司陆续启动智能电网建设,促进了输电线路在线监测技术的快速发展。2010 年,国家电网公司发布《智能电网关键设备(系统)研制规划》和《智能电网技术标准体系研究及制定规划》,提出智能电网输电环节主要规划建设的两个部分:柔性交流(直流)输电和输电线路环境与运行状态监测。其中重点研制的输电线路在线监测装备包括:输电线路导线运行状态集成监测装置、输电线路气象在线监测装置、输电线路视频/图像监控装置、输电线路杆塔集成监测装置、输电线路电磁环境智能监测系统,同时在各网省级电网建立输电线路状态监测中心。此后,国内有多家研究机构和公司研制开发出多种输电线路本体、气象及通道环境监测装置,包括覆冰、导线温度、导地线微风振动、导线舞动、风偏、绝缘子污秽、杆塔倾斜、杆塔振动、微气象、图像/视频、杆塔防外力破坏等监测装置,这些装置已在特高压交直流工程、青藏联网工程、多个大跨越线路、跨区线路以及各电压等级的重要线路中得到广泛应用。从 2009 年开始,国家电网华北、山西、华东、浙江、福建、湖北、陕西、华中、江苏、河南、湖南、安徽、四川、上海、北京、重庆公司及中国电力科学研究院 17 个试点单位开始启动建设输电线路监测中心示范工程,建立统一的输电线路状态监测中心。2010~2011 年中有多个输电线路的状态监测中心逐步投入试运行,取得了初步的效果。南方电网公司 2008 年年底开始逐步建立了输电线路灾害(覆冰)预警综合监测系统,重点是针对易覆冰的超高压线路,在广东、广西、云南、贵州等各省公司和南方电网公司总部均安装监测系统主站。每台监测终端实现微气象监测、绝缘子泄漏电流监测、现场视频监视、导线力学参数监测、导线温度监测等功能,基于上述装置南方电网公司实施了数百次线路融冰,避免了多起线路覆冰倒塔等事故,表现出良好的应用效果。输电线路在线监测技术的广泛应用积累了丰富的应用经验,为智能输电线路的实现提供了良好的技术支撑基础条件。

输电线路在线监测的应用提高了电网的智能化水平,但从使用情况来看,监测装置在可靠性、使用寿命、准确性、稳定性等方面与预期的技术指标还有一定的差距。近年来,为了解决在线监测装置应用中存在的问题,电网公司在技术标准和入网检测等方面进行了完善。2011 年 3 月国家电网公司输变电设备状态监测技术实验室(输电分部)在中国电力科学研究院正式投运,对输电线路状态监测装置进行入网检测、实验、研究,为输变电设备状态监测装置提供质量检验平台。2012～2013 年国家电网公司运检部针对线路监测装置寿命短、可靠性低的问题,开展了"输电线路状态监测专题深化研究",编制了《输电线路监测质量提升工作方案和考核标准》,取得了一定的成效,为在线监测装置的进一步推广应用奠定了基础。

近年来,由于输电走廊的紧缺以及环保、节能的要求,支撑输电线路高效运行的动态增容技术在美国和欧洲等发达国家和地区获得不少应用,并被公认为实现智能电网和输电智能化核心价值和目标的关键技术之一。受一次能源与电力负荷分布不均衡,输电走廊日趋紧张等因素影响,我国输电网络往往需要具备输送距离长、传输容量大等基本能力。但受技术、设备等因素的影响,现实输电线路的输送能力受到较多限制,输电线路利用率和实际输送容量偏低,输电瓶颈较多,区间供电能力依然不足。随着输电网络的建设和各类控制设备的引入,电气联系日趋紧密,系统的电压稳定性和动态稳定性不断得到加强,电力网络结构越来越完善,以往受系统稳定影响等其他方面的限制性因素逐步在弱化,而输电线路的自身热稳定极限容量正在逐渐成为制约架空输电线路输送能力新的瓶颈。这个发展趋势在我国 220 kV 及以下电压等级的电网中尤其明显,大量地处负荷中心的短距离输电线路的输送能力主要受热稳定容量限制。因此,在保证系统安全运行的前提下,提高现有输电线路的实际输送容量对解决输电瓶颈有着重要意义。近十几年,上海交通大学、华东电网公司、广东电网公司、浙江电力公司等单位对提高输电线路输送容量的动态增容技术进行了积极的探索和研究,取得了有价值的研究成果[19-21]。

总的来看,我国已经在特高压技术、高级调度中心、智能变电站等方面取得突破性的进展或重大的成果,为智能电网的建设和发展奠定了良好的基础。但由于政策、资金和技术等原因,相对于调度和变电环节,输电线路智能化技术的发展较慢,线路信息化、自动化和互动化的程度较低,离智能电网的要求还有相当大的距离,主要表现在以下几方面:

(1) 对智能输电线路的模式、目标、功能和实现方案还没有统一的认识和实践经验,智能输电线路的规划、设计、制造、建设、运行、维护等环节的信息化和标准化整体而言还很不完善;

(2) 智能输电线路高效、可靠运行的理论和方法体系有待建立;

(3) 输电线路故障发展规律的基础理论还不成熟,故障智能诊断、风险预测和安全预警等关键技术有待深入研究;

(4) 输电线路的信息化程度很低,在线监测、智能巡检、电网运行、气象环境等线路状态信息数据分布于电力系统各部门,多源数据的整合接入和融合分析比较困难;

(5) 线路状态与电网运行相结合的智能决策缺乏系统完善的模型和分析方法。

本书主要对智能输电线路涉及的理论方法和关键技术进行阐述,探索一些共性问题和新的技术发展方向,希望能够有更多的科研机构和电网相关专业部门重视智能输电线路的研究和应用,在应用中不断完善,使之真正成为实现智能电网建设和发展目标的关键环节。

参考文献

[1] 刘振亚.智能电网技术[M].北京：中国电力出版社,2010.

[2] 刘振亚.全球能源互联网[M].北京：中国电力出版社,2014.

[3] 盛戈皞,刘亚东,江秀臣,等.输变电设备智能化关键技术及发展趋势[J].华东电力,2011,39(10)：1-6.

[4] 刘东,盛万兴,王云.电网信息物理系统的关键技术及其进展[J].中国电机工程学报,2015,35(14)：3522-3531.

[5] 胡毅,刘凯.输电线路遥感巡检与监测技术[M].北京：中国电力出版社,2012.

[6] 刘振亚.特高压交流输电线路维护与检测[M].北京：中国电力出版社,2008.

[7] 黄新波,等.输电线路在线监测与故障诊断[M].北京：中国电力出版社,2014.

[8] 朱德恒,严璋,谈克雄,等.电气设备状态监测与故障诊断技术[M].北京：中国电力出版社,2009.

[9] Weedy B M. Dynamic current rating of overhead lines[J]. Electric Power Systems Research, 1989, 16(1)：11-15.

[10] Foss S D, Lin S H, Maraio R A, et al. Effect of variability in weather conditions on conductor temperature and the dynamic rating of transmission lines[J]. IEEE Transactions on Power Delivery, 1988, 3(4)：1832-1841.

[11] Krontiris T, Wasserrab A, Balzer G. Weather-based loading of overhead lines — Consideration of conductor's heat capacity[C]. Modern Electric Power Systems (MEPS), 2010 Proceedings of the International Symposium. IEEE, 2010：1-8.

[12] Zangl H, Bretterklieber T, Brasseur G. A feasibility study on autonomous online condition monitoring of high-voltage overhead power lines[J]. IEEE Transactions on Instrumentation and Measurement, 2009, 58(5)：1789-1796.

[13] 盛戈皞,江秀臣,曾奕.架空输电线路运行和故障综合监测评估系统[J].高电压技术,2007,31(8)：183-185.

[14] 李立涅,阳林,郝艳捧.架空输电线路覆冰在线监测技术评述[J].电网技术,2012,36(2)：100-105.

[15] 黄新波,王玉鑫,朱永灿,等.基于遗传算法与模糊逻辑融合的线路覆冰预测[J].高电压技术,2016,42(4)：1228-1235.

[16] 陆佳政,刘毓,徐勋建,等.架空输电线路山火预测预警技术[J].高电压技术,2017,43(1)：314-320.

[17] 陈家宏,赵淳,王剑,等.基于直接获取雷击参数的输电线路雷击风险优化评估方法[J].高电压技术,2015,41(1)：14-20.

[18] Xiong X F, Weng S J, Wang J. An online early-warning method for wind swing discharge of the conductor toward the tangent tower and jumper toward the strain tower[J]. IEEE Transactions on Power Delivery, 2015, 30(1)：114-121.

[19] 戴沅,程养春,钟万里,等.高压架空输电线路动态增容技术[M].北京：中国电力出版社,2013.

[20] 张启平,钱之银.输电线路实时动态增容的可行性研究[J].电网技术,2005,29(19)：18-21.

[21] 任丽佳,盛戈皞,江秀臣,等.动态确定输电线路输送容量[J].电力系统自动化,2006,30(17)：45-49.

第2章

输电线路关键状态智能监测与评估

2.1　输电线路状态综合监测的总体架构

　　智能输电线路状态综合监测是实现输电线路智能化的核心部分,目标是利用最新的传感器技术、检测技术、无线通信技术和信息处理技术建立灵活、开放、稳定、可靠的输电线路运行监测分析平台对输电线路绝缘子串、导地线及杆塔等部件关键运行状态进行全方位的实时监测[1-6]。监测系统主要由若干个装设在输电线路杆塔上的杆塔、绝缘子、通道环境智能监测终端以及安装在导线上的导线状态智能监测终端和智能输电线路监测中心构成,总体架构示意图如图 2.1 所示。

　　不同功能的智能监测终端具有数据采集和自评估诊断功能,一般采用全分布式结构,如图 2.1 所示,负责实时采集杆塔、绝缘子、导线关键状态参数以及视频、环境温度、日照辐射温度、风速、风向等通道环境信息,实现相关状态的智能评估诊断。每个监测点设置通信管理单元,通过无线传感网络或现场数据通信网络与安装在不同监测点的分布式智能监测终端交互,实现各类状态监测数据的集中接入,完成数据自动采样、处理、就地智能评估诊断等功能。所有监测数据以及自评估诊断的结果打包后,统一通过 GPRS/3G/4G/WiFi 等无线通信网络或接入光纤复合架空地线(optical power ground wire,OPGW)通信发送到智能输电线监测中心。

　　根据第 1 章描述的智能输电线路组成架构,智能输电线路监测中心需要建立输电线路运行监测分析平台,主要包括技术支持系统基础平台、通信服务系统、输电线路运行状态信息系统、输电线路智能分析系统、运行管理系统五个主要功能组件以及与其他需要互动的应用系统进行交互的接口。监测中心实时采集、积累历史数据,通过综合分析实时监测数据、状态自评估结果及变化趋势,结合从其他信息系统(生产管理系统、能量管理系统、智能调度管理系统、智能巡检系统、气象信息系统、GIS 等)获得的多源状态信息,评估和预测输电线路整体健康状况和动态负载能力,给出线路故障定位和诊断结果。

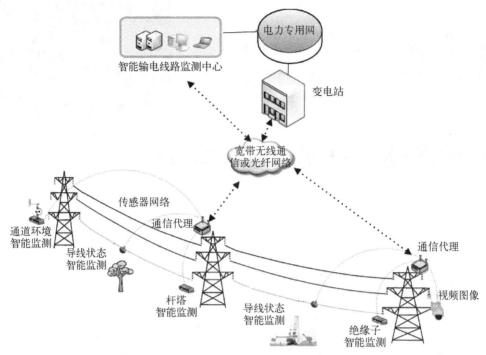

图 2.1   智能输电线路综合监测的总体架构示意图

2.2   输电线路智能监测功能及原理

2.2.1   智能监测终端分类

输电线路智能监测终端根据安装位置和实现功能进行划分,不同类型的智能监测终端主要监测参数描述如下。

1)杆塔智能监测终端

(1)输电线路力学参数监测;

(2)杆塔倾斜角度监测;

(3)杆塔振动监测;

(4)杆塔防外力破坏监测。

2)绝缘子智能监测终端

(1)绝缘子污秽和闪络监测;

(2)绝缘子分布电压监测;

(3)绝缘子倾角监测。

3)导线状态智能监测终端

(1)导线及接头温度监测;

(2)导线弧垂监测;

(3)负荷电流(电压)监测;

（4）故障行波电流检测；

（5）导线振动监测；

（6）导线舞动监测；

（7）导线风偏监测。

4）输电通道和微气象环境智能监测终端

（1）环境温度、湿度、风速、风向、日照辐射等与输电线路运行密切相关的微气象监测；

（2）杆塔和线路输电通道危险点视频图像监测；

（3）线路覆冰和舞动视频图像监测；

（4）雷电监测和定位。

2.2.2　关键状态参数监测及智能评估

本节主要描述输电线路力学参数、绝缘子绝缘参数、图像和视频、微气象、线路风偏、导线振动、导线舞动、故障电流行波和雷电等输电线路关键运行状态参数的监测原理及利用这些监测参数进行线路状态智能评估的实现方式。

1. 输电线路力学参数监测及智能评估

杆塔受力状况监测综合反映了输电线路塔线体系的力学状态，可评估导线温度、弧垂等状态以及导线覆冰、舞动等异常状况。输电线路力学参数监测主要有以下两种不同方式（图 2.2）：由安装于耐张塔上的监测装置采集耐张塔导线轴向综合张力和耐张绝缘子串二维倾角；由安装在直线塔上的监测装置采集直线塔导线垂直张力和直线绝缘子串二维偏角。输电线路力学传感器除传统的电阻压力传感器等电参量传感器，还可采用基于布拉格光纤光栅原理等新型光学传感器进行监测[7,8]。

　　　　　（a）　　　　　　　　　　　　　　　　　　（b）

图 2.2　力学参数监测示意图

利用力学监测参数可以实现的智能评估功能包括导线覆冰状况评估、导线舞动状况评估、输电线路动态增容评估等，实现方式如下：

（1）建立由导线重力变化计算等值覆冰厚度的数学模型，综合实时监测张力/倾角数据和导线相关参数，计算出导线的平均等值覆冰厚度；

（2）结合耐张段张力/倾角测量数据和耐张段导线参数，通过导线张力和弧垂、导线

温度之间的对应关系模型,计算出导线弧垂、温度等状态,进一步结合微气象信息动态评估该段导线允许载流量;

(3)结合导线张力数据变化情况评估舞动的频率等特征参量;

(4)结合杆塔两侧张力不平衡程度评估杆塔的倒塔风险。

2. 绝缘子绝缘参数监测及智能评估

绝缘子绝缘参数监测主要包括绝缘子泄漏电流的特征量(包括各相泄漏电流最大峰值、有效值、超过一定大小(如 3 mA、10 mA)的脉冲频度、三次谐波和基波比值等),瓷绝缘子串敏感绝缘子的分布电压,灰密度和盐密度等。泄漏电流监测方法应用较多,但是污秽度与泄漏电流、微气象之间的对应关系非常复杂,需要基于大量现场数据积累用人工智能的方法评估。基于分布电压测量的零值绝缘子在线监测系统主要应用于易产生零值绝缘子的关键点,如变电站出口的耐张绝缘子串上,如图 2.3 所示。

利用绝缘参数监测可以实现的智能评估功能主要包括绝缘子污秽状况评估、零值绝缘子检测、绝缘子闪络预警等,实现方法描述如下:

(1)泄漏电流特征量结合湿度、雨量等微气象信息评估瓷和玻璃绝缘子污秽程度;

(2)泄漏电流特征量结合湿度、雨量等微气象信息评估复合绝缘子憎水性的变化;

(3)泄漏电流特征量结合湿度、雨量、覆冰等微气象信息实现绝缘子闪络预警;

(4)绝缘子分布电压监测结合湿度等微气象情况评估是否存在零值绝缘子。

3. 图像和视频监测及智能评估

图像和视频智能监测主要通过在杆塔上或输电线上安装摄像装置监测线路、杆塔、通道环境等现场图像以及实时视频信息(图 2.4)。图像或视频监测实时直观地掌握输电线路本体部件以及周边通道环境状况,为将事故消灭在萌芽状态提供依据,并可大大减轻巡线人员的劳动强度,提高巡线和检修效率,适用于恶劣微气象现场、线路危险点、外力破坏易发区、重点线路及通道环境的全天候监控。图像和视频监测的主要功能包括:对输电线路杆塔周围的房屋搭建、违章建筑以及山火、结冰、雷电等自然灾害进行实时监控;输电线路导线覆冰和舞动监测;输电线路危险点(洪水冲刷、不良地质、火灾)监测;树木长高监测;导线悬挂异物监测(绝缘子污秽、鸟巢或其他异物);线路周围建筑施工;塔材防盗监视。

图 2.3　绝缘子绝缘参数监测示意图

图 2.4　图像视频监测示意图

利用先进的图像处理技术对图像和视频信息进行自动处理可以实现的智能评估功能包括:

（1）基于异常检测等图像处理的方法自动识别输电线路通道异常情况并自动报警；

（2）基于图像处理的方法评估绝缘子、导线等值覆冰厚度和覆冰模式；

（3）基于视频和图像处理的方法评估导线舞动的特征参量。

4. 微气象参数监测及智能评估

微气象参数监测（图 2.5）主要采集线路和杆塔所处位置的温度、湿度、风速、风向、气压、雨量和日照辐射强度等微气象参数。很多的线路故障都是由当地小区域内恶劣的气象环境影响所致，而这些细节信息从当地气象台数据中往往反映不出来。微气象在线监测通过接收现场发回的线路环境信息，对气象数据进行综合分析，为线路的规划设计及状态检修提供了可靠依据。

需要利用微气象信息的智能状态评估功能较多，主要包括导线覆冰状况评估、导线舞动状况、污秽和闪络预警、绝缘子绝缘状况评估、输电线路动态增容等，不同监测终端间共享的信息及实现方式描述如下：

（1）风速、风向、温度、湿度与导线力学参数结合评估导线的等值覆冰厚度与覆冰发展趋势预测；

（2）温度、湿度、雨量等结合泄漏电流、分布电压或污秽在线监测数据评估绝缘子污秽状况和绝缘子劣化状况，实现污闪和冰闪的预警；

（3）风速、风向结合力学参数评估导线风偏情况；

（4）风速、风向、温度、日照等结合导线温度（弧垂、张力）动态评估输电线路允许载流量；

（5）结合电流负荷直接评估导线的温度、弧垂和导线允许输送容量。

5. 风偏监测及智能评估

导线风偏是威胁架空输电线路安全稳定运行的重要因素之一，其常常造成线路跳闸，导线电弧烧伤、断股、断线等。风偏角的在线监测（图 2.6）主要应用于曾经发生过风偏放电的直线塔悬垂串或耐张塔跳线；跨越山口、河谷、平坦地形等典型微气象区；常年基本与主导风向（大风速条件下）垂直的档距等。通过绝缘子和导线风偏的监测记录绝缘子串、导线跳线等运动过程，结合气象参数研究分析其运动规律，使运行人员掌握线路风偏的规律，判断线路抵御强风的能力，为线路设计和运行部门采取合理的防风偏措施提供依据，当强风造成风偏放电时，快速定位风偏放电故障点。

图 2.5　微气象监测示意图

图 2.6　风偏监测示意图

基于绝缘子倾角监测的状态评估主要是利用风偏角测量值,根据横担长度、绝缘子串长度等参数,计算出风偏距,获得最小电气间隙。

6. 导线及金具温度监测及智能评估

为防止运行线路导线温度超限,预防金具过热掉线等事故的发生,须对导线温度及容易产生热缺陷的带电导线接续部位金具(如接续管、引流板、耐张线夹等)温度进行监测。采用接触式测量法采集导线及其金具温度(图2.7),当某处温度超限时,及时报警通知线路运行维护管理人员。导线温度监测也为动态提高线路输送能力提供决策依据。

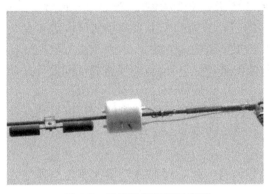

图2.7 导线温度监测示意图

利用导线温度监测信息可以实现的智能评估功能主要包括:

(1)基于导线温度估算导线的弧垂;

(2)绝对温升和相对温升评估导线接头等金具热缺陷;

(3)结合导线参数和风速、风向、温度、日照等微气象信息动态评估导线允许载流量。

7. 导线舞动参数监测及智能评估

输电线路舞动是风对非圆截面导线产生的一种低频(0.1~3 Hz)、大振幅的导线自激振动,最大振幅可以达到导线直径的5~300倍。导线舞动多发生在寒冬偏心覆冰的输电线路上,由于振动振幅值通常可以达到10多米,以至容易引起相间闪络、金具损坏,造成线路跳闸停电或引起烧伤导线、杆塔倒塌、导线折断等严重事故。导线舞动监测主要是对舞动多发地区的导线进行监测,用于判断舞动的特征和模式,为防止舞动提供基础数据信息,监测参量主要是导线的三维加速度、舞动的频率和幅值以及舞动波形数据(三维加速度的时间序列)。

利用导线舞动监测参数可以实现的智能评估功能主要包括:

(1)基于舞动波形数据建立舞动的数学模型;

(2)评估导线舞动的模式;

(3)导线舞动的风险评估。

8. 导线微风振动参数监测及智能评估

高压架空线路导线的微风振动是由于风的激励作用引起的一种高频率、小振幅的导线运动,在高压架空线路上普遍存在。其发生频繁,很容易造成某些线路部件的疲劳损坏,严重威胁输电线路的安全运行。通过在导线上安装加速度传感器(图2.8)实现对导线微风振动振幅、振动频率、振动时间以及振动波形等特征参量的在线监测。

微风振动监测主要是对大跨越或地形开阔地等线路档距较长的地区进行监测,用于判断线路微风振动的水平,可以实现的智能评估功能主要包括:

(1)导线微风振动的风险评估;

(2)导线的疲劳寿命评估。

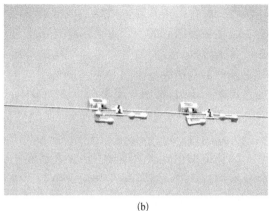

(a)　　　　　　　　　　　　　　　　(b)

图 2.8　导线振动监测示意图

9. 导线故障行波电流监测及分布式故障定位

高压输电线路发生故障后,在故障点将产生向两端运行的暂态电流行波,利用暂态电流行波包含的故障信息,可以实现精确故障定位。通过沿导线分布式安装的监测装置利用宽频电流传感器采集导线故障特征量和电流行波的变化(图 2.9),当监测到故障电流时发出输电线路故障报警并用电流行波特征数据进行故障定位计算。

通过分布式故障电流监测装置实现故障智能诊断和精确定位功能:

(1) 通过沿导线分布安装的监测装置监测的故障行波电流特征,计算输电线路发生故障的精确位置;

(2) 基于行波电流波形判断故障的模式和类型。

图 2.9　导线故障行波电流监测示意图

10. 雷电监测和定位在线监测

雷电探测定位的原理是对雷电发生时伴有的电磁辐射信号等雷电波信息特征量进行测定,根据两个及以上探测站接收到的雷电电磁信号的雷电方位角或电磁信号到达各探测站的时间差来计算雷击位置,根据电磁波的强度来确定雷电流的大小。主要功能包括记录每次定位雷击数据,如雷电发生时间、地点、雷电流峰值和极性雷、回击次数及回击的参数等并显示雷暴运动轨迹,呈现出雷电活动的实时动态图;任意时段、任意区域内已发生的雷电活动状况;雷电数据的统计功能,对任意区域、时段内的雷电信息进行分析统计,生成各类报表及雷电流概率分布曲线等。

雷电定位系统对雷电的定位非常有效,便于检修人员及时找到雷击点,在输电线路运行中已广泛应用。雷电定位系统在应用中也存在一些问题:① 雷电定位系统给出的雷电流幅值无法确定其准确性,存在较大的误差,这在很大程度上影响了线路雷击方式的判定;② 按雷电定位系统给出的地区雷暴日数目较高,与常规方法得出的雷暴日有较大出入。建议配合采用其他手段积累雷电流幅值和雷暴日数目的相关数据。

线路防雷遇到的一个重要问题是雷击方式的确定,当线路遭受雷击后,事故分析需要知道雷击方式。线路遭受雷击而跳闸的原因有反击和绕击两种,在现场查明雷害事故,尤其要区分雷击事故是由绕击还是反击引起的。有时线路的雷击跳闸由绕击引起,却错误地降低接地电阻,浪费了大量的人力和物力,效果也不明显。一条线路跳闸率高的具体原因,应根据具体情况及线路运行经验仔细分析,这样才能采取合理有效的措施,保证系统安全可靠运行。

区分绕击和反击的最好方法是在线路上安装雷电流测量装置,测量雷电流方向(即区分从地端流向导线或从导线侧流向地),可判断是反击还是绕击故障,还可同时获取雷电流幅值及雷电流波头时间的一些重要参数。应用它可进行事故分析,对具体线路的防雷措施提供数据依据。建议在雷击严重的地区加装雷电流测量装置,测量运行中雷电流的实际情况,积累雷电流基础数据,为生产运行服务。

2.3   智能输电线路状态信息交互模式及内容

智能输电线路运行监测分析平台是一个开放的系统,需要与调度自动化系统、输电GIS系统、生产管理系统、智能巡检系统和应急指挥系统等相关应用系统实现数据信息共享和交互,其信息交互示意图如图 2.10 所示,本节提出了与这些系统需要交互的信息及接口方式。

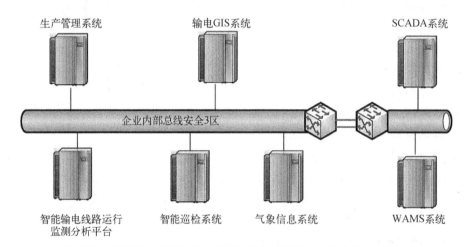

图 2.10   智能输电线路运行监测分析平台与其他系统的交互示意图

1. 信息交互接口的方式

电力系统内部不同信息系统和自动化系统之间数据交互主要通过数据信息交换、功能调用、文件交换等方式实现。

信息交换接口主要提供文本类型、可扩展标记语言(extensible markup language, XML)类型的文件信息交换;提供开放数据库互联(open database connectivity,

ODBC)数据库操作与信息交换;提供消息的接受、传递和转发;提供主流网络协议信息交换。

功能调用接口主要提供多种连接方式调用,如超文本传输协议(hyper text transfer protocol,HTTP)、Web Service 等;

文件交换接口主要根据不同接口单元,以统一命名规则生成接口数据文件,存放和传输到指定目录下。目标系统通过文件传输协议(file transfer protocol,FTP)或指定协议获取该文件。

2. 与输电线路生产管理系统的信息交互

智能输电线路运行监测分析平台与生产管理系统既有数据输入又有数据输出,系统定期进行主动数据同步更新,接入数据包括以下两部分。

(1) 输电线路模型部分:输电线路导地线、杆塔、金具和绝缘子等设备台账数据、设备变更管理数据。

(2) 输电线路运行维护信息部分:运行巡视和检测、例行和抽样实验以及缺陷管理等信息。

智能输电线路运行监测分析平台可向对应的各级生产管理系统提供相应输电线路状态监测信息、综合状态评估结果、安全预警及检修建议等信息,使设备状态对运行和检修人员可视化,以便及时掌握设备运行状态,制订合理的停电检修方案,减少非计划停电次数,最大限度地避免运行事故。

3. 与能量管理系统的信息交互

智能输电线路运行监测分析平台与能量管理系统接口既有数据输入又有数据输出,接口应遵循智能电网调度技术支持系统的相关规范,接入数据包括以下三方面。

(1) SCADA 系统运行数据:输电线路电压、电流、有功、无功等实时数据;

(2) WAMS 系统(若有)运行数据:输电线路电压、电流和相角测量单元(phase measurement unit,PMU)等实时数据;

(3) 图形信息:可缩放矢量图形(scalable vector graphics,SVG)规范定义的一次接线图形信息等。

智能输电线路运行监测分析平台向电网能量管理系统提供的信息主要包括以下两个方面。

(1) 提供线路状态评价结果、故障定位以及风险评估等信息。智能输电线路的一个重要功能是向电网以可辨识的设备状态描述语言广播设备的状态信息,强调"可辨识"是基于智能电网较少人工干预的需要。目前及今后相当一段时间内,输电线路状态评估信息还不能直接操作线路的运行或退出,但通过与调度系统的信息互动,让调度系统依据设备状态信息提前作出相应的预案,一旦设备事故实际发生,调度系统可立即启动预案,以最快、最优的方式隔离故障设备,保障电网的安全运行。

(2) 提供动态评估的允许载流量、导线温度预测值、给定时间下的暂态载流量、给定跃变电流下的安全时间等动态增容信息。在调度中心的控制平台上,能够实时显示被监测输电线路的容量、电流、导线温度、弧垂以及经过在线增容计算得到的热稳定实时容量最大限额,包括稳态容量电流限额、特定时间内的暂态容量电流限额、紧急情况下导线温升的剩余安全时间等,指导调度人员及时对输电线路的热稳定容量进行调整,进行线路的在线增容运行,最大限度地发挥输电线路的输送能力。

4. 与输电 GIS 平台的信息交互

智能输电线路运行监测分析平台与 GIS 既有数据输入又有数据输出。由输电 GIS 平台负责在 GIS 地理图上展现输电线路状态、预警等相关信息,接入数据主要是二维、三维输电线路地理信息。智能输电线路运行监测分析平台向 GIS 提供相应输电线路状态监测数据、综合状态评估结果及安全预警等信息。

5. 与智能巡检系统的信息交互

智能输电线路运行监测分析平台主要从输电线路智能巡检系统、直升机/无人机巡检系统接入巡检数据,包括检测数据、检测图像、缺陷、位置、路径、缺陷记录、故障记录、检修记录等;输电线路坐标库、故障设备杆号等信息。

6. 与气象信息系统的信息交互

智能输电线路运行监测分析平台主要从气象信息系统接入数据,包括气象灾害预警类别(如台风、暴雨、暴雪、高温、雷电、冰雹、大雾等)、参数、预警信号级别等信息;天气预报、卫星云图、降雨分布图、地质灾害分布图、台风路径图等。

7. 与电网应急指挥系统的信息交互

智能输电线路运行监测分析平台主要向电网应急指挥系统输出数据,包括输电线路在线预警、决策分析等信息。

2.4　输电线路关键状态评估诊断方法分析

输电线路关键状态评估诊断的目标是基于各类智能监测终端在线监测数据对输电线路绝缘子、杆塔、导地线、输电通道等主要部件关键状态进行状态分析、故障识别和评估诊断。考虑到同一状态参数的评估模型和分析方法不尽相同,需要的监测参量也不一定相同,如果监测终端都将监测数据传输至后台系统进行分析,需要根据不同方法的要求采集不同的数据,并在后台采用不同的计算评估模型,不利于信息的共享和平台的统一。状态评估过程可以在智能监测终端内完成,在智能监测终端内存储线路相关参数、计算模型,通过不同监测终端的信息交互和计算分析实现线路状态的就地自评估诊断和预警,给出监测数据和自评估诊断结果供其他监测终端、监测分析平台以及其他应用系统利用,有利于监测信息的标准化和开放共享。

输电线路关键状态评估诊断的基本原则是根据现有的计算模型、基于实验室结果及现场运行经验,结合先进的信号处理方法以及专家系统、神经网络等人工智能技术建立输电线路主要部件状态的评估模型,实现健康水平评价、缺陷识别和故障诊断。该过程可由智能监测终端实现,利用已知部件参数和在线监测数据实现关键状态的自评估诊断。对于需要多源信息融合分析的综合状态评估诊断模型,可在后台的输电线路监测分析平台中实现。

输电线路中主要部件包括杆塔、绝缘子、导地线、金具等,目前较为关注的评估模型和方法包括导线覆冰厚度计算及预测方法、线路弧垂估算模型、绝缘子污秽程度分析及污秽闪络概率评估模型、绝缘子零值评估方法、导线舞动特征和模式评估方法、导地线振动断股监测及寿命估计模型、输电线路动态热容量评估和导线温度预测模型等。

2.4.1　导线覆冰厚度评估及预测

　　覆冰监测主要应用于中重冰区,或位于迎风山坡、垭口、风道、大水面附近等特殊地理环境的线路。目前针对覆冰状况监测分析的模型主要包括气候模型、力学模型和现场图像处理。

　　基于气候模型分析是间接的监测方法,主要通过现场微气象条件估算覆冰状况,可用于输电线路覆冰的预测,但准确度不高。典型的导线覆冰直接监测方法主要包括基于图像监视的直观定性监测方法和基于力学测量的定性监测方法。其中力学分析模型通过监测导线悬挂载荷、绝缘子风偏角、偏斜角、风速、风向等,建立覆冰载荷计算模型,得出单位导线覆冰重量、等值覆冰厚度以及导线不均衡张力差,为运行单位提供及时预警信息,在覆冰发生初期,及时采取电气融冰、机械除冰、人工除冰等应对措施,防止导线断线、杆塔倒塌等重大事故的发生。

　　1. 基于直线塔拉力测量(称重法)的计算模型

　　通过对绝缘子串悬挂载荷和绝缘子串倾斜角、风偏角的实时监测,结合风速、风向等微气象数据的监测,计算导线的覆冰重量和等值覆冰厚度[9-11]。

　　假设导线拉力覆冰监测示意图见图 2.11,图中 l_{D1} 为主杆塔对应的等效档距,在图中 l_{D1} 分别为 l_{D1}^{AC} 和 l_{D1}^{AB},γ_1 和 γ_2 为两侧覆冰导线的均布载荷。定义主杆塔绝缘子串上的竖直方向上张力值 T_V 与两侧导线某点到主杆塔 A 点间导线上的竖直方向载荷相互平衡的点称为平衡点。

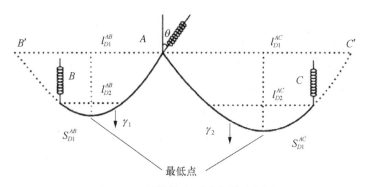

图 2.11　导线拉力覆冰监测示意图

　　1) 计算最低点水平拉力

　　悬挂点不等高导线长度的近似计算公式为

$$S = l + \frac{l^3 \gamma_0^2}{24 T_H^2} + \frac{h^2}{2l} \tag{2.1}$$

式中,l 为档距;h 为高度差;γ_0 为导线自重比载;S 为导线原始长度;T_H 为导线最低点水平拉力。

　　由式(2.1)可计算得出导线最低点水平拉力:

$$T_{\mathrm{H}} = \sqrt{\dfrac{l^3 \gamma_0^2}{24\left(S - l - \dfrac{h^2}{2l}\right)}} \qquad (2.2)$$

2）求解杆塔竖直方向上拉力 T_{a} 所对应的覆冰导线长度

悬挂点不等高时等效档距计算公式为

$$l_{D1} = l + \dfrac{2T_{\mathrm{H}}}{\gamma_0}\mathrm{arsinh}\,\dfrac{h\gamma_0}{2T_{\mathrm{H}}\sinh\dfrac{l\gamma_0}{2T_{\mathrm{H}}}} \qquad (2.3)$$

式中，h 为主杆塔与副杆塔间的高度差，若主杆塔较高，则 h 为正，反之则为负。

若以 S_D 表示对应等效档距 l_{D1} 的导线长度，则

$$S_D = \dfrac{2T_{\mathrm{H}}}{\gamma_0}\sinh\dfrac{l_D\gamma_0}{2T_{\mathrm{H}}} \qquad (2.4)$$

由于主杆塔上绝缘子串存在倾斜角 θ，所以主杆塔两侧导线上的水平拉力分量不同，由水平方向的力平衡可知：

$$T_{\mathrm{H}}^{AB} = T_{\mathrm{H}}^{AC} + \Delta T = T_{\mathrm{H}}^{AC} + T_{\mathrm{V}}\tan\theta \qquad (2.5)$$

由图 2.11 可知：

$$\begin{cases} S_{D1}^{AC} = \dfrac{2\,T_{\mathrm{H}}^{AC}}{\gamma_0}\sinh\dfrac{l_{D1}^{AC}\gamma_0}{2\,T_{\mathrm{H}}^{AC}} \\ S_{D1}^{AB} = \dfrac{2(T_{\mathrm{H}}^{AC} + T_{\mathrm{V}}\tan\theta)}{\gamma_0}\sinh\dfrac{l_{D1}^{AB}\gamma_0}{2(T_{\mathrm{H}}^{AC} + T_{\mathrm{V}}\tan\theta)} \end{cases} \qquad (2.6)$$

根据建立的平衡点法，并设导线风压比载为 γ_{wind}，覆冰比载为 γ_{ice}，综合比载为 γ_w，有冰、风载荷作用与只有自重载荷作用时杆塔上竖向载荷的差值为 ΔT_{V}，则

$$\Delta T_{\mathrm{V}} = (\gamma_{\mathrm{wind}} + \gamma_{\mathrm{ice}})\dfrac{S_{D1}^{AB} + S_{D1}^{AC}}{2} = \dfrac{\gamma_w}{2}(S_{D1}^{AB} + S_{D1}^{AC}) \qquad (2.7)$$

即

$$\begin{aligned} \gamma_w &= \dfrac{2T_{\mathrm{V}}}{S_{D1}^{AB} + S_{D1}^{AC}} \\ &= 2\Delta T_{\mathrm{V}}\left[\dfrac{T_{\mathrm{H}}^{AC}}{\gamma_0}\sinh\dfrac{l_{D1}^{AC}\gamma_0}{T_{\mathrm{H}}^{AC}} + \dfrac{2(T_{\mathrm{H}}^{AC} + T_{\mathrm{V}}\tan\theta)}{\gamma_0}\sinh\dfrac{l_{D1}^{AB}\gamma_0}{2(T_{\mathrm{H}}^{AC} + T_{\mathrm{V}}\tan\theta)}\right]^{-1} \end{aligned} \qquad (2.8)$$

而风载荷可以通过风速传感器、导线直径和风夹角等算出，故可求解得覆冰比载为

$$\gamma_{\mathrm{ice}} = \gamma_w - \gamma_{\mathrm{wind}} \qquad (2.9)$$

3）求解覆冰厚度

根据求得的覆冰重量，并结合覆冰的密度（0.9 g/cm³）、导线直径来求解覆冰厚度。按照电力系统线路设计标准设定覆冰形状为均匀圆柱[12]，则可求解出标准冰厚：

$$b = \frac{1}{2}\left[\sqrt{\frac{4\gamma_{\text{ice}}}{9.8\pi e_0} + d^2} - d\right] \tag{2.10}$$

式中，e_0 为冰的密度（雨凇）；d 为导线的计算等效直径；b 为覆冰厚度；γ_{ice} 为覆冰比载。

2. 基于倾角测量的计算模型

通过导线悬挂点的水平倾斜角或悬垂绝缘子串的垂直偏斜角的监测（图 2.12），结合设计参数和实时风速、风向微气象信息，使用牛顿迭代法求解输电线路状态方程，计算覆冰条件下的导线水平张力，进而计算导线的覆冰重量和等值覆冰厚度。

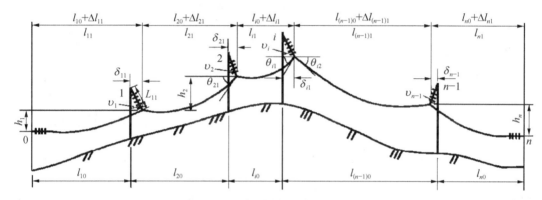

图 2.12　绝缘子倾角覆冰监测示意图

由导线力学计算公式，导线水平张力可表示为

$$T_i = \frac{\Delta l_i ES\cos^3\phi_i}{l_i}\left(1 + \frac{l_i^2\gamma_i^2}{8T_i^2}\right) - \frac{l_i^2 ES\cos^3\phi_i}{24}\left[\left(\frac{\gamma_m}{T_m}\right)^2 - \left(\frac{\gamma_i}{T_i}\right)^2\right]$$
$$- \alpha ES\cos\phi_i(t - t_m i) + T_m \tag{2.11}$$

式中，l_i 为第 i 档档距；ϕ_i 为第 i 档导线高差角；E 为导线的最终弹性系数；α 为导线的温度线膨胀系数；S 为一根导线的截面积；T_m、γ_m、t_m 分别为设计或架线工况时导线的水平张力、导线单位长度的荷载、导线的温度；T_i、γ_i、t 分别为覆冰工况时第 i 档导线的水平张力、导线单位长度的综合荷载、导线的温度；Δl_i 为覆冰工况时第 i 档档距的变化量，档距增加为正值。

由于已知覆冰时导线悬挂点的水平倾斜角 θ 和悬垂绝缘子串的垂直偏斜角 υ，故根据导线基本方程，有

$$\theta = \arctan\left(\frac{l\gamma}{2T\cos\phi} \pm \frac{h}{l}\right) \tag{2.12}$$

式中，θ 为导线悬挂点的倾斜角；h 为两悬挂点高差；ϕ 为高差角；其余各量同前。式中正

负号当悬挂点比另一端低时为负,比另一端高时为正。

对于第 i 档,式(2.12)可写成:

$$\frac{\gamma_i}{T_i} = \frac{2\cos\phi_i}{l_i}\left[\tan\theta_i \pm \frac{h_i}{l_i}\right] \tag{2.13}$$

而根据已知的悬垂绝缘子串的垂直偏斜角,第 i 档档距增量为

$$\Delta l_i = L_{Ji}\sin\upsilon_i - L_{J(i-1)}\sin\upsilon_{(i-1)} \tag{2.14}$$

式中,L_{Ji}、$L_{J(i-1)}$ 分别为第 i、$i-1$ 档绝缘子串长度,υ_i、$\upsilon_{(i-1)}$ 分别为第 i、$i-1$ 档绝缘子串垂直偏斜角。

将它们代入即可求得不均匀覆冰状态下第 i 档导线的水平应力 T_i,知道 T_i 后,可求出导线覆冰状态时第 i 档导线的综合比载为

$$\gamma_i = \frac{2\cos\phi_{i_1}}{l_i}\left[\tan\theta_i - \frac{h_i}{l_i}\right]H_i \tag{2.15}$$

有风状态下,则有

$$\gamma_{5i} = w_0(D + 2b_i)\alpha_0\mu_{sc}\mu_z\mu_\beta \times 10^{-3} \tag{2.16}$$

$$\gamma_{7i} = (\gamma_{3i}^2 + \gamma_{5i}^2)^{\frac{1}{2}} \tag{2.17}$$

式中,γ_{5i} 为导线覆冰时垂直于电线轴线的单位水平风压比载;γ_{7i} 为有风时导线综合比载;α_0 为风压不均匀系数;μ_{sc} 为导线体形系数;μ_z 为风压高度变化系数;μ_β 为风向与导线轴线间的夹角引起风压随风向的变化系数;b_i 为第 i 档导线的覆冰厚度;D 为导线直径;γ_{3i} 为导线的综合垂直荷载。

$$\gamma_{7i}^2 = [\gamma_{1i} + kb_i(b_i + D)]^2 + \{[p_0(D + 2b)a_1\mu_{sc}\mu_z\mu_\beta] \times 10^{-3}\}^2 \tag{2.18}$$

式中,p_0 为设计基准风速下基准风压标准值,常取 $p_0 = v^2/1.6$(但对高海拔地区要另作选择),v 为设计基准风速;γ_{1i} 为常态下导线自重力单位荷载;k 为计算常数 0.027 728。

在有风状态下,求出第 i 档导线的综合荷载 γ_{7i} 后,即可计算出第 i 档导线的覆冰厚度 b_i。

导线倾角法的准确性取决于角度传感器及其安装位置。实际运行状况表明,角度传感器易受外界干扰影响,其安装位置受导线刚度影响,且在导线覆冰发生扭转时参考基准面变化会使监测数据无效,因而现场应用效果不佳。

3. 基于耐张塔导线轴向张力测量的计算模型

通过耐张段导线张力和耐张绝缘子串倾角的监测,结合风速、风向等微气象信息计算导线覆冰重量和等值覆冰厚度[13]。

该导线悬挂于 A、B 间的档距为 l,A、B 间的高差为 h,高差角为 β。考虑全档导线所受风载荷的影响,导线受力如图 2.13 所示,近似认为导线长度为斜档距 l_{AB} 长度,则风向与导线的夹角在同一档内为定值。将作用在导线上的载荷分解为垂直比载 γ_v 和水平比载 γ_h。

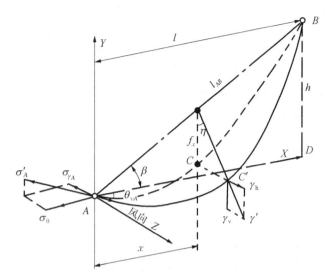

图 2.13 导线轴向张力覆冰监测示意图

输电线路没有覆冰的情况下,在静态时导线存在自重力比载:

$$\gamma_1 = \frac{g_n q}{A} \tag{2.19}$$

式中,g_n 为重力加速度;q 为导线单位长度质量;A 为导线截面积。同时存在风压比载的影响,导线单位水平风压比载:

$$\gamma_4 = \frac{v^2 D \alpha_0 \mu_{sc} \mu_z \mu_\beta \times 10^{-3}}{1.6A} \tag{2.20}$$

式中,v 为实际风速;D 为导线外径;α_0 为风压不均匀系数;μ_{sc} 为导线体型系数;μ_z 为风压高度变化系数。

导线覆冰后,忽略不同断面冰形气动力学特性的差异,将覆冰等效成圆形断面,对于本系统分析稳态覆冰引起的力学载荷变化的影响可以忽略。在导线覆冰失稳产生舞动的情况下,可以直接通过轴向张力的异常值及变化判断。

工程中将输电线路上附着的各种类型及不同断面外形的覆冰均折算为密度为 0.9 g/cm^3 的圆形雨凇断面。按质量不变换算法,导线覆冰的情况下,增加覆冰比载为

$$\gamma_2 = 0.9 \pi g_n b \left[\frac{b(b+D)}{A} \right] \times 10^{-3} \tag{2.21}$$

式中,b 为覆冰厚度,在导线覆冰情况下,导线的单位水平风压比载变为

$$\gamma_5 = \frac{v^2 (D+2b) \alpha_0 \mu_{sc} \mu_z \mu_\beta \times 10^{-3}}{1.6A} \tag{2.22}$$

导线的综合比载 γ' 为水平比载 γ_h 和垂直比载 γ_v 的综合作用结果:$\gamma' = \sqrt{\gamma_h^2 + \gamma_v^2}$。
张力传感器置于耐张塔和悬挂绝缘子之间,可以测得导线的轴向张力,架空导线悬挂

点 A 的轴向应力为

$$\sigma_A' = \frac{\sigma_0}{\cos\beta} + \gamma'\left(\frac{\gamma' l^2}{8\sigma_0\cos\beta} - \frac{h\cos\eta}{2}\right) \tag{2.23}$$

式中，σ_0 为垂直投影面内导线的水平应力。

将二维角度传感器校准后固定于张力传感器表面，则可以测量导线风偏角 η 和垂直投影面内悬挂点 A 的夹角 θ_{uA}。垂直投影面内悬挂点 A 夹角 θ_{uA} 存在如下关系：

$$\tan\theta_{uA} = \tan\beta - \frac{\gamma_v l}{2\sigma_0\cos\beta} \tag{2.24}$$

风偏角 η 与导线综合比载 γ' 和垂直比载 γ_v 存在关系 $\gamma_v = \gamma'\cos\eta$。

根据张力传感器测得的 A 点导线轴向张力、角度传感器测得的导线风偏角和垂直投影面内悬挂点 A 的夹角 θ_{uA}，利用已知线路参数和风速风向数据，可以求出导线的综合比载 γ' 和垂直投影面内导线的水平应力 σ_0。根据求得的综合比载，利用已知线路风速风向数据，即可推算出有覆冰情况下的覆冰厚度 b。

耐张塔绝缘子串安装拉力和角度传感器，实现导线覆冰监测，与纯导线倾角法相比该方法更有效，计算过程更简单。但耐张塔上安装拉力传感器需要更多地考虑结构和安全的因素。

4. 基于图像处理的计算方法

通过图像处理手段对现场拍摄的视频图像进行自动分析估算导线的等值覆冰厚度，主要方法是对采集到的现场图像数据进行噪声滤波、图像分割、边缘检测，并通过合理的二值化处理和边界跟踪记录下边界轮廓点在图像中的坐标，最后通过综合比较导线和绝缘子覆冰前后图像的边界点坐标，用导线直径或绝缘子的半径进行标定就可得出导线和绝缘子的覆冰厚度。以导线覆冰厚度计算为例，标定计算原理见图 2.14。

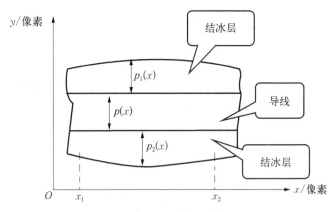

图 2.14   图像法监测覆冰计算原理图

图 2.14 中，$p(x)$ 表示导线的直径所对应的像素点数；$p_1(x)$ 和 $p_2(x)$ 分别表示导线的上下边缘结冰层所对应的像素点数；另设导线直径 $D(\mathrm{mm})$ 已知，则导线的上下边缘的平均覆冰厚度 $h_1(\mathrm{mm})$ 和 $h_2(\mathrm{mm})$ 分别为

$$h_1 = D\,\dfrac{\displaystyle\sum_{x=x_1}^{x_2} p_1(x)}{\displaystyle\sum_{x=x_1}^{x_2} p(x)} \tag{2.25}$$

$$h_2 = D\,\dfrac{\displaystyle\sum_{x=x_1}^{x_2} p_2(x)}{\displaystyle\sum_{x=x_1}^{x_2} p(x)} \tag{2.26}$$

可得整个导线的平均覆冰厚度 $h(\text{mm})$ 为

$$h = (h_2 + h_1)/2 \tag{2.27}$$

对绝缘子覆冰厚度的标定计算类似于 h_1 的计算,需要重点考虑的是绝缘子对应的横坐标的范围与导线对应的横坐标范围可能不同,设绝缘子对应的横坐标范围是 $x_3 \sim x_4$,并且绝缘子表面结冰层对应的像素点数是 $p_3(x)$,则绝缘子表面平均覆冰厚度 $h_3(\text{mm})$ 为

$$h_3 = D\,\dfrac{x_2 - x_1}{x_4 - x_3}\,\dfrac{\displaystyle\sum_{x=x_3}^{x_4} p_3(x)}{\displaystyle\sum_{x=x_1}^{x_2} p(x)} \tag{2.28}$$

图 2.15 为覆冰前后的绝缘子图像,图 2.16 为经过阈值变换、边界跟踪等图像处理后的绝缘子图像[14]。

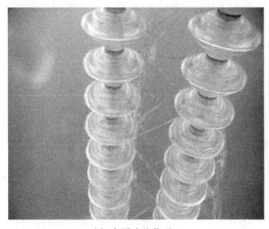

(a) 未覆冰绝缘子　　　　　　　　　　　　　　(b) 覆冰绝缘子

图 2.15　覆冰前后的绝缘子图像

5. 导线覆冰增长预测模型

导线覆冰增长是一个高维的非线性变化过程,是与周围各种气象状况、地形地貌等因素都相关的、复杂的自然现象,具有动态性和不确定性,如果需要提前预知覆冰的发展趋

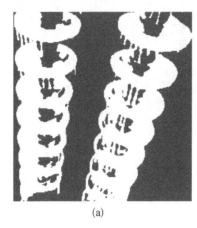

(a)　　　　　　　　　　　　(b)

图 2.16　阈值变换和边界跟踪后的绝缘子图像

势,实现输电线路覆冰预警,就需要建立覆冰预测模型。在覆冰在线监测系统中,冰厚、金具强度校核等是通过经典理论、经验公式计算得出的,而预测模型主要包括两类:机理和经验模型、统计和智能分析模型。机理和经验模型包括 Lozowski 模型、Poot 模型、Jones 模型、Lenhard 模型、Goodwin 模型、Chaine 模型、Makkonen 模型等,这些模型主要基于覆冰形成机理和微气象参数进行覆冰特征的预测,都有一定的适用范围。其中,Makkonen 模型把导线半径、气温、风速、降水量、风吹角度及覆冰时间等作为输入量进行分析计算,实验效果较为理想,美国、加拿大和芬兰一致使用该模型进行输电线路覆冰的预测和分析。统计和智能分析模型主要基于大量的历史数据进行统计分析和机器学习挖掘线路覆冰变化和地理信息、气象信息、绝缘子拉力、倾角等监测参数的相关关系,建立基于数据驱动的覆冰预测模型。

以最大可能覆冰计算模型为例,介绍覆冰预测机理和经验模型的基本原理[15]。

首先假设:冻结系数为 1,即所有被导线捕获的雨滴全部冻结成冰,且雨凇冰的密度 $\rho_i = 0.9 \text{ g/cm}^3$,水的密度 $\rho_w = 1.0 \text{ g/cm}^3$,导线为半径 R 的无限长圆柱体,风速为零。这样,相对于 1 cm 的降水量对应的冰厚为

$$R_{eq} = \frac{\rho_w}{\rho_i} \frac{1}{\pi} = 0.35 \text{ cm} \qquad (2.29)$$

实际上,导线覆冰通常是在有风的情况下产生的,含有过冷却水滴的湿空气横掠导线时,相当于扰流圆柱体的流动,故流线将发生变化。一部分无风时原本可以被导线捕获的小水滴可能被风吹走,存在一个导线捕获水滴的过程。导线捕获水滴量的多少与风速和水滴直径 d 等因素有关,引入捕获系数 E,并按以下实验关联式计算:

$$E = \frac{1}{1 + \dfrac{Cv}{Vd}} \qquad (2.30)$$

式中,v 为空气的运动黏度,雨凇时取 $v = 13.2 \times 10^{-6} \text{ m}^2/\text{s}$;$C$ 为常数,雨凇时取 $C = 1.64$;V 为风速,m/s;d 为水滴直径,m。

显然,当风速大、过冷却水滴直径大时,水滴的惯性力大,导线的捕获系数就大。一般

在雨凇形成时,风速 $V < 10\ \text{m/s}$,过冷却水滴的直径为 $20\sim30\ \mu\text{m}$,因此,E 值为 $0.7\sim0.9$。

将下雨产生的导线捕获水量 $P\rho_w$ 和风吹湿冷空气产生的导线捕获水量 VW 按矢量合成,考虑捕获系数 E 及各物理量单位的统一,得到导线捕获的总水量为

$$W_t = E \times \sqrt{(0.1P\rho_w)^2 + (0.36VW)^2} \tag{2.31}$$

式中,W_t 为导线捕获的总水量,$\text{g/(cm}^2 \cdot \text{h)}$;$P$ 为降水率,mm/h;W 为液水含量,g/m^3,由关系式(2.32)确定:

$$W = 0.067 \times P^{0.846} \tag{2.32}$$

风速和降水率随时可能发生变化,采用按时间分段或每小时测一次数据的方法,综合式(2.30)和式(2.31),则导线上均匀覆冰厚度的变化量 ΔR 为

$$\Delta R = 0.035 \sum_{i=1}^{n} \frac{t_i}{1 + \dfrac{21.65}{V_i d}} \times \left[P^2 + (0.241\,2V_i P_i^{0.846})^2 \right]^{\frac{1}{2}} \tag{2.33}$$

式中,t_i 为第 i 个时间段的长度,h;d 为水滴直径,μm。

总的来看,目前应用的覆冰增长预测机理和经验模型都过于理想化,实际上一些参数数据无法准确获得,尤其缺乏液滴等效直径、液态水含量等参数监测,报警准确度不高,在经典理论、经验公式与运行实际的符合程度方面还需要深入研究。

统计和智能分析模型以基于历史气象数据实现覆冰预测为例,可以利用数十年历史记录的线路覆冰及相关气象要素台站观测资料,分析线路覆冰厚度的空间分布特征,并建立利用前期冰冻日数、前一天日最低气温、相对湿度、风速和降水量预测导线覆冰厚度等级的人工神经网络模型。未来随着获得的相关数据信息不断增长,采用大数据分析技术挖掘输电线路覆冰与大量相关因素的多维度关联关系,可以进一步提高覆冰预测的准确性。

6. 评估模型分析

以上不同的测量方法都从不同的角度来测量可以反映导线覆冰的特征量来监测导线覆冰的厚度,各种方法的对比如表 2.1 所示。

表 2.1　覆冰监测和计算评估方法比较表

监测方法	称重法	倾角法	轴向张力法	图像法
原理	将拉力传感器替换球头挂环,测量在一个垂直档距内导线的质量,得出覆冰质量,再通过米顿换算为等值覆冰厚度	将采集的导线倾角结合输电线路状态方程、线路参数和气象环境参数,计算导线的覆冰重量和覆冰平均厚度等参数	通过采集导线轴向张力和倾角,结合输电线路状态方程、线路参数和气象环境参数,计算导线的覆冰重量和覆冰平均厚度等参数	从杆塔视频装置中采集图片,进行图像处理计算出覆冰面积,再换算到等效的覆冰厚度
优点	直接测量、计算简便、相对较可靠	不需要安装拉力传感器,安装较方便	计算过程简单准确,可同时监测导线水平和垂直张力	简单易行,能直接观察覆冰形状和覆冰分布情况

监测方法	称 重 法	倾 角 法	轴向张力法	图 像 法
缺点	无法反映覆冰形状和具体分布情况	易受外界干扰影响,倾角测量误差较大;无法反映覆冰形状和具体分布情况	需更多地考虑结构安全因素;无法反映覆冰形状和具体分布情况	拍摄距离和拍摄角度受限,且恶劣气象条件下图像不清晰
精度	较高	低	较高	低
应用情况	较多	较少	国外应用较多,国内考虑结构和安全应用较少	较多

　　总的来看,基于直接测量导线张力的称重法和耐张段轴向张力法监测线路覆冰受力状况的精度较高,其中耐张段轴向张力还能够直接反映杆塔的覆冰受力状况及不平衡张力差。考虑到实际的覆冰形态(如雾凇、雨凇、混合凇等)、导线覆冰不规则形状(新月形、扇形、D形等)以及覆冰的分布无法通过力学测量的方法,在覆冰形态不确定的地区应配合现场视频监测的方法对线路覆冰雪状况进行直观观测和分析。

2.4.2　导线弧垂的估算

　　导线弧垂是输电线路运行状态的关键参数之一,尤其是当线路处于较高负荷运行时,可能会因为弧垂的增大使对地距离减少,当导线离地面物体少于安全距离时会产生放电导致线路跳闸,造成严重的事故,所以监测线路的弧垂非常重要。监测导线弧垂的方法主要包括直接测量法和间接测量法:直接测量法通过现场安装数字图像、高精度全球定位系统(global positioning system, GPS)等测量模块直接分析处理获得导线弧垂[16,17];间接测量法通过导线耐张段张力、导线温度和导线悬挂点倾角监测计算导线弧垂[18,19]。

　　1. 直接测量导线弧垂的方法

　　基于数码成像的图像处理方法主要由安装在铁塔上的图像获取/处理主单元和一个安装在导线上的标靶物体组成,如图 2.17(a)所示。主单元负责拍摄被监测导线档距的图像,每经过一段时间间隔根据要求对拍摄的图像进行处理,分辨导线标靶物体的坐标位置,来确定导线的对地间隙或弧垂。

　　DGPS(differential global positioning system)定位方法由两个高精度 GPS 定位装置组成,一个安装在铁塔上,另一个安装在导线上,如图 2.17(b)所示,两个 GPS 装置测得的三维坐标值可以计算得到导线的弧垂[19],该方法的主要缺点是测量精度仍有待提高。

　　2. 基于耐张段张力的弧垂计算模型

　　基于导线力学模型对导线进行受力分析,根据在线测量的耐张段导线张力,结合风速、风向等微气象数据的监测,计算导线的弧垂和导线对地距离。

　　悬挂的导线即使受到水平风吹,由于导线具有弧垂,风偏后沿线各点的风向与电线轴向间的夹角均不相同,其风压比载的大小、方向也均不相同,计算非常复杂。对于架空导线,其弧垂相对档距长度之比是很小的,线长与斜档距 l_{AB} 也相差很小。故在计算全档电线所受的风荷载时,可近似认为导线长度为斜档距长度,风向与导线的夹角近似看成风向与斜档距的夹角(即在同一档内夹角为同一定值)。这样,垂直作用在电线单位长度上的

(a) 图像测量弧垂法

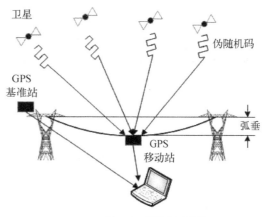
(b) DGPS测量弧垂方法

图 2.17　直接测量导线弧垂的方法

风压比载可近似认为呈横向沿斜档距均匀分布,并定名为 γ_h,其综合比载为 $\gamma' = \sqrt{\gamma_\mathrm{h}^2 + \gamma_\mathrm{v}^2}$,沿斜档距均匀分布,且大小和方向亦各处相同。导线风偏后,必然位于综合比载作用线所成的平面内。导线受风情况的计算就转化到风偏平面内具有沿斜档距均匀分布荷载的弧垂、应力计算问题。计算方法如下。

1) 基本参数的计算

架空线悬挂点不等高时风偏下的受力情况如图 2.18 所示。导线风偏后必然位于综合比载作用线所成的平面内。导线受风情况就变为风偏平面内具有沿斜档距均匀分布荷载的弧垂、应力计算问题。无风时导线位于垂直平面 $ACBD$ 内,导线上作用的仅仅是垂直向下的自重比载 γ_v,当受横向风压比载时,导线各点沿风向移动,直至荷载对 $\overline{AB}$ 轴的转距为零。如图 2.18 所示,导线由 C 点转到 C' 点,即偏移到了综合比载 γ' 的作用线上。在这里,定义导线的风偏角为综合比载作用线与铅垂线间的夹角,用 η 来表示为

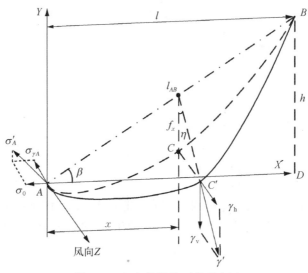

图 2.18　架空线风偏下的受力图

$$\sin \eta = \frac{\gamma_h}{\gamma'}, \quad \cos \eta = \frac{\gamma_v}{\gamma'}, \quad \tan \eta = \frac{\gamma_h}{\gamma_v} \tag{2.34}$$

式中,γ_v 为自重比载;γ_h 为风压比载;γ' 为综合比载。

于是,可以得到下列计算公式:

$$l' = l\sqrt{1 + (\tan\beta \sin\eta)^2} \tag{2.35}$$

$$\sigma_0' = \sigma_0\sqrt{1 + (\tan\beta \sin\eta)^2} \tag{2.36}$$

$$\cos\beta' = \cos\beta\sqrt{1 + (\tan\beta \sin\eta)^2} \tag{2.37}$$

$$h' = h\cos\eta \tag{2.38}$$

式中,h' 为风偏平面内的高差,m;l' 为风偏平面内的档距,m;σ_0' 为风偏平面内导线上各点轴向应力的水平分量,N/mm²;σ_0 为导线上各点轴向应力的水平分量,N/mm²;β' 为风偏平面内的高差角,(°);β 为高差角,(°),其为悬挂点连线 l_{AB} 与 X 轴的夹角,$\tan\beta = h/l$,如图 2.18 所示,h 为高差,l 为档距。

2) 风偏平面内的竖向应力计算

悬挂点 A 处的竖向应力由式(2.39)计算:

$$\sigma_{\gamma A}' = \frac{\gamma'}{\cos\beta'}\left(\frac{l'}{2} - \frac{\sigma_0' h'\cos\beta'}{\gamma' l'}\right) \tag{2.39}$$

悬挂点 B 处的竖向应力由式(2.40)计算:

$$\sigma_{\gamma B}' = \frac{\gamma'}{\cos\beta'}\left(\frac{l'}{2} + \frac{\sigma_0' h'\cos\beta'}{\gamma' l'}\right) \tag{2.40}$$

风偏平面内电线任一点弧垂为

$$f_x' = \frac{\gamma' x(l-x)}{2\sigma_0\cos\beta} \tag{2.41}$$

档距中央的最大综合弧垂为

$$f_M' = \frac{\gamma' l'^2}{8\sigma_0'\cos\beta'} \tag{2.42}$$

连续档内耐张段不等高时各档的弧垂:

$$D_i = \left(\frac{l_i}{l}\right)^2 \times \frac{\cos\beta}{\cos\beta_i} \times f_M' \tag{2.43}$$

张力传感器测出悬挂点处的轴向张力,则悬挂点 A、B 处的轴向应力为 $\sigma_A' = T_A/S$,$\sigma_B' = T_B/S$。其中,T_A、T_B 分别为悬挂点 A、B 处的轴向张力,S 是导线截面积,且存在:

$$\begin{aligned} \sigma_{\gamma A}'^2 + \sigma_0'^2 &= \sigma_A'^2 \\ \sigma_{\gamma B}'^2 + \sigma_0'^2 &= \sigma_B'^2 \end{aligned} \tag{2.44}$$

综上,可求得线路的水平应力 σ'_0,代入式(2.42)即可得到导线的弧垂。这里是将一个耐张段近似为一个单一档距进行计算的,即档距 l 为连续档的代表档距。

3. 基于导线温度的弧垂计算模型

基于导线状态方程分析导线温度、外荷载变化和导线张力之间的关系,结合风速、风向等微气象数据的监测,计算导线的弧垂和导线对地距离。

输电线路的状态方程[20]为

$$\sigma_{01} - \frac{E\gamma_2^2 l^2 \cos^3\beta}{24\sigma_{02}^2}(1+\tan^2\beta\sin^2\eta_2)$$
$$= \sigma_{02} - \frac{E\gamma_1^2 l^2 \cos^3\beta}{24\sigma_{01}^2}(1+\tan^2\beta\sin^2\eta_1) - \alpha E\cos\beta(t_2 - t_1) \tag{2.45}$$

式中,σ_{01} 为已知状态Ⅰ的水平应力,N/mm^2;σ_{02} 为待求状态Ⅱ的水平应力,N/mm^2;γ_1 为已知状态Ⅰ的导线综合比载,$N/(m \cdot mm^2)$;γ_2 为待求状态Ⅱ的导线综合比载,$N/(m \cdot mm^2)$;t_1 为已知状态Ⅰ的线路温度,℃;t_2 为待求状态Ⅱ的线路温度,℃;η_1 为已知状态Ⅰ的线路风偏角,(°);η_2 为待求状态Ⅱ的线路风偏角,(°);α 为线路温度线膨胀系数,$1/℃$;E 为线路最终弹性系数,N/mm^2;l 为线路档距,m;β 为线路高差角,(°)。

任意状态下的综合比载计算公式为

$$\gamma = \sqrt{\gamma_h^2 + \gamma_v^2} \tag{2.46}$$

式中,γ_h 为风压比载,$N/(m \cdot mm^2)$;γ_v 为垂直比载,无覆冰时即自重比载,$N/(m \cdot mm^2)$。

风压比载计算公式如下:

$$\gamma_h = \frac{(V^2 D\alpha\mu_{sc}\mu_z \sin^2\theta) \cdot 10^{-3}}{1.6S} \tag{2.47}$$

式中,V 为设计基准高度下的基准风速,m/s;α 为风压不均匀系数;μ_{sc} 为电线体形系数(覆冰电线及外径小于 17 mm 无冰电线的体形系数 $\mu_{sc}=1.2$;外径等于或大于 17 mm 无冰电线 $\mu_{sc}=1.1$);μ_z 为风压高差变化系数;θ 为风向与电线轴线间的夹角,(°);S 为线路截面积,mm^2。风压不均匀系数及风压高差变化系数的计算详见文献[15]。

不考虑覆冰情况的垂直比载为

$$\gamma_v = \frac{9.80665q}{S} \tag{2.48}$$

式中,q 为单位长度导线质量,kg/m;S 为导线截面积,mm^2。

风偏角与风荷比载及综合比载之间的关系为

$$\sin\eta = \gamma_h/\gamma \tag{2.49}$$

已知 t_1、σ_{01}、η_1、γ_1,通过温度传感器和风速风向分别测得 t_2、V 及 θ,结合式(2.47)~式(2.49)可计算出 η_2、γ_2。

此时式(2.45)即 σ_{02} 的三次方程,利用牛顿法求解得出 σ_{02}。进而根据式(2.50)求出状态 II 下该档距风偏平面内的弧垂 f'_M 及垂直平面内弧垂 f_M。由于绝大部分情况下风偏很小,事实上两个弧垂值几乎完全相等。

$$f_M = f'_M \cos \eta_2 = \frac{\gamma_2 l^2}{8\sigma_{02} \cos \beta} \cos \eta_2 \tag{2.50}$$

4. 基于导线倾角的弧垂计算模型

倾角传感器所测量的倾角是导线悬挂点线路的切线与水平方向的夹角在垂直平面内的投影,即图 2.18 中 θ_A。该倾角与水平应力 σ_0 之间的关系如下:

$$\tan \theta_A = \frac{\gamma_v l}{2\sigma_0 \cos \beta} - \tan \beta \tag{2.51}$$

根据倾角传感器所测量的悬挂点倾角 θ_A,结合式(2.51)即可求出水平应力 σ_0,再与测量的风速风向等参数一同代入式(2.52)即可求出垂直平面内弧垂 f_M。

当风速较小即风偏很小时可以近似认为垂直比载等于综合比载,风偏角的余弦值为 1,可用式(2.52)来简化计算垂直平面内弧垂 f_M:

$$f_M = l(\tan \theta_A + \tan \beta)/4 \tag{2.52}$$

5. 评估模型分析

直接测量导线弧垂的方法成本较高且精度不高,应用较少,本节主要对常用的三种间接监测弧垂方法进行计算和实验分析。

基于耐张段轴向张力的方法通过安装张力传感器直接测量导线的力学参数,根据力学模型估算弧垂,测量精度较高,计算数据表明实测张力值误差为 1% 时,弧垂的计算误差小于 3%,若采用测量精度为 0.2% 的张力传感器,弧垂的理论测量误差在 1% 以内。但该方法需要考虑风速和风向对张力的影响。

通过测量导线温度来监测弧垂时,即使导线温度偏差为 15℃时,弧垂误差也小于 5%,误差随温度的降低而稍有升高。但基于导线温度的方法存在的主要问题是由于风速沿线变化较大,造成导线温度沿线变化较大,而测取导线一点的温度估算弧垂值可能与实际值存在偏差。另外,温度传感器测量导线表面温度,与钢芯温度有差异,并且风速的不均匀或其他因素会造成导线温度沿轴线变化。实验数据表明:在导线温度为 100℃时,导线钢芯与表面之间的温度差距为 5~10℃;导线温度约为 120℃时,沿轴线温度波动在 10℃左右。钢芯铝绞线的张力主要由钢芯承受,钢芯温度变化引起应力变化,即弧垂变化主要与钢芯温度相关。根据我国线路设计规范,导线最高允许运行温度为 70℃,实际运行中线路钢芯与表面温度差异在 10℃以内。根据计算数据,利用温度传感器测量导线表面温度监测弧垂的理论测量误差应在 3% 以内。

倾角法的缺点是线路倾角随弧垂和温度的变化很小,导线温度变化 60℃,倾角变化在 2°以内,因此倾角传感器必须有足够的精度才能保证弧垂有较高的精度。倾角测量精度达到 ±0.05° 时,其理论测量误差约在 2% 以内。但实际应用中倾角传感器的安装位置受导线刚度影响,易受外界干扰,对倾角测量的精度有较大的影响。

总的来看,三种方法弧垂误差都在 5% 以内,都能满足日常工程要求,能为输电线路安全运行提供足够准确的弧垂和线路运行信息,提高了线路安全运行水平。考虑到测量准确性和成本等因素,在新建线路或改造线路上推荐采用耐张段轴向张力结合风速、风向的方法。倾角监测方法不需要安装拉力传感器,安装较为方便,在测量误差满足要求的情况下推荐在运行线路上安装。

2.4.3 绝缘子绝缘状态评估及闪络预警

绝缘子在长期运行中,大气中的尘埃微粒沉积到其表面形成污秽层,在干燥气候下,污秽层电阻很大,绝缘性能不会降低,但在雾、露、小雨、雪等气象条件下,污秽层中的电解质湿润后,使表面电导率增加,绝缘性能下降,而其中的灰分等保持水分,促进污秽层进一步受潮,从而溶解更多的电解质,造成绝缘子湿润表面的闪络放电,简称污闪。污闪不是一种单纯的空气间隙的击穿现象,而是一种与电、热、化学多因素相互作用的复杂过程。宏观上可将污闪放电过程分为四个阶段,即绝缘子表面的积污、污秽层的湿润、形成干带、局部放电的产生和发展并导致沿面闪络[21,22]。针对绝缘子污秽的发展过程和污闪的预测,目前应用较多的主要有基于泄漏电流的绝缘子污秽评估模型[23-27]和基于光学法的绝缘子污秽评估方法[28,29]以及基于敏感绝缘子分布电压测量的零值绝缘子串评估方法。

1. 基于泄漏电流的绝缘子污秽评估模型

绝缘子泄漏电流是电压、气候、污秽物(盐密值)三要素的综合反映和最终结果,能客观反映运行绝缘子表面积污直至闪络的全过程。对泄漏电流进行在线的实时监测能提高污秽监测的时效性,更加全面地反映整串绝缘子积污状况和绝缘性能,指导相关部门及时地清除污秽或应用加强绝缘子耐污能力的措施。通过监测瓷绝缘子和玻璃绝缘子泄漏电流特征量的变化,结合湿度、温度、雨量等气象参数可以判断绝缘子的污秽状况并实现闪络预警。

理论分析和大量污秽实验表明,在一定的运行电压下,干燥的绝缘子泄漏电流和污秽程度大小关系并不密切;当污秽物受潮后,污秽物中的导电离子形成导电通道,绝缘子表面泄漏电流快速增加,污秽程度越大,泄漏电流也越大,直至污闪放电。因此,泄漏电流的变化可以反映绝缘子污秽的状况和污闪发生的可能性。根据污闪实验结果考虑适当的安全系数设定某一数值的泄漏电流,作为运行中污秽绝缘子的报警电流,也可以作为监测区域线路绝缘子是否安排清扫的依据,并为研究监测区域的积污规律提供数据支持。另外,绝缘子污闪发生之前,泄漏电流的放电脉冲频度增强,强度增大,谐波含量变大,因此通过泄漏电流这些相关特征量的监测也可以实现污闪的预警。一般正常运行时,绝缘子泄漏电流波形图如图 2.19 所示,主要包括稳态泄漏电流和局部放电脉冲两个部分,其中局

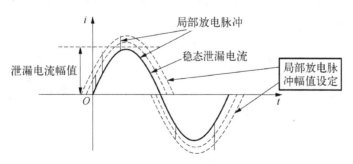

图 2.19 绝缘子泄漏电流波形图

部放电脉冲幅值为叠加在稳态泄漏电流上的部分。当绝缘子临近污闪时,局部放电脉冲幅值增大,同时波形发生畸变,三次谐波的含量会变大,这些特征参量的变化反映了绝缘子运行状态的变化。

泄漏电流污秽和闪络监测评估采用多参量综合分析模型,模型输入参量包括环境温度、湿度等微气象参数以及泄漏电流平均值、最大峰值、脉冲频次、谐波电流等特征参量,模型输出参量为绝缘子污秽程度与污闪概率和预警。由于污秽、微气象和泄漏电流之间的关系非常复杂,具有复杂性、非线性、不精确性和影响因素等众多特性,很难建立准确的数学模型来描述和评估。通常利用专家系统、神经网络、模糊推理等人工智能的方法建立智能评估模型给出绝缘子污秽等级判断,并实现污闪概率评估和预警,评估模型基本原理如图 2.20 所示。

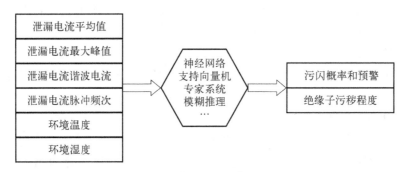

图 2.20 绝缘子污秽评估模型原理

2. 基于光学法的绝缘子污秽评估方法

光传感器盐密值监测是基于介质光波导中的光场分布理论和光能损耗的机理通过监测安装在监测点的光学传感器所透过的光能参数,推算出传感器表面的盐分,从而计算出绝缘子表面的盐密值。由于光通量衰减与湿度、尘埃比率和盐密值之间相互作用较为复杂,其关联关系模型可通过建立神经网络等人工智能模型实现[28]。

置于大气中的低损耗石英棒是一个以棒为芯、以大气为包层的多模介质光波导,光波导系统原理图如图 2.21 所示,当石英棒上无污染时,由光波导中的基模和高次模共同传输光的能量,其中绝大部分光能光波导在芯中传输,但有少部分光能将沿芯包界面的包层传输,光波传输过程中的光损耗很小。当石英玻璃棒上有污染时,污染物改变了高次模及基模的传输条件,同时污染粒子对光能的吸收和散射等产生光能损耗,通过检测光能参数计算出传感器表面盐密值。由于传感器和绝缘子串处于相同环境,因此通过计算可以得到绝缘子表面的盐密值。

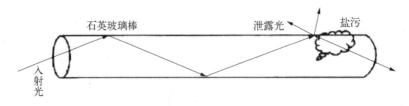

图 2.21 光波导系统原理

3. 基于敏感绝缘子分布电压测量的零值绝缘子串评估方法

　　零值绝缘子的检测是实现架空输电线路状态检修的关键技术之一,研究有效的零值绝缘子检测方法是实现绝缘子状态检修的必经之路。虽然有很多电力同行致力于零值绝缘子检测工具和方法的研究,但是现行的检测方式仍然处于比较落后的阶段,其主要缺点是检测效率极低,工作量大,很难适应状态检修的要求。因此,本节研究零值绝缘子在线监测的新方法,实现在线按串检测零值绝缘子,不但能有效地检测出零值绝缘子,而且可以大大降低检测工作量。

　　零值绝缘子在线按串检测的基本原理是通过监测接地端绝缘子分布电压来检测该串是否存在零值绝缘子。如果被检测绝缘子串上有低零值绝缘子,由于该绝缘子自身承担的电压严重下降,引起绝缘子串电压分布的改变,即造成包括接地端绝缘子在内的其他绝缘子分布电压升高。如果接地端绝缘子为零值绝缘子,则该绝缘子承担的分布电压会降低。因此通过采集接地端最后一片绝缘子的分布电压和历史测量数据,以及不同相之间测量数据的比较,根据电压相对差异值判断该串有无低零值绝缘子出现。

　　分布电压测量的方法是在地端倒数第二片瓷片的金具和地端之间串接一个电容和一个电阻,经过阻容分压测量电阻端电压值计算最后一片瓷片的分布电压。分布电压传感器实物如图 2.22 所示。

　　采集绝缘子分布电压时,能够影响分布电压规律的主要因素是空气湿度,由于空气湿度增加,绝缘子串的阻抗由电容性向电阻性转化,绝缘子串分布电压曲线也由“U”形分布逐渐向平均值转化,所以分布电压信号一般在晴天、干燥、相对湿度较小的情况下采集。

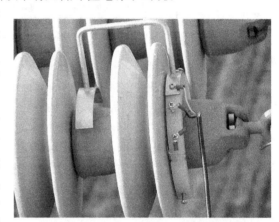

图 2.22　测量分布电压的气隙传感器实物图

　　为了适应在线检测的需要,特别设计了专门的分析比较程序进行实时评估:测量绝缘子串中接地端绝缘子承担的电压,并与其标准电压进行比较,就可以判断该串绝缘子中是否存在零值绝缘子。当其他位置存在零值绝缘子时,接地端绝缘子的电压升高;当接地端绝缘子本身为零值绝缘子时,其电压降低。这样,就可以确定零值绝缘子的大致位置。分析程序假设三相绝缘子中仅有一相存在一个零值绝缘子,流程框图如图 2.23 所示。判断步骤如下:

　　(1) 记录测量的 A、B、C 三相接地端绝缘子的分布电压。

　　(2) 找出测量值相近的两相,取其平均值 U_{av} 作为标准值,若遇到三相测量值呈等差数列,由于两边相电磁场分布相近,取两边相的平均值作为标准值。

　　(3) 将第三个值 U_{third} 与标准值 U_{av} 进行比较,给出判断结果。

　　根据实验室的实验结果,110 kV 绝缘子串设定 8% 的电压相对差异值作为阈值,可以完全检测出零值绝缘子;设定 6% 作为阈值,零值绝缘子的检测率也很高。即如果接地端绝缘子的测量电压值高于其标准电压值的 6%,就可以判断出其所在串存在不良绝缘子。

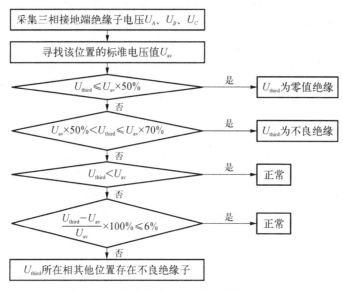

图 2.23 零值绝缘子在线检测判断流程

4. 评估模型分析

目前,泄漏电流在线监测技术的研究已开展多年,但在实际应用中仍存在大量问题,主要包括:① 泄漏电流的大小与所用绝缘子的类型(串长、材料、伞型、盘径)、污秽成分、等值盐密、灰密、气象条件(温度、湿度)等多种因素有关,现场运行经验和人工污闪实验表明,泄漏电流和现场污秽度没有明确的对应关系,至今还未找到完全符合运行实际状况的数学模型,准确获得绝缘子盐密值;② 根据泄漏电流判定绝缘子运行状况及预警区间判据不能简单确定,目前还没有权威的标准可循,也没有积累足够多的运行数据,给出符合不同现场实际的泄漏电流报警阀值,还要依靠专家的经验来确定清洗或维修临界值,准确度不高,这也是影响泄漏电流在线监测技术应用的主要因素。比较实用的应用是通过测量泄漏电流的变化,给出绝缘子污秽积累发展趋势和污闪预警信息。

相对泄漏电流法,基于光传感技术的绝缘子污秽在线监测系统精确度更高、干扰因素更少,而且可分别检测盐密值和灰密值。华北电网利用光传感技术测量绝缘子污秽度,在一年多的实验周期中,根据雨、风、雾等气候条件和既定的取样周期原则,共对位于 6 个不同污秽地区的对比实验绝缘子现场实际取样测量 36 次,针对实验串上不同位置绝缘子共获得样本数据 109 条,经过综合比对分析,在线测量的盐密值与现场取样数据最大误差不超过 8%,测量的灰密值最大误差不超过 12%,表明系统测量结果已比较贴近现场实际,对运行管理部门掌握输电线路的污秽信息具有指导意义。

总的来看,基于光传感技术的绝缘子污秽度等值污秽度监测在检测环境上不受外界影响,但需要针对不同积污介质成分,不同积污地区、积污介质分布概率等条件,在监测地区、一段时间内(至少以一年为周期),设置足够数量的不同材质(玻璃、绝缘子)比对实验绝缘子串,分析实际积污情况,标定光传感器参数,才能获得更加切合生产实际的监测数据。当污秽地区污染环境、主要污秽介质类型或成分比例发生大的变化后,还需要对光传感器进行重新标定。基于光学传感器直接在线测量污秽的监测装置目前仍然应用较少且经验不足,推广应用还需要积累运行经验。

2.4.4　导线舞动评估

架空输电线路导线舞动在冬春季节导线覆冰和风激励的作用下发生,会造成杆塔、导线、金具及其他部件损坏,导致相间短路、跳闸停电等恶性事故,严重威胁着输电线路和电网的安全稳定运行。我国是导线舞动发生最频繁的国家之一,近年来随着电网建设和发展以及灾害性气候的影响,我国架空输电线路舞动事故的频率和强度都明显增加,损失较大[30,31]。其中 2008 年初南方严重冰灾致使河南、湖北、江西、湖南等省出现大规模舞动,呈现出舞动区域扩大、强度大、持续时间长等新特点。深入研究导线舞动机理,监测导线的舞动状况,对防治导线舞动具有重要的价值。针对导线舞动的监测和风险评估,目前应用较多的方法有基于加速度传感器直接监测的方法[32]、基于现场视频图像监测的方法[33]以及基于微气象的风险评估方法。

1. 基于加速度传感器的导线舞动监测模型

在导线舞动机理研究不断完善的过程中,建立了一些舞动数学模型,按对导线舞动分析时所考虑的自由度可分为单自由度模型(垂直)、双自由度模型(垂直和扭转)和三自由度模型(垂直、扭转和横向)。单自由度模型和双自由度模型与实际情况有着较大的差异,三自由度模型更接近现场实测结果。

基于三自由度模型的典型输电线路舞动监测示意图如图 2.24 所示,舞动监测传感器为位移、加速度传感器,通过实时测量监测点的位移和加速度信息,用曲线拟合的方式得到输电线路舞动的频率、振幅和半波数等参数。如图 2.24 所示,两杆塔之间依次安装舞动监测传感器(加速度和位移),在导线舞动的过程中,每一个采样时刻监测传感器在三维坐标系中有确定的三维坐标(x, y, z),随着导线的舞动,各个点的坐标不断变化,通过三个方向位移传感器测量各点的三维坐标,对各点数据进行拟合和逼近绘制拟合曲线,利用大量的输电线路舞动拟合曲线就可以全面地分析导线的舞动情况,建立导线舞动监测模型。

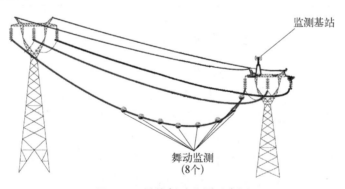

监测基站

舞动监测
(8个)

图 2.24　导线舞动监测示意图

将每个监测点测得的位移作为初始位移 S_0,测得的加速度作为相应段的起点加速度 a,通过积分运算,可以得到该段输电线路在未来的一段时间内的预测运动轨迹 S。其计算公式如下:

$$S = \iint a \, \mathrm{d}t + S_0 = \int v \, \mathrm{d}t + S_0 \tag{2.53}$$

式(2.53)可离散化为

$$S = \frac{1}{2}\sum_{i=1}^{n} a\,\Delta t^2 + S_0 \tag{2.54}$$

把式(2.54)在 x、y 方向分解即可得到监测点在 x、y 方向的位移 S_x、S_y。根据 S_x、S_y 可以拟合相应的输电线路段舞动位移曲线,结合边界条件,再把各段的位移进行整合,可以得到输电线路监测段在未来 T 时刻的舞动轨迹图。

2. 基于视频的导线舞动监测

通过对输电线路进行视频录像可直观地观察导线舞动状态:一方面对导线舞动进行直观定性监测,另一方面通过图像处理和分析技术估算导线舞动的频率、幅值等参数。

图 2.25 为线路舞动视频监测系统示意图,图中有两个坐标系,一个是大地坐标系 $(x'O'y')$,另一个为摄像机坐标系 (xOy)。输电线路连接于两个杆塔之间,近似于抛物线(图 2.25(a)),舞动时,输电线路近似以弧垂为半径两边摆动(图 2.25(b))。根据对舞动目标点的跟踪可以计算导线舞动的振幅和频率,从而实现输电线舞动的图像识别。舞动目标点可以是间隔棒等预先设定的导线参考目标[34]。

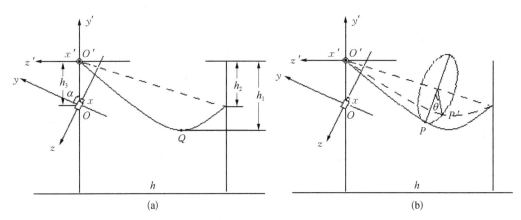

图 2.25   线路舞动视频监测系统示意图

3. 基于微气象监测的舞动风险评估法

舞动发生具有一定的偶然性,而且概率较低,但偶然之中存在必然性,只要具备了起舞的条件,舞动的发生就是必然的。通过监测与起舞条件密切相关的微气候信息,结合输电线路的地理位置和设计参数,对各监测点的微气候情况以及导线舞动风险进行合理评估,可以为线路防舞动治理提供科学依据和相关数据支持,防患于未然。

依据舞动产生的机理模型,综合考虑监测区段线路历史舞动记录、历史监测数据(包括覆冰厚度、风速、线路走向夹角以及历史寒潮天气预警信息等),利用关联规则挖掘方法得到覆冰厚度、风速、地理位置、寒潮预警信息与舞动故障之间的关联关系,统计分析计算不同特征参量、不同数值下的舞动故障概率,得到舞动故障概率关于监测微气象数据以及寒潮天气预警信息的联合分布函数。根据输电线路监测点获得的环境气象信息以及气象预警信息,结合该段线路最小相间距离设计值及舞动微气象条件的持续时间,计算相应条件下的导线舞动概率,给出导线舞动风险评价结果,指导相关部门采取治理措施。

4. 评估模型分析

舞动轨迹监测通过采集导线的运动参数,在线分析判断导线舞动的振幅、频率、半波数等参数,绘制导线舞动轨迹,在舞动发生初期及时预警,提醒运行人员采取措施,避免相间放电、倒塔等事故的发生,并可协助生产运行部门评估防舞器材的防舞效果。舞动轨迹监测难点在于传感器的安装与数量的选择以及曲线拟合算法的选择,安装的传感器越多可以得到越多的数据,曲线拟合的精度就越高。但相应的成本更高,计算量更大,且安装过多的传感器可能破坏输电线路导线舞动的数学模型。反之降低成本不能精确地计算拟合输电线路的舞动轨迹。目前已应用的舞动轨迹监测的效果仍然不理想。视频监测成本低,可以定性地观察到现场舞动的情况,便于有关人员分析研究和观摩。

综合上述特点,对于舞动研究的重点区域,考虑微气象结合舞动轨迹的监测,可以建立导线舞动模型,准确分析舞动模式和特征参数;对于一般舞动观察区域,可以采用微气象结合视频监测的方式,掌握导线舞动发生情况,评估导线舞动风险。

2.4.5　导线微风振动分析评估及寿命预测

导线振动监测和评估一般用于研究和分析导线的潜在问题或诊断故障。架空输电线路经常发生超过允许幅值的微风振动,往往导致某些线路部件的疲劳损坏,例如,导线的疲劳断股,金具、间隔棒及杆塔构件的疲劳损坏或磨损等,其中导线疲劳断股是架空输电线路普遍发生的问题,严重时需要将全线路更换为新导线。目前在世界上任何地区,几乎所有的高压架空输电线路都受到微风振动的影响和威胁,尤其在线路大跨越上,因具有档距大、悬挂点高和水域开阔等特点,使导线的振动能量大大增加,导线振动强度较普通档距严重。一旦发生疲劳断股,将给电网安全运行带来严重危害,通常仅换线工程本身的直接损失就高达数百万元甚至数千万元[35,36]。

大跨越的安全运行在很大程度上取决于导线和防振装置的可靠性。微风振动引起导线疲劳断股等事故是通过累积效应的方式发生的,有一个累积时间和过程,振动时难以用肉眼观察到,一旦发现防振器损坏或脱落,导线因疲劳引起的断股就可能已经比较严重。而在此之前,其危害往往不易察觉。对大跨越微风振动实施在线监测,不仅可记录导地线振动资料,计算疲劳累积损伤,及时掌握导线防振装置消振效果的变化,发现设备中的隐患,对线路防振效果进行评估,对防振装置进行改进等,还可进一步预测导线寿命。

1. 基于弯曲振幅法的导线微风振动水平分析和评估方法

输电线路微风振动是导致导线疲劳损伤的主要原因,导线动弯应变是表示疲劳损伤程度的一个主要参数,但是除了特殊的研究,在现场运行条件下直接测量这个参数是不实际的。早在 1966 年,IEEE 在总结加拿大安大略水电局长达 20 余年实验研究成果的基础上制定的"导线振动测量标准化"导则就采用弯曲振幅法。理论和各种实验证实:弯曲振幅与动弯应变有一个可以预计的,而且基本上是线性的关系,该关系的比例常数与振动频率、档距长短、线夹的连接方法、相邻档距的风振水平等无关。由于在现场中弯曲振幅比较容易测量,所以这种方法被广泛采用[35,36]。

弯曲振幅法(图 2.26)是测取导线距线夹出口 89mm 处导线相对于线夹的弯曲振幅,

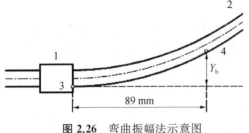

图2.26 弯曲振幅法示意图

1-线夹或夹头；2-导地线；3-导地线与线夹的接触点；
4-弯曲振幅 Y_b（相对于线夹）

以此值大小来测算导线在线夹出口处的动弯应变，作为测量导线振动的标准方法。这个标准是采用相对振幅的测量方法，来衡量导线受微风振动的危害程度，实践证明是测量悬垂线夹处导线振动的实用方法。

在小振幅条件下，监测点处动弯应变与89 mm处弯曲振幅之间的关系，表示为

$$\xi_b = \frac{p^2 d Y_b}{2(e^{-pa} - 1 + pa)} \quad (2.55)$$

式中，ξ_b 为线夹出口处的动弯应变，$u\xi$；d 为导地线最外层的单线直径，mm；Y_b 为线夹出口89 mm处的弯曲振幅，mm；$p^2 = T/EI_{min}$，其中，T 为实验期间导地线平均运行张力，N；EI_{min} 为导地线最小刚度，$2N/m$；$a = 0.089$ m。

依据公式进行计算，并按如下方法处理数据。

（1）按不同振动频率计算其振动周数值的总和，得出振动周数与振动频率的关系曲线。

（2）按不同振幅计算其振动周数值的总和，得出振动周数与振幅的关系曲线。

动弯应变不大于表2.2的规定值，视为合格。

表2.2 导地线微风振动许用动弯应变　　　　　　　　（单位：$\mu\varepsilon$）

序　号	导 地 线 类 型	大跨越	普通档
1	钢芯铝绞线	±100	±150
2	铝包钢绞线（导线）	±100	±150
3	铝包钢绞线（地线）	±150	±200
4	钢芯铝合金绞线	±120	±150
5	铝合金绞线	±120	±150
6	镀锌钢绞线	±200	±300
7	OPGW（全铝合金线）	±120	±150
8	OPGW（铝合金和铝包钢混绞）	±120	±150
9	OPGW（全铝包钢线）	±150	±200

评价一条输电线路的微风振动情况，一般是用输电线路发生的振动强度和导线本身耐振水平来衡量。为说明振动对导线的危害程度及评价防振效果的优劣，需要对振动的强弱有一个确切的表示方法，这个方法能够判别受到振动引起的交变动应力的严重程度。目前国际上大体可分为两种衡量标准。

（1）根据振动角所确定的安全标准。过去，中国和苏联等国家的防振导则，规定用振动角作为衡量导线振动的安全标准。振动角是指导线振动时相对于悬垂线夹所产生的偏转角度，一般用"′"作为单位。以往我国输电线路暂行设计规程中规定，当导线平均运行应力等于或小于其破坏应力的25%时，允许振动角为$10'$；当平均运行应力大于其破坏应

力的 25% 时, 允许振动角为 5′。

(2) 根据动弯应变所确定的安全标准。这一标准是基于导线的疲劳极限来确定的安全标准, 目前美国、日本、英国、意大利、加拿大等国均采用。关于导线的动弯应变许用标准, 目前还不能精确地说明导线不发生疲劳破坏的最大允许动弯应变值, 因此国外都是通过大量的线路实际运行经验的总结, 以及实验室中的实验研究, 提出他们各自的动弯应变许用值。

根据国外经验和国内导线振动的实践经验, 国家电网公司提出了输电线路防振标准, 如表 2.2 所示, 用于我国输电线路的防振设计, 并作为微风振动监测的判断标准。该标准的提出主要基于以下几方面的工作。

(1) 在我国大跨越导地线防振装置的优选实验中, 关于大跨越导线及地线的动弯应变许用值的建议, 已经试用 25 年之久。关于大跨越 OPGW 的动弯应变许用值的建议, 已经试用 8 年左右, 而 OPGW 外层绞线为铝合金或铝包钢, 与钢芯铝合金绞线或铝包钢绞线差别很小。

(2) 从实际运行线路上的实测结果和运行单位的反映来看, 凡是发生振动断股或可见振动的线路, 其动弯应变均超过该防振标准; 凡是未发生振动断股或可见振动的线路, 其动弯应变均符合该防振标准。

2. 基于导线微风振动的疲劳寿命评估方法

在导线运行中, 由于在静张力之上叠加了振动, 导线承受了由几种应力级分量组成的复杂荷载系列, 在导线运行的同一时间内, 各个分量具有不同的振动循环次数。估算一个具有这种荷载系列的导线疲劳使用寿命的最好方法是应用 Miner 提出的累积损伤理论。

对于变幅的振动应力所引起的疲劳破坏, Miner 提出了最为简单的假设, 即结构疲劳损伤的累积是线性的。在 N_i 次等应力循环引起的破坏应力水平上, 发生 n_i 次应力循环, 那么 n_i 次循环造成的“相对损伤”是 n_i/N_i, 当结构经受 m 个常幅循环后应力为 S, 且所有“相对损伤”的累积疲劳损伤总和等于 1 时, 疲劳破坏发生。

应力幅变化情况下的总损伤为

$$\Delta f = \sum \Delta f_i = \sum_{i=1}^{m} (n_i/N_i) = 1 \tag{2.56}$$

式中, n_i 为在应力幅 S_i 下的循环次数; N_i 为应力幅 S_i 下引起疲劳破坏的总循环次数; Δf_i 为在应力幅 S_i 下 n_i 次循环的累积损伤。这个线性损伤累积假设已被广泛应用于变载荷下线路寿命的分析计算中。

Wöhler 利用累计损伤理论及各种导线的疲劳实验结果, 提供了导线表面最大动弯应力与振动次数 N 关系的安全范围曲线, 即 Wöhler 安全边界曲线, 如图 2.27 所示。它是不同型号、不同张力导线的疲劳曲线的包络线, 一般情况下使用该安全边界线估算导线疲劳寿命是保守的。

评估导线振动寿命时, 首先是测量线路关键部位的振动大小, 如悬垂线夹出口、防振装置夹固点出口。导线应力与振动疲劳极限次数的关系 (Wöhler 安全边界曲线) 见图 2.27。根据图 2.27 可得到极限振动次数, 由微风振动波形计算累计疲劳损伤, 由累计疲劳损伤得到疲劳寿命。

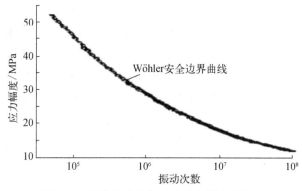

图 2.27 导线应力与振动疲劳极限次数关系

设实际线路的疲劳寿命为 A(单位为年),一年的振动累计次数为 n,则 A 为

$$A = \frac{1}{\sum(n/N)} \tag{2.57}$$

参考文献

[1] 黄新波,等.输电线路在线监测与故障诊断[M].北京:中国电力出版社,2014.
[2] 盛戈皞,江秀臣,曾奕.架空输电线路运行和故障综合监测评估系统[J].高电压技术,2007,31(8): 183-185.
[3] 王凯,蔡炜,邓雨荣,等.输电线路在线监测系统应用和管理平台[J].高电压技术,2012,38(5): 1274-1280.
[4] 中国国家标准化管理委员会.架空输电线路运行状态监测系统:GB/T 25095—2010[S].北京:中国标准出版社,2010.
[5] 胡毅,刘凯.输电线路遥感巡检与监测技术[M].北京:中国电力出版社,2012.
[6] 王晓希.特高压输电线路状态监测技术的应用[J].电网技术,2007,11(22):450-455.
[7] 李昊,曾彤,陈小国,等.覆冰在线监测系统研究现状分析[J].电气自动化,2015,37(2):63-65,75.
[8] 马国明,李成榕,全江涛.架空输电线路覆冰监测光纤光栅拉力倾角传感器的研制[J].中国电机工程学报,2010,30(34):132-138.
[9] 黄新波,孙钦东,程荣贵,等.导线覆冰的力学分析与覆冰在线监测系统[J].电力系统自动化,2007,31(14):98-101.
[10] 吕玉祥,占子飞,马维青,等.输电线路覆冰在线监测系统的设计和应用[J].电网技术,2010,34(10):196-200.
[11] 阳林,郝艳捧,黎卫国,等.架空输电线路在线监测覆冰力学计算模型[J].中国电机工程学报,2010,30(19):100-105.
[12] 中华人民共和国住房和城市建设部.110 kV～750 kV架空输电线路设计规范:GB 50545—2010[S].北京:人民出版社,2010.
[13] 邢毅,曾奕,盛戈皞,等.基于力学测量的架空输电线路覆冰监测系统[J].电力系统自动化,2008,32(23):81-85.
[14] 张成,盛戈皞,江秀臣,等.基于图像处理技术的绝缘子覆冰自动识别[J].华东电力,2009,37(1):146-149.

[15] 刘和云,周迪,付俊萍,等.导线雨凇覆冰预测简单模型的研究[J].中国电机工程学报,2001,21(4):44-47.

[16] 陈斯雅,王滨海,盛戈皞,等.基于图像摄影的输电线路弧垂测量方法[J].高电压技术,2011,37(4):904-909.

[17] Mensah-Bonsu C, Krekeler U F, Heydt G T, et al. Application of the global positioning system to the measurement of overhead power transmission conductor sag[J]. IEEE Transactions on Power Delivery, 2002, 17(1): 273-278.

[18] 徐青松,季洪献,王孟龙.输电线路弧垂的实时监测[J].高电压技术,2007,33(7):206-209.

[19] 王孔森,孙旭日,盛戈皞,等.输电线路弧垂在线监测误差分析及方法比较[J].高压电器,2013,49(10):1-8.

[20] 邵天晓.架空送电线路的电线力学计算[M].2版.北京:中国电力出版社,2003.

[21] 关志成,王绍武,梁曦东,等.我国电力系统绝缘子污闪事故及其对策[J].高电压技术,2000,26(6):37-39.

[22] 张志劲,蒋兴良,孙才新,等.污秽绝缘子闪络特性研究现状及展望[J].电网技术,2006,30(2):35-40.

[23] 陈伟根,夏青.绝缘子污秽预测新特征量的泄漏电流时频特性分析[J].高电压技术,2010,36(5):1107-1112.

[24] 毛颖科,关志成,王黎明.基于泄漏电流脉冲主成分分析法的外绝缘污秽状态评估方法[J].电工技术学报,2009,24(8):39-45.

[25] Bennoch C J, Judd M D, Yamashita H. System for on-line monitoring of pollution levels on solid insulator[C]. 2002 IEEE International Symposium on Electrical Insulation, 2002: 237-240.

[26] 黄欢.基于泄漏电流特征量的绝缘子污闪预测的研究[D].重庆:重庆大学,2008.

[27] 黄新波,刘家兵,王向利,等.基于GPRS网络的输电线路绝缘子污秽在线遥测系统[J].电力系统自动化,2004,28(21):92-95.

[28] 张悦,吴光亚,刘亚新,等.光技术在线监测绝缘子盐密和灰密的实现和应用[J].高电压技术,2010,36(5):1513-1519.

[29] 万德春,蔡炜,宋伟.光技术盐密在线监测系统的研究[J].高电压技术,2005,31(8):33-35.

[30] 郭应龙,李国兴,尤传永.输电线路舞动[M].北京:中国电力出版社,2003.

[31] 王少华.输电线路导线舞动的国内外研究现状[J].高电压技术,2005,31(10):11-14.

[32] 王有元,任欢,杜林.输电线路导线舞动轨迹监测分析[J].高电压技术,2010,36(5):1113-1116.

[33] 张成.输电线路舞动监测方法及监测终端研制[D].上海:上海交通大学,2009.

[34] 李振家,冯尚庆,盛戈皞,等.基于数字图像处理技术的输电线路舞动监测[J].工业控制计算机,2010,23(6):36-37.

[35] 黄新波,潘高峰,司伟杰,等.基于压电式加速度计的导线微风振动传感器设计[J].高压电器,2017(4):92-99.

[36] 黄新波,赵隆,舒佳,等.输电线路导线微风振动在线监测技术[J].高电压技术,2012,38(8):1863-1870.

第3章

输电线路动态增容及其风险评估

3.1 概述

　　智能电网最大驱动力之一就是提高现有电力设备利用效率,降低电力系统造价和投资,满足节能型、节约型社会的需求。据统计,我国电网设备利用效率仅 20%,远低于欧美国家电网设备超过 30% 的利用水平,挖掘电力设备输送潜力效益巨大。

　　从 20 世纪 70 年代起,我国基本上处于严重缺电状态,电力供应短缺是制约经济发展的主要瓶颈之一。2003 年开始,中国的电力供应局面更加紧张,全国各地开始遭遇大面积"电荒"。2006 年以后,随着国内电力生产的不断增长,我国的电力供需矛盾趋向缓和,但是受到电网输电线路等设备输送容量的限制,区域性、季节性电力缺口仍大量存在,尤其长江三角洲、珠江三角洲等负荷中心地区,高峰时期仍然存在严重的负荷紧缺现象,许多情况下靠牺牲电网的安全性和设备的可靠性超负荷运行来满足市场的供需平衡,存在巨大的安全隐患。但是输电网络的建设又受到各种因素的制约,如周期较长、投资巨大、输电走廊征地难度大、土地占用矛盾突出和环保的限制等,尤其在用地紧张的大中城市附近新建输电线路非常困难。在这种背景下,提高输电线路输送容量技术被列为智能电网建设最迫切需要掌握的技术之一,在不改变现有输电线路结构和确保电网安全运行的前提下,通过技术改造和技术升级,挖潜增效,增加输电线路输送容量,解决用电高峰或部分线路故障或检修等情况下的输电"瓶颈"现象,缓解电力供求矛盾,是一项十分紧迫和有重要价值的工作。

　　影响输电线路送电能力的因素很多,如系统静态和暂态稳定性、送受端系统的无功电压水平、运行安全裕度的考虑、导线热稳定极限容量等。目前提高输电容量的研究主要是从提高系统静态和暂态稳定性、维持电压水平的角度来考虑,普遍采取的措施包括柔性交流输电技术(flexible AC transmission systems, FACTS)、串联补偿技术、无功补偿技术、同杆多回和紧凑型输电技术等,相关研究已取得了丰硕的成果[1,2]。随着输电网络的加速建设、主网架的加强和各类先进控制设备的引入,输电网络电气联系日趋紧密,系统稳定性不断得到加强,输电线路的热稳定极限容量将逐渐成为制约输电线路输送能力新的瓶颈。许多并列运行线路在正常运行方式下(特别是在 $N-1$ 的运行方式下),潮流会超过规程规定的设备热稳定水平,为确保设备不因过载而跳闸,不得不在正常运行方式下严格控制其输送功率,这样就制约了设备本身输电能力的发挥。另外,大量地处于负荷中心的短距离输电线路的输送能力也主要受热稳定容量限制。因此,对输电线路进行有效的监测和管理,充分挖掘输电线路热稳定容量对提高电网的输送能力具有重要的意义。

提高导线热稳定容量直接的方法是采用大截面导线、耐热导线和提高导线的允许运行温度。但是采用大截面导线或耐热导线需要改建输电线路,投资较大且周期较长。提高导线的允许运行温度突破了现有的技术规程规定,需要重新校验导线和金具的耐受能力以及导线对地及交跨设备的安全裕度,并要根据输电线路的通道状况进行线路改造。

实际上,架空输电线路的额定输送容量与环境温度、风速、风向、日照辐射等微气候条件以及导线的物理特性和导线所处的地理位置等因素有关。目前,线路允许输送的额定载流量是为防止线路负荷增加时产生过热故障而制定的静态热稳定容量极限值。大部分国家均按照自己国家的自然环境,取用不同的风速、日照、气温和导线允许温度等边界条件计算导线热稳定容量,这种极限值是基于最恶劣气象条件(如晴天高温、无风等)为维持线路对地的安全距离而得出的。例如,我国《架空输电线路设计规范》规定,计算导线允许载流量时,导线的允许温度(钢芯铝绞线和钢芯铝合金绞线)采用+70℃(大跨越可采用+90℃);环境气温采用最高气温月的最高平均气温(一般取+40℃);风速采用 0.5 m/s(大跨越采用0.6 m/s);日照强度采用 1 000 W/m²。但实际上这种定义的最恶劣气象条件在现实中同时发生的概率很小,据统计小于 0.02%,所以固定的额定热稳定容量是非常保守的数值。实际上输电线路运行中绝大部分时间里,导线周围的气象环境要好于设计规程中假定的苛刻气象条件,一定程度提高线路输送容量,不会造成导线温度的超标,并且仍能维持导线对地的安全距离,满足技术规范中导线的安全运行要求,这样就为提升现有导线的输送容量提供了空间[3-5]。

输电线路动态增容技术在不改变现有输电网结构和确保电网安全运行的前提下,利用原有线路走廊、杆塔和导线通过研制新型的输电设备高效运行装置进行技术升级,挖潜增效,提高已建成输电网络的传输效率和传输容量,以适应电力日益增长的需求,主要意义在于以下几方面。

(1)在确保安全的前提下最大限度地提高现有输电设备的输送能力,可以缓建或少建新的输电线路,从而改善生态环境,节约大量的土地资源和原材料,有利于节约资源和保护环境。

(2)不需要增加新的高压电力设备,较低的成本大幅度提高输电线路利用率以提升输电效率,降低电网企业的综合运营成本。

(3)在负荷高峰期或部分设备检修或故障等情况下充分利用现有输电设备的输送能力,从而减少电网对用户的强迫停电率,缓解拉电和限电,提高电力供应可靠性水平。

(4)有利于更多的风电等绿色能源接入、输配电网络调度合理安排和考虑以经济、节能、减排等多目标的优化运行方式。

(5)有利于输电网络调度合理安排。

输电线路动态增容的关键技术是对输电设备运行的主要状态参量进行实时的监测,动态评估线路负载能力,从而保证输电设备在安全运行的基础上,最大限度地提高输送能力,达到提高电网运行效率和效益的目标。该技术可直接应用于负荷调峰、紧急控制和节能调度等,提高输电网络运行的经济性、可靠性和安全性,为电力紧张地区、负荷高峰时期以及事故短时超负荷运行等情况下电网的智能调度提供有效手段。

近年来,由于输电走廊的紧缺以及环保、节能的要求,支撑输电线路高效运行的动态增容技术已在美国和欧洲等发达国家和地区获得不少应用,并被公认为实现智能电网和输电智能化的核心价值和目标的关键技术之一[6-11]。美国电科院(Electric Power Research Institute,EPRI)于 20 世纪 80 年代最早进行这方面的研究,开发出了利用实际气象条件和实时温度监测确定线路动态热稳定容量的系统(dynamic thermal circuit rating,DTCR)[6]。该系统内含变压器、电缆、架空线、隔离开关等设备的容量计算模型,考虑了实时气象条件、设备温度参数及电气负载等因素,监测设备包括小型气象观测台、导线松弛度和温度传感器及数字化数据采集单元等。该监测系统可计算并连续更新线路的动态负荷容量,也允许用户结合 SCADA 系统,根据具体情况自定义设备参数和容量限制。美国 SRP(Salt River Project)公司曾在两条重要的输电线路上使用 DTCR 技术,允许线路负荷在高峰时期短时超出它们的静态额定容量,这使该公司修建新线路的工程推迟了 5 年,最少节省了约 900 万美元的费用。后来该公司还在一条 230 kV 新建线路上安装使用了该技术,自 1997 年 1 月以来,该线路一直在较高的负荷下运行且没有发生任何故障[7]。美国 USI 公司在 20 世纪 80 年代中期开始研发直接测量导线温度的装置和基于导线温度推算热稳定容量的模型方法,通过一个安装在导线上的环形装置(power donut)来实现。20 世纪 90 年代中期,美国 Valley 公司开发了 CAT-1 线路容量动态监测(dynamic line rating,DLR)系统[8],其核心技术是通过直接测量导线张力,再结合气候条件确定线路允许输送容量,系统监测数据通过无线电传输至附近的变电站接收单元并最终接入 SCADA/EMS 系统。该方法可以监测整段导线的平均温度和导线弧垂,近年来,在 18 个国家共 300 多条线路上推广使用。但由于动态热稳定容量的计算模型尚不完善、缺乏有效的验证手段以及电力系统安全稳定运行束缚等原因,实际应用于调度仍然有一些问题。在美国能源部的支持下,美国电网研究机构正在联合建设以输电线路安全高效运行为核心目标的智能输电实验室,目的是为未来该技术在美国广泛应用奠定基础[9]。

近几年,随着我国电力供应日趋紧张,一些单位对提高输电线路输送容量的实时增容技术进行了积极的探索和研究。华东电网公司针对华东电网 500 kV 线路输送能力受制于线路热稳定水平的问题,较早地开展了输电线路增容的可行性研究,采用了提高导线允许运行温度和根据导线运行环境实际情况核算线路载流量的动态增容两类方法提高受限线路的输送容量[1,4]。对于动态增容的方法,主要从理论分析、实验模拟和现场测试等方面分析了可行性,研制开发了由现场监测装置和系统主站组成的测试系统,在影响输电线路输送容量的瓶颈点设置监测装置,监测导线温度、风速、环境温度和日照强度等参数,同时从调度 SCADA 系统获取线路和相关输电断面电流,通过设计和修正的数学模型计算动态输送限额,为调度人员进行安全增容与运行提供了依据。目前,华东电网开发的输电线路实时输送限额管理系统已在浙江、江苏等地的 10 条 500 kV 线路上试运行,对系统的安全性、增容性和实用性进行了检验,证明该系统满足线路的运行条件。广东电网公司电力科学研究院近年来在 110~500 kV 等各等级输电线路上安装了十几套基于导线温度的监测装置,并重点对监测系统的结构、功能和应用效果进行了分析,提出了进一步实施建议[3]。浙江省电力实验研究院在实际线路上对动态增容技术进行了验证实验,利用实验设备调节线路的导线电流,同步实时监测导线温度、环境气象参数和导线弧垂等参数,将测量结果与模型计算结果进行比较,验证了实时增容的准确性。上海交通大学对输电线路在线增容技术的作用机理、系统模型和实现方案进行了研究,近年来开发了基于导线张力监测和实际气象条件确定输电线路输送容量的监测系统[5],在南方电网和国家电网多条 110 kV 和 220 kV 线路上投入运行。另外,国内几个专业公司也进入这个研究领域,杭州的海康雷鸟信息技术有限公司、西安金源电气公司、上海涌能电力科技发展有限公司、上海海能信息科技有限公司等开发了基于导线温度测量的输电线路实时增容在线监测与预警系统,在重庆、山东、安徽、浙江、广东等电力公司的多条输电线路上安装试用。

总的来看,输电线路动态增容技术在南方电网和国家电网都有试点的应用,目前的研究处在动态增容状态监测系统运行效果和增容调度的安全性验证评估阶段,其中的一些分析方法和关键技术如负载能力的准确评估和预测、增容运行风险评估、优化调度辅助决策等还有待深入研究、完善和应用。本章主要阐述动态增容关键技术的实现原理和方法,为动态增容技术的逐步推广应用提供理论依据和技术支撑。

3.2　输电线路负载能力动态评估的原理和计算模型

输电线路负载能力动态评估的主要目的是实时监测线路气候环境和运行状态,结合SCADA 数据,计算分析输电线路实际允许的载流量,以提高输电线路输送电流的能力。导体的载流量是在特定环境条件和给定导体允许工作温度下的最大稳态工作电流。影响导线载流量的因素主要有两个方面:外界环境气候条件(如环境温度、风速、风向、日照强度、空气的传热系数等)和导线参数(如导体的电阻率、导线的直径、导线表面状态、吸热系数、辐射系数、导线允许温度等)。在系统在线运行的条件下,导线参数一定,气候条件是影响导线载流量的主要因素。

3.2.1　输电线路负载能力动态评估基本原理

输电线路负载能力动态评估的核心是线路载流量计算模型。架空导线载流量的计算公式很多,日本、苏联、美国、英国等的有关部门根据各自的实际情况提出一些计算公式。电气与电子工程师协会(Institute of Electrical and Electronics Engineers, IEEE)、国际大电网会议(International Council on Large Electric systems CIGRE)、国际电工协会(International Electrotechnical Commission, IEC)等国际专业机构也相继推出了相关的计算模型和标准[12-15],我国的一些研究单位也提出了一些计算方法,并在不断地完善和改进[16-21]。各模型的计算原理都是基于导线发热和散热的热平衡方程,在计算过程中考虑的因素有所不同,使计算公式的系数不同,但计算结果相差不大。导线中没有通过电流时,其温度与周围介质的温度相等;当导体中通过电流时,其产生的热量一部分使导体本身温度升高,另一部分通过对流散热和辐射散热直接散失到周围的介质中,它们之间呈动态分配,直至导体发热过渡到稳态时,导体发热温度达到稳态温升,导线热平衡示意图如

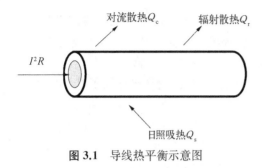

图 3.1　导线热平衡示意图

图 3.1 所示。根据计算条件不同,热平衡方程有稳态热平衡方程和暂态热平衡方程之分:稳态热平衡方程中,导体温度处于稳定状态,不会显著变化;而暂态热平衡方程中,导体的温度不断变化,影响导体的热平衡状态。因此,须计及导体的温度变化项。

稳态热平衡方程如下:

$$I^2R(T_c) + Q_s = Q_c + Q_r \tag{3.1}$$

暂态热平衡方程如下:

$$I^2R(T_c) + Q_s = MC_p \frac{\mathrm{d}T_c}{\mathrm{d}t} + Q_c + Q_r \tag{3.2}$$

式中,I 为导体中通过的电流有效值,A;$R(T_c)$ 为热力学温度 T_c 时的导体单位长度的交流电阻,Ω/m;Q_s 为日照时导体单位长度吸收的热量,$\mathrm{W/m}$;Q_c 为导体单位长度上的对流散热,$\mathrm{W/m}$;Q_r 为导体单位长度的辐射散热,$\mathrm{W/m}$;M 为导线单位长度的质量,kg;C_p 为导体材料的比热容,$\mathrm{J/(kg \cdot ℃)}$。

导线稳态允许载流量是指在特定天气条件下导线允许输送的最大电流,是导体稳态热平衡状态产生最高允许导线温度时的恒定导线电流,主要利用稳态热平衡方程式(3.1)求取。图 3.2 为某输电线路动态增容效果示意图,该图直观地给出了一天内线路的动态增容实时限额、原限额、静态增容限额、实时潮流等随时间变化的情况,其中动态增容实时限额对应基于实时监测的环境气候条件和导线运行参数通过式(3.1)计算得到的稳态载流量;静态增容限额是指导线允许温度从 70℃ 提高到 80℃ 输电线路可以增加的输送容量;原限额是指输电线路额定的静态输送容量。从图 3.2 可以看出,实时监测的线路动态增容实时限额远高于静态增容限额,将输电线路热稳定限额在线调整为实时动态容量,可以在确保安全的前提下提高输电线路的输送容量。

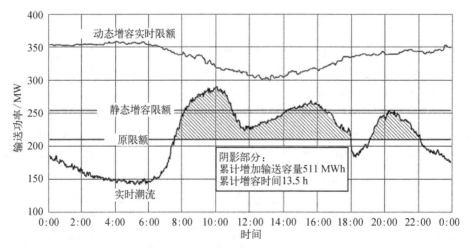

图 3.2　输电线路动态增容效果示意图

　　由于导线自身材料的影响,其温度达到稳态热平衡需要一段时间。输电线路输送负荷变化时,线路从一个稳态迁跃至另一个稳态,线路上导线的温度是一个暂态变化的过程,其变化规律可由暂态热平衡方程描述。暂态载流量指导线电流发生迁跃变化时,规定时间内(如 15 min)不超过导线最高温度的导线最大允许迁跃电流。假定气候和导线参数恒定,当导线电流变化时,由式(3.2)整理得导线温度的暂态变化可由一阶系统方程表述:

$$\frac{\mathrm{d}T_{\mathrm{c}}}{\mathrm{d}t}=\frac{I^{2}R(T_{\mathrm{c}})+Q_{\mathrm{s}}-Q_{\mathrm{c}}-Q_{\mathrm{r}}}{MC_{\mathrm{p}}} \tag{3.3}$$

　　基于式(3.3)可推出导线电流发生迁跃变化时导线温度的暂态变化曲线,如图 3.3 所示,常规设计中,负荷选截面积的理论出发点是 30 min 内导线达到稳定温升,而大中型截面积导线的发热时间常数 τ 大多为 10~20 min。式(3.3)和图 3.3 即可估算出给定时间下的导线安全电流限额(暂态载流量),还可以用来计算给定电流限额下导线不超过允许工作温度的安全时间。暂态载流量和安全时间的计算适用于紧急情况下的调度和运行,可以为调度运行部门处理事故提供相对充裕的时间。

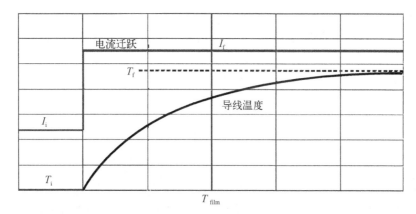

图 3.3　导线温度暂态变化曲线

3.2.2　稳态允许载流量计算模型

1. 气候模型

气候模型直接使用热平衡方程式(3.1)推导线路稳态允许载流量(即热稳定极限容量):

$$I=\sqrt{\frac{Q_{\mathrm{c}}+Q_{\mathrm{r}}-Q_{\mathrm{s}}}{R(T_{\mathrm{c}})}} \tag{3.4}$$

　　把计算得出的 Q_{c}、Q_{s}、Q_{r}、$R(T_{\mathrm{c}})$,代入式(3.4)即可得到输电线路在当时环境下的极限热稳定容量。相关参数的主要计算标准包括 IEEE 的 738 标准(IEEE Standard 738)、CIGRE 架空导线计算标准(Thermal Behavior of Overhead Conductors)、IEC 的 1597 标准(Overhead Electrical Conductors-calculation Methods for Stranded Bare Conductors)、我国设计线路规范《110 kV～750 kV 架空输电线路设计规范》(GB 50545—2010)中用到的计算公式以及英国推荐计算导线允许载流量的摩尔根(Morgan)公

式[12,18,19]。本书主要介绍北美常用的 IEEE Standard 738 以及欧洲和我国常用的计算公式。

1) 对流散热 Q_c

对流散热是几个热损耗中所占比重最大的一个,与风速、风向、环境温度、导线温度、辐射温度有关。对流冷却是由于空气靠近热的导线被加热,使空气密度减小,从而产生气体流动带走热量而引起的。由于流动起因的不同,对流换热可以分为强制对流换热与自然对流换热两大类。无风时,空气的温度梯度引起密度梯度,在重力作用下形成自然对流。有风时,空气湍动程度加大,为强制对流。

IEEE Standard 738 中的计算公式根据风速大小分为低风速时的强制对流散热 Q_{c1} 和高风速时的强制对流散热 Q_{c2};无风情况下,产生自然对流散热 Q_{c0}。计算方法分别如下:

$$Q_{c0} = 0.020\,5\rho_f^{0.5}D^{0.75}(T_c - T_a)^{1.25}\,(\text{W/m}) \tag{3.5}$$

$$Q_{c1} = \left[1.01 + 0.037\,2\left(\frac{D\rho_f V_w}{\mu_f}\right)^{0.52}\right]k_f(T_c - T_a)k_{\text{angle}}\,(\text{W/m}) \tag{3.6}$$

$$Q_{c2} = 0.011\,9\left(\frac{D\rho_f V_w}{\mu_f}\right)^{0.6}k_f(T_c - T_a)k_{\text{angle}}\,(\text{W/m}) \tag{3.7}$$

$$\mu_f = \frac{1.458\times10^{-6}(T_{\text{film}} + 273)^{1.5}}{T_{\text{film}} + 383.4} \tag{3.8}$$

$$k_f = 0.024\,24 + 7.476\,7\times10^{-5}T_{\text{film}} - 4.407\,1\times10^{-9}T_{\text{film}}^2 \tag{3.9}$$

$$\rho_f = \frac{1.293 - 1.525\times10^{-4}H_e + 6.397\times10^{-9}H_e^2}{1 + 0.003\,67\times T_{\text{film}}} \tag{3.10}$$

式中,T_c 为导线温度,℃;T_a 为环境温度,℃;V_w 为风速,m/s;ρ_f 为空气密度,kg/m³;μ_f 为空气的动态黏度,kg/(m·s);k_f 为空气的热传导率,W/(m·K);k_{angle} 为风向系数;T_{film} 为导线表面膜温度,℃,$T_{\text{film}} = \dfrac{T_c + T_a}{2}$;$H_e$ 为导线的海拔高度,m。

在计算中,风向对对流散热的影响是相当大的。因此,在计算中,必须针对不同的风向角,对强制对流散热进行修正。通常规定风向的水平方向与导线轴向和水平面是平行的。这样,可得到下面的风向角因子。

$$k_{\text{angle}} = 1.194 - \cos\phi + 0.194\cos(2\phi) + 0.368\sin(2\phi) \tag{3.11}$$

$$k_{\text{angle}} = 1.194 - \sin\omega - 0.194\cos(2\omega) + 0.368\sin(2\omega) \tag{3.12}$$

式中,ω 为风向与导线轴线的垂线的夹角;ϕ 为风向与导线轴线的夹角。当风垂直吹向导线时,风向角因子为 1.0;当为其他角度时,就要对对流散热 Q_c 进行修正。

对强制对流和自然对流计算得到的结果,取其最大值作为对流散热的最终值。因此可以得到:

$$Q_c = \text{Maximum}(Q_{c0}, Q_{c1}, Q_{c2}) \tag{3.13}$$

我国线路设计规范中的计算公式：

$$Q_c = \pi k_f (T_c - T_a)[A + B(\sin\phi)^n] \cdot C\left(\frac{V_w D}{\mu_f}\right)^p \tag{3.14}$$

$$k_f = 2.42 \times 10^{-2} + 7 \times 10^{-5}\left(T_a + \frac{1}{2}\Delta t\right) \tag{3.15}$$

$$\mu_f = 1.32 \times 10^{-5} + 9.6 \times 10^{-8}\left(T_a + \frac{1}{2}\Delta t\right) \tag{3.16}$$

式中，D 为导线外径，mm；V_w 为风速，m/s；T_c 为导线温度，℃；T_a 为环境温度，℃；n、A、B 为常数；ϕ 为风向角，当 $0° < \phi < 24°$ 时，$A = 0.42$，$B = 0.68$，$n = 1.08$；当 $24° \leqslant \phi \leqslant 90°$，$A = 0.42$，$B = 0.58$，$n = 0.9$；$C$、$p$ 为常数[20]；μ_f 为空气的动态黏度，kg/(m · s)；k_f 为空气的热传导率，W/(m · ℃)；$\Delta t = T_c - T_a$。

式(3.14)的对流散热仅考虑了强制对流，而没有考虑到自然对流的影响，计算的导线热稳定容量比实际值偏小。

2) 辐射散热 Q_r

辐射散热是导体自身所具备的性质，与环境温度、导线温度以及线路特性（如排列方式、分裂数、导线直径）等参数相关。对导体外表面辐射散热的计算，各国标准中的计算方法基本相同。

$$Q_r = \pi D \varepsilon \sigma [(T_c + 273)^4 - (T_a + 273)^4] \tag{3.17}$$

式中，ε 为导体表面的辐射系数，它取决于导线金属的型号及其老化和氧化的程度，光亮新线为 0.23～0.43，旧线或涂黑色防腐剂的导线为 0.90～0.95；σ 为斯特藩-玻尔兹曼常数，$\sigma = 5.67 \times 10^{-8}$ (W · m^{-2} · K^{-4})。

3) 日照吸热 Q_s

到达地球表面的日照辐射随季节、时刻、地理纬度、大气透明度以及海拔等不同而不同。并且导线的日照吸热与大气的透明度也有关，在空气污染小的环境下与烟雾弥漫的工业环境下的大气的透明度是不同的。

根据我国的电力工程电气设计手册：

$$Q_s = \alpha D q_s \tag{3.18}$$

式中，α 为导体表面吸热系数，一般取值与辐射系数相等，取默认值为 0.5；q_s 为日照强度，取 1 000 W/m^2（导体最高允许温度＋70℃未考虑日照影响，最高允许温度＋80℃考虑 1 000 W/m^2 日照强度的影响）；D 为导体外径，m。

根据 IEEE Standard 738，导线日照辐射吸热为

$$Q_s = \alpha q_s \sin(\theta) A' \tag{3.19}$$

式中，α 为导体表面的吸热系数，其值为 0.23～0.91；q_s 为日照辐射强度，W/m^2，θ 为太阳入射的有效角度；A' 为导线的投影面积，m^2/m。

日光射线的有效角度为

$$\theta = \arccos[\cos H_{\mathrm{c}} \cos(Z_{\mathrm{c}} - Z_1)] \tag{3.20}$$

式中,H_{c} 为太阳高度角(太阳天顶角 θ_{z} 的余角);Z_{c} 为太阳方位角;Z_1 为导线的方位角。

太阳高度角 H_{c} 为

$$H_{\mathrm{c}} = \arcsin[\cos(\mathrm{Lat})\cos\delta\cos\omega + \sin(\mathrm{Lat})\sin\delta] \tag{3.21}$$

式中,ω 为时角,中午 12:00 为 0°,每小时相差 15°;Lat 为地理纬度;δ 为太阳赤纬角,其函数关系为

$$\delta = 23.458\,3\sin[360°(284 + n)/365] \tag{3.22}$$

式中,n 为天数。

太阳方位角为

$$Z_{\mathrm{c}} = C + \arctan\chi \tag{3.23}$$

式中,C 为时角的函数;$\chi = \dfrac{\sin\omega}{\sin(\mathrm{Lat})\cos\omega - \cos(\mathrm{Lat})\tan\delta}$。

日照辐射强度 q_{s} 的计算公式如下。

(1) 清洁空气下

$$
\begin{aligned}
q_{\mathrm{s}} = {} & -42.239\,1 + 63.804\,4H_{\mathrm{c}} - 1.922H_{\mathrm{c}}^2 + 3.469\,21\times10^{-2}H_{\mathrm{c}}^3 \\
& - 3.611\,18\times10^{-4}H_{\mathrm{c}}^4 + 1.943\,18\times10^{-6}H_{\mathrm{c}}^5 - 4.076\,08\times10^{-9}H_{\mathrm{c}}^6
\end{aligned} \tag{3.24}
$$

(2) 工业环境下

$$
\begin{aligned}
q_{\mathrm{s}} = {} & -53.182\,1 + 14.211\,0H_{\mathrm{c}} - 6.613\,8\times10^{-1}H_{\mathrm{c}}^2 - 3.165\,8\times10^{-2}H_{\mathrm{c}}^3 \\
& + 5.654\times10^{-4}H_{\mathrm{c}}^4 - 4.344\,6\times10^{-6}H_{\mathrm{c}}^5 + 1.323\,6\times10^{-8}H_{\mathrm{c}}^6
\end{aligned} \tag{3.25}
$$

由于海拔的影响,各处的日照辐射强度是有差异的,为了对该差异进行校正,引进了日照校正因子,其计算方法如下:

$$K_{\mathrm{solar}} = 1 + 1.148\times10^{-4}H_{\mathrm{e}} - 1.108\times10^{-8}H_{\mathrm{e}}^2 \tag{3.26}$$

式中,H_{e} 为导线所在处的海拔,m。

考虑了海拔的日照辐射强度为

$$q_{\mathrm{se}} = K_{\mathrm{solar}}q_{\mathrm{s}}$$

4) 导线交流电阻 $R(T_{\mathrm{c}})$

导体的电阻分为直流电阻和交流电阻,由于涡流、磁滞及集肤效应等引起电阻增量的影响,导体的交流电阻会比直流电阻大。交流电阻或者交直流电阻比(同一导线在相同条件下交流电阻和直流电阻之比)除取决于导线材质、结构,还与输电系统有关。

直流电阻的计算:

$$R_{\mathrm{d}} = R_{20}[1 + \alpha_{20}(T_{\mathrm{c}} - 20)] \tag{3.27}$$

考虑集肤效应的影响,得到交流电阻:

$$R(T_{\mathrm{c}}) = (1 + k)R_{\mathrm{d}} \tag{3.28}$$

式中，R_d 为导线温度是 T_c 时导线的直流电阻，Ω/m；$R(T_c)$ 为导线温度是 T_c 时导线的交流电阻，Ω/m；α_{20} 为 20℃ 的导线材料温度系数，对铝取 0.004 03，1/℃；k 为集肤效应系数，导体截面小于或等于 400 mm^2 时，k 取 0.002 5；大于 400 mm^2 时，k 取 0.01。

IEEE Standard 738 中的导线允许载流量计算公式各参数计算考虑比较全面，但计算过程较为烦琐，在一定条件下可简化。我国现行线路设计规范中计算导线允许载流量时采用的是摩尔根载流量简化计算公式。该公式适用于雷诺系数为 100～3 000，即环境温度为 40℃、风速 0.5 m/s、导线温度不超过 120℃、直径为 4.2～100 mm 的导线载流量的计算，其允许载流量计算公式为

$$I = \sqrt{\frac{9.92\theta\,(vD)^{0.485} + \pi\varepsilon Dk_e\left[(273 + t_a + \theta)^4 - (273 + t_a)^4 - \alpha_s DS_i\right]}{k_t R_{dt}}} \tag{3.29}$$

式中，I 为安全载流量，A；θ 为导线的载流温升，℃；v 为风速，m/s；D 为导线外径，m；ε 为导线表面的辐射系数，光亮新线为 0.23～0.46，发黑旧线的为 0.90～0.95；k_e 为斯特藩-玻尔兹曼常数，取 $5.67\mathrm{x}\times10^{-8}$ W/m^2；t_a 为导体稳态温度，℃；α_s 为导线吸热系数，光亮新线的为 0.23～0.46，发黑旧线的为 0.90～0.95；k_t 为 $t = \theta + t_a$ 时的交直流电阻比；R_{dt} 为导线温度为 t 时的直流电阻；S_i 为日光对导线的日照强度，W/m^2。

2. 导线温度模型

导线温度模型（conductor temperature model，CTM）基于导线平均温度估算线路的允许载流量，计算公式如下[22-24]：

$$I^2R(T_c) + Q_s = h(t)(T_c - T_a) + Q_r \tag{3.30}$$

式中，$h(t)$ 为热传递系数，反映了环境温度和风速风向对导线发热的综合影响，消除了因为风速测量的不准确而带来的误差，该参数可以通过已知的导线温度、导线电流等参数来求取；其余参数与气候模型中的意义相同，辐射散热和日照辐射吸热的计算方法同气候模型。

利用导线温度模型通过以下过程求出导线允许载流量（下标 70 代表导线温度达到最大允许温度 70℃ 时对应的参量）：

$$h(t) = \frac{I^2R(T_c) + Q_s - Q_r}{T_c - T_a} \tag{3.31}$$

由 $h_{70}(t) \approx h(t)$ 得

$$I' = \sqrt{\frac{h_{70}(t)(70 - T_a) + Q_r - Q_s}{R_{70}}} \tag{3.32}$$

由导线运行时的温度和电流求取待定热传递系数 $h(t)$，然后由求得导线允许最高温度 70℃ 的允许载流量。这样利用导线的温度、环境温度、负荷电流和导线参数等参量即可求得导线最高允许温度 70℃ 时的允许载流量。

3. 气候模型和 CTM 的应用条件分析

实际上，计算允许载流量时 $h_{70}(t)$ 近似取某一时刻的 $h(t)$ 值会使模型计算结果产生

偏差,为了减少载流量评估的误差,提高不同应用条件下计算的准确性,有必要分析气候模型和 CTM 的计算误差[25]。

气候模型与 CTM 的主要区别在于热传递系数的求取方法。气候模型利用环境温度、风速、风向以及经验表达式来计算热传递系数,而 CTM 利用环境温度、导线温度、导线电流及热平衡方程式来计算热传递系数。随着沿导线的风及环境温度的显著变化,它们的计算结果准确性都会受到影响。

下面分析 CTM 引入热传递系数的影响。以 LGJ-300/40 型号导线为例,分析风速 V_w、导线温度 T_c 分别变化时对 $h(t)$ 和热温度容量计算结果的影响。

1) 导线温度的影响

设环境温度 $T_a = 25℃$,风速 $V_w = 0.5$ m/s,风垂直吹向导线。根据式(3.28)~式(3.30)可得 $h(t)$、I 及它们的变化率与导线温度 T_c 的关系曲线,如图 3.4、图 3.5 所示。

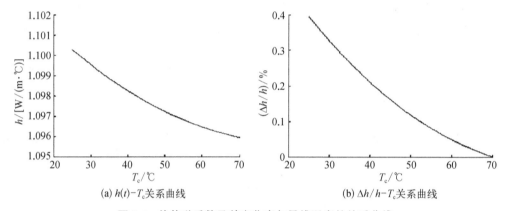

(a) $h(t)-T_c$ 关系曲线　　　　　(b) $\Delta h/h-T_c$ 关系曲线

图 3.4　热传递系数及其变化率与导线温度的关系曲线

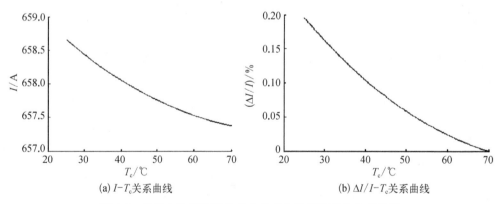

(a) $I-T_c$ 关系曲线　　　　　(b) $\Delta I/I-T_c$ 关系曲线

图 3.5　导线允许载流量及其变化率与导线温度的关系曲线

图中,$\dfrac{\Delta h}{h} = \dfrac{|h_{70}(t) - h(t)|}{h_{70}(t)}$,$\dfrac{\Delta I}{I} = \dfrac{|I_{70} - I|}{I_{70}}$。从曲线上可以看出,环境温度 $T_a = 25℃$,风速 $V_w = 0.5$ m/s 时热传递系数 $h(t)$ 及允许载流量 I 随导线温度变化而变化得很微小。热传递系数变化率 $\Delta h/h$ 随 T_c 的增大而迅速减小,最大的变化率在 0.4% 以内,而允许载流量变化率 $\Delta I/I$ 在 0.2% 以内。

2）风速的影响

设定环境温度 $T_a = 25℃$，导线温度为 $T_c = 55℃$。$h(t)$、I 及它们的变化率与风速 V_w 的关系曲线，如图 3.6、图 3.7 所示。

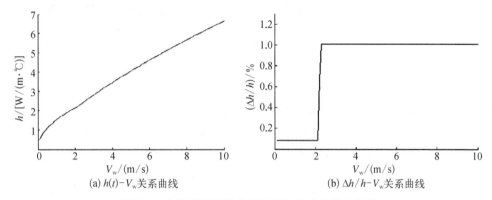

(a) $h(t)$-V_w关系曲线　　　　(b) $\Delta h/h$-V_w关系曲线

图 3.6　热传递系数及其变化率与风速的关系曲线

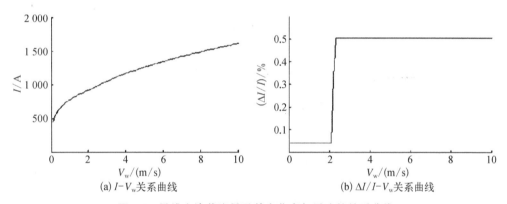

(a) I-V_w关系曲线　　　　(b) $\Delta I/I$-V_w关系曲线

图 3.7　导线允许载流量及其变化率与风速的关系曲线

从图 3.6、图 3.7 曲线可以看出，$T_a = 25℃$、$T_c = 55℃$ 时，风速为 2 m/s 以内热传递系变化率 $\Delta h/h$ 基本平稳在 0.1% 以下，允许载流量变化率 $\Delta I/I$ 在 0.05% 以下。在风速 2 m/s 附近热传递系数变化率 $\Delta h/h$ 陡然增长到原来的 10 倍左右，之后趋于稳定。这里 $h(t)$ 和 I 的变化率突然增长是因为式（3.14）中常数 C、p 分段取值造成的。可见在 2 m/s 以内的低风速时导线温度模型计算允许载流量的偏差在千分之一以内，非常微小。

综上所述，当环境温度和风速不变，导线温度变化时，热传递系数的值变化很微小，允许载流量的变化率为千分之几，而且随导线温度升高变化率迅速下降；环境温度和导线温度不变，风速变大，则在 2 m/s 附近允许载流量的变化率出现突变，但在 2 m/s 以内，允许载流量的变化率还不到千分之一。因此在较小风速和导线温度较高时，导线温度模型计算所得的导线允许载流量值比较准确。

导线的温度和风速对导线允许载流量的影响较为显著。虽然与气候模型相比，CTM 可以避免风测不准的误差，但导线辐射散热 Q_r、日照吸热 Q_s 的估算引入的误差在 CTM 中仍然存在。同时，CTM 中热传递系数的近似取值也是温度模型的误差来源之一。另外，导线运行时温度的测量误差不可避免，它们也是温度模型计算导线容量的误差来源。

导线表面辐射系数和吸热系数的综合影响主要由导线的新旧决定,由于导线表面辐射和吸热对导线温度的影响相互抵偿,其综合效果并不显著,在导线使用温度范围内,仅有1%~2%。通过分析可知,CTM中热传递系数取近似值在低风速情况下对导线热稳定容量的计算影响很小,可以通过选择导线温度范围(如导线温度高于环境温度8℃以上)将误差控制在很小的范围内,如0.1%。这与日照吸热和辐射散热中导线表面辐射系数和吸热系数的综合影响1%~2%相比,可以忽略不计。

根据以上分析,确定两种模型的应用条件:CTM适宜于风速较小、导线温升较高的情况,而当风速较大、导线温升较低时,气候模型(IEEE Standard 738或摩尔根计算公式)的误差更小。实际应用中可采用两种模型相结合的自适应计算方式提高计算结果的准确性。图3.8是一条线路典型24 h周期内的线路实时输送容量图,其中,曲线1是导线实际电流;曲线2为线路静态额定容量;曲线3是基于CTM计算的动态容量;曲线4为气候模型计算的动态容量;曲线5是系统最终输出的线路允许输送容量曲线。由于清早、夜晚用电量较少,负载较低,不能充分加热导线,允许输送容量为气候模型计算结果;当线路有足够的负载,导线温度较高时,允许输送容量为CTM计算结果。

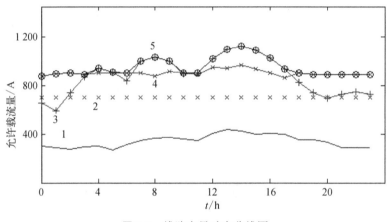

图3.8 线路容量动态曲线图

3.2.3 暂态允许载流量计算方法

1. 暂态热平衡方程

输电线路的热容量常数较大,允许输电线路在一定时间内暂时过负荷运行,不会立即使温度升高而影响输电线路的安全距离,从而为电网运行故障的处理争取时间。提高输电线路暂时过负荷能力,一方面根据实时采集的导线温度、气温、风速、风向、光辐射强度以及导线相关参数,按导线暂态热容方程预测在给定电流下,一定时长后的温升,作为线路短时超负荷运行的依据;另一方面计算当前气象条件下,给定时长内导线温度不超过允许运行温度的最大线路载流量及给定电流下导线温度不超过允许运行温度的最大安全时长,为紧急情况下的运行调度提供安全操作依据。

对于暂态载流能力的评估主要基于暂态热平衡方程计算导线暂态允许载流量[26]。当导线中通过电流时,根据热平衡原理有如下的暂态热平衡方程:

$$I^2 R(T_c) + Q_s = MC_p \frac{dT_c}{dt} + Q_c + Q_r \tag{3.33}$$

式中，M 为导线单位长度的质量，kg/m；C_p 为导体材料的比热容，J/(kg·℃)。交流电阻 $R(T_c)$，日照吸热 Q_s，对流散热 Q_c 和辐射散热 Q_r 具体计算方法见 3.2.2 节。

钢芯铝绞线的单位长度比热容量 C_p 取决于单位长度导线中铝和钢的质量比。根据研究，钢芯铝绞线的单位长度比热容 MC_p(J/(m·℃)) 可以表示为

$$MC_p = C_1 W_1 + C_2 W_2 \tag{3.34}$$

式中，C_1、C_2 分别为铝和钢的单位质量比热容，J/(kg·℃)，在《IEEE Standard 738—2006》中可以查到：

$$C_1 = 955\,\text{J/(kg·℃)}, \quad C_2 = 476\,\text{J/(kg·℃)} \tag{3.35}$$

W_1、W_2 分别为单位长度钢芯铝绞线中的铝和钢的质量，kg/m，对于不同型号的导线要重新计算：

$$W = ps \tag{3.36}$$

式中，s 为导线截面中铝或钢的计算截面积；p 为导线中铝或钢的密度。

暂态热平衡方程可用四阶 Runge-Kutta 公式计算，也可以引入热传递系数，使方程变为关于导线温度的一阶线性微分方程求解。并从实际需要考虑，计算得到导线中通过的电流跃变情况下，导线的温升速度和温度预测值、给定时间下的暂态载流量、给定跃变电流下的安全时间。

2. 暂态载流能力的计算模型及其评估方法

暂态载流能力的计算主要用暂态热平衡方程，暂态热平衡方程是关于导线温度 T_c 的非线性常微分方程。因此，要用常规的解析方法解出该方程比较困难。

对一阶常微分方程：

$$\begin{cases} y' = f(x, y) \\ y(x_0) = y_0 \end{cases} \tag{3.37}$$

只要函数 $f(x, y)$ 适当光滑，理论上可以保证式(3.37)的解 $y = f(x)$ 存在且唯一。满足上述条件的非常规方程，可以用数值解法求解。所谓数值解法，就是寻求解 $y(x)$ 在一系列离散节点 $x_1 < x_2 < \cdots < x_n < x_{n+1} < \cdots$ 上的近似值 $y_1, y_2, \cdots, y_n, y_{n+1}, \cdots$。相邻两个节点间使用相同的间距 h。考虑计算的精度，使用经典四阶 Runge-Kutta 公式，其具有四阶精度，形式如下：

$$\begin{cases} y_{n+1} = y_n + \dfrac{h}{6}(k_1 + 2k_2 + 2k_3 + k_4) \\ k_1 = f(x_n, y_n) \\ k_2 = f\left(x_n + \dfrac{h}{2}, y_n + \dfrac{h}{2}k_1\right) \\ k_3 = f\left(x_n + \dfrac{h}{2}, y_n + \dfrac{h}{2}k_2\right) \\ k_4 = f(x_n + h, y_n + hk_3) \end{cases} \tag{3.38}$$

3. 导线温度预测

可将暂态热平衡方程转化为

$$\frac{\mathrm{d}T_c}{\mathrm{d}t} = \frac{1}{MC_p}[I^2 R(T_c) + Q_s - Q_c(T_c) - Q_r(T_c)] \tag{3.39}$$

T_c 随时间变化,无论递增还是递减,不可能发生跃变,即满足函数光滑,因此 T_c 有唯一解,且能用数值解法解之。在此将其写为

$$\begin{cases} T'_c = f(t, T_c) \\ T_c(t_0) = T_{c0} \end{cases} \tag{3.40}$$

由式(3.40)看出,要得到导线温度 T_c 的数值解,必须计算出初始条件下的导线温度 T_{c0}。通常假设电流发生跃变之前处于热稳定状态,此时可用稳态热平衡方程求出导线的初始温度,也可以用其他方式得到,例如,利用张力/弧垂-温度的拟合曲线得到或者现场直接测量得到。

由于导体发热具有热惯性,导体的温升随时间呈指数规律变化,最后趋于稳态温升。导体温升速度取决于导体发热时间常数 τ,导体温升速度与导体起始温度及温升无关,一般经过 $4\tau \sim 5\tau$ 后导体的温升达到稳定值。工程中以导线温升从初始值升到稳定值的 63.2% 所需要的时间为导体发热时间常数 τ。因此,在绘出导线温升随时间变化的曲线后,可以直接从图中读出发热时间常数 τ。

4. 给定时间的暂态载流量

对应不同的跃变电流,导线的最高温度是不同的,导线温度升高到某值的时间也不同。定义导线电流跃变后,从暂态热平衡方程出发,导线温度升高到规定温度的时间为剩余时间,此时的跃变电流为当前环境条件下与剩余时间对应的暂态载流量。对应不同的剩余时间,暂态载流量是不同的,剩余时间越长,暂态载流量越小。相应地,定义与稳态热平衡方程对应的载流量为稳态载流量。

各国对导线的最高允许温度有不同的规定,我国规定的钢芯铝绞线和钢芯铝合金绞线最高允许温度一般为 70℃。因此,给定时间下的暂态载流量,是指当前环境条件在规定的剩余时间内导线温度达到 70℃ 对应的跃变电流。

暂态载流量的计算中,输入实时环境参数有环境温度、风速风向,假设在设定的剩余时间内环境参数保持不变。并假设初始状态为稳态,输入实时负荷数据,根据稳态热平衡方程求得导线温度即暂态过程的导线初始温度。使导线温度由此初始温度在规定的剩余时间内恰好升高到 70℃ 所对应的跃变电流即当前条件下的暂态载流量。

可求得导线温升 T_c 随时间变化的解析解,即

$$T_c = f(t, V_w, d_w, T_a, I) \tag{3.41}$$

式中,t 为时间,s;V_w 为风速,m/s;d_w 为风向,(°);T_a 为环境温度,℃。按国家标准,规定 $T_c = 70℃$,剩余时间 $t = t_0$,其中 V_w、d_w、T_a 不变,遍历 I,即 $I = I_0 + \Delta I$,使等式 $f(t_0, V_w, d_w, T_a, I) = 70$ 的 I 即当前气候条件下剩余时间 $t = t_0$ 时的暂态载流量。

5. 给定电流下安全时间

输电线路受到扰动后,例如,发生短路故障,线路中的电流会忽然增大,此时线路温度

也会急剧升高。故障电流不同,导线温度升高到最高允许温度的时间也不同。如果在当前条件下运行时间过长,将会使导线温度超过最高允许温度,从而发生永久性故障。另外,系统发生故障时,对于因故障引起潮流转移的线路过载,系统要进行及时的调整,即紧急状态下的应对策略。在这一过程中,输电线路热惯性的利用为调度人员的应对和机组控制的反应时间提供了参考。

可见,在故障电流已知的情况下,计算出当前环境下导线温度升高到最高允许温度的时间是必要的。

与给定时间下的暂态载流量相似,在求取导线温升的解析解 $T_c = f(t, V_w, d_w, T_a, I)$ 后,按国家标准,规定 $T_c = 70℃$,跃变电流 $I = I_0$,其中 V_w、d_w、T_a 不变,即 $t = t_0 + \Delta t$,使等式 $f(t, V_w, d_w, T_a, I_0) = 70$ 的时间 t 即当前气候条件下跃变电流 $I = I_0$ 时的安全运行时间。

3.2.4　输电线路载流量影响因素分析

架空输电线路的允许载流量与气候条件、导线自身参数及连接金具等因素有关。本节将主要根据 3.2.2 节所建立的输电线路热稳定模型计算导线最大载流量,并详细分析对于常用的四种不同输电线路型号、风速、风向、环境温度、导线最大允许温度、日照辐射、导线热参数、导线连接金具状态等因素对输电线路载流量的影响。在改变各因素之前,将部分条件按照表 3.1 作初始设置,四种不同型号的 500 kV 钢芯铝绞线的技术参数如表 3.2 所示。

表 3.1　架空线环境参数

辐射系数	吸热系数	环境温度	风　速	风向角	日照强度	最大允许温度
0.9	0.9	40℃	0.5 m/s	90°	1 000 W/m²	70℃

表 3.2　四种不同型号的 500 kV 钢芯铝绞线的技术参数

导 线 型 号	计算截面积/mm²	集肤效应系数	外径/mm	20℃时直流电阻/(Ω/km)
JL/G1A-300/40	338.99	0.002 5	23.9	≤0.096 1
JL/G1A-400/35	425.24	0.01	26.8	≤0.073 9
JL/G1A-630/45	674.0	0.01	33.8	≤0.045 9
JL/G2A-720/50	775.41	0.01	36.23	≤0.039 84

1. 风速对输电线路载流量的影响

风速影响了导线与环境间的对流散热功率,从而影响了最大载流量。在线路的实际环境中,风速一般不稳定,不同地区差别较大,即使同一地区,在不同时间下,风速差别也很大,所以线路运行环境中的风速因素对输电线路载流量的影响很值得分析。风速从 0~1.5 m/s 等间距变化,其他条件按表 3.1 设置,作出低风速条件下四种导线最大载流量与风速的关系。

由图 3.9 可见,导线载流量随着风速变大而变大,且四种导线变化趋势基本一致。下面以导线 JL/G1A-300/40 为例作分析(图 3.9 中最下方曲线)。

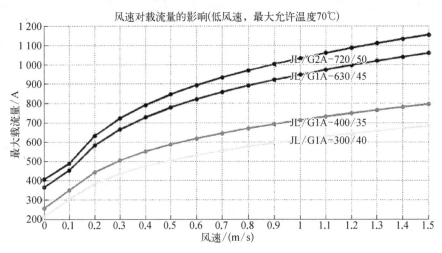

图 3.9   导线允许载流量-风速关系图(低风速)

在表 3.3 中可以看出,低风速条件下(特别是 0.1～0.5 m/s),随风速增大,载流量迅速增大。风速从 0.1 m/s 上升到 1.5 m/s 时,载流量提升了一倍以上。可见低风速下,风速对导线载流量影响巨大。

表 3.3   低风速下,风速增加时导线 JL/G1A - 300/40 允许载流量增幅

风速/(m/s)	0.1	0.1～0.5	0.5～1.0	1.0～1.5
最大载流量/A	303.8	303.8～505.0	505.0～612.4	612.4～683.0
最大载流量增幅/%	—	66.3	21.3	11.5

作出高风速下(0～10 m/s)导线允许载流量-风速曲线如图 3.10 所示。由图 3.10 可见,四条曲线的都是凸曲线,随风速上升,曲线的斜率不断减小,导线载流量增加幅度变缓。

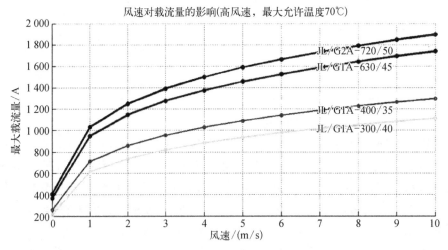

图 3.10   导线允许载流量-风速关系图(高风速)

2. 风向对输电线路载流量的影响

在线路的实际运行环境中,风向也是很不稳定的因素。风向角从 $0\sim90°$ 按 $10°$ 等间距变化,其他条件按表 3.1 设置,作出四种导线最大载流量与风向的关系如图 3.11 所示。

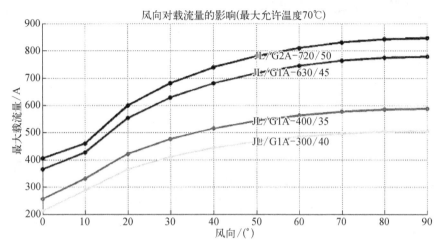

图 3.11　四种导线允许载流量与风向关系图

由图 3.11 可见,导线允许载流量随着风向角的变大而明显变大。以导线 JL/G1A - 300/40 为例,风向角与载流量的关系如表 3.4 所示。

表 3.4　风向角增加时导线 JL/G1A - 300/40 最大载流量增幅

风向角/(°)	0	0～30	30～60	60～90
最大载流量/A	213.0	213.0～411.4	411.4～484.6	484.6～505.0
最大载流量增幅/%	—	93.2	17.8	4.2

由图 3.11 和表 3.4 分析可见:风向对导线的载流量影响也较大;风向角较小时,风向的变化对导线载流量的影响很大;随风向角不断增大大,载流量增速逐渐变缓。

3. 环境温度对输电线路载流量的影响

一年中,随四季变化,线路的环境温度也在不断变化,因此环境温度对输电线路载流量的影响也很需要分析。环境温度从 $0\sim40℃$ 按 $10℃$ 等间距变化,其他条件按表 3.1 设置,作出四种导线允许载流量与环境温度的关系如图 3.12 所示。

由图 3.12 可见,导线允许载流量随着环境温度的增大而减小。以导线 JL/G1A - 300/40 为例,导线载流量变化如表 3.5 所示。

表 3.5　环境温度变化时导线 JL/G1A - 300/40 允许载流量变化

环境温度/℃	40	40～30	30～20	20～10	10～0
最大载流量/A	505.0	505.0～627.7	627.7～727.6	727.6～813.4	813.4～889.3
最大载流量增幅/%	—	24.3	15.9	11.8	9.3

由图 3.12 和表 3.5 分析可见:环境温度对于导线载流量有较大的影响;环境温度条件从 40℃ 降低到 0℃ 过程中,导线允许载流量逐渐增大,呈近似线性增长,环境温度每降

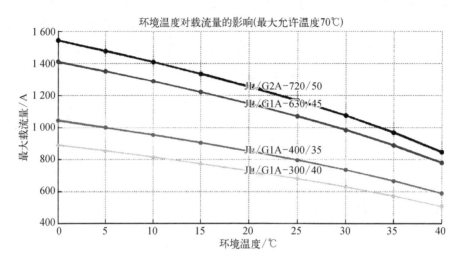

图 3.12 四种导线允许载流量与环境温度关系图

低 5℃,载流量要增加约 $10\%\sim12\%$。

4. 导线最大允许温度对输电线路载流量的影响

输电线路的最大载流量很大一部分取决于导线的最大允许温度,导线最大允许温度越高,导线的最大载流量越大。我国规程规定导线最高允许温度为 70℃,而其他国家的限额基本在 80℃以上。因此,研究导线最大允许温度对输电线路载流量的影响很有必要。导线最大允许温度从 $70\sim90$℃按 2℃等间距变化,其他条件按表 3.1 设置,作出四种导线载流量与最大允许温度的关系曲线如图 3.13 所示。

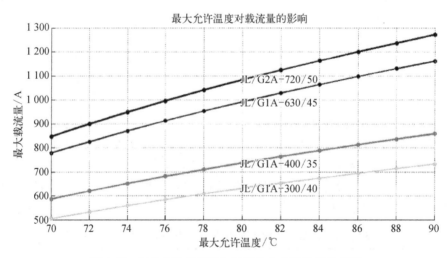

图 3.13 导线允许载流量与导线最大允许温度关系图

以导线 JL/G1A-300/40 为例分析,导线最大载流量增幅的变化如表 3.6 所示。

由图 3.13 和表 3.6 分析可见:导线允许温度对导线载流量影响较大,适当提高导线允许温度可以增加导线载流量;导线载流量与导线允许温度关系曲线近似线性(斜率略微减小),当导线允许温度的增加与导线最大载流量的增加近似线性时,最高允许温度每增加 5℃,载流量提高约 10%～15%。

表 3.6 最高允许温度增加时导线 JL/G1A-300/40 载流量增幅

最高允许温度/℃	70	70～75	75～80	80～85	85～90
最大载流量/A	505.0	505.0～571.6	571.6～630.6	630.6～683.5	683.5～732.1
最大载流量增幅/%	—	13.2	10.3	8.4	7.1%

需要注意的是,如果导线运行温度过高,会影响导线弧垂、导线机械强度,也会造成接续金具过热,对导线运行安全造成影响,应该重新校核导线对地及交叉跨距。

5. 日照辐射对输电线路载流量的影响

太阳对输电线路的辐射强度影响了导线的吸热功率,改变了导线的稳态热平衡,最终也会影响导线的稳态载流量。实际运行中不同时间输电线路的日照辐射不同,日照辐射受到太阳高度、太阳方位角、海拔、周围空气状况等因素的影响,晴天阴天日照辐射也不一样。

日照辐射为 0～1 000 W/m² 按 100 W/m² 等间距变化,其他条件按表 3.1 设置,作出四种导线最大载流量与日照辐射的关系如图 3.14 所示。

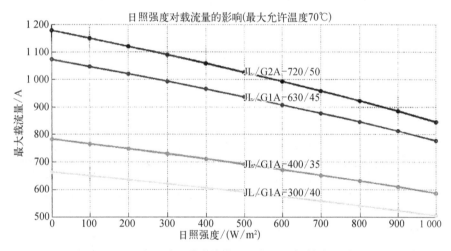

图 3.14 四种导线允许载流量与日照辐射关系图

由图 3.14 可见,导线载流量随着日照辐射的增大而减小。以导线 JL/G1A-300/40 为例,日照强度变化引起载流量变化如表 3.7 所示。

表 3.7 日照强度变化时导线 JL/G1A-300/40 最大载流量变化

日照强度/(W/m²)	1 000	1 000～700	700～400	400～100
最大载流量/A	505.0	505.0～557.5	557.5～605.4	605.4～649.8
最大载流量增幅/%	—	10.4	8.6	7.3

由图 3.14 和表 3.7 可以看出,日照强度对导线最大载流量的影响较其他因素而言很小:从 1 000 W/m² 减少至 900 W/m² 时载流量仅提高 1%～3%,从 1 000 W/m² 减少到 100 W/m² 时载流量提高 15%～30%;日照辐射强度越小,导线最大载流量越大;日照辐

射的减小与导线载流量的增加近似线性变化。

6. 导线辐射系数和吸热系数对输电线路载流量的影响

导线表面辐射系数和吸热系数取决于导线新旧程度,大部分国家规定辐射系数和吸热系数相等。辐射系数与吸收系数为 0.1~1 按 0.1 等间距变化(一般情况下可以认为导线表面的辐射系数与吸收系数同步变化),其他条件按表 3.1 设置,作出最大允许温度为 70℃和 80℃时,四种导线最大载流量与导线表面的辐射系数和吸热系数的关系如图 3.15 和图 3.16 所示。

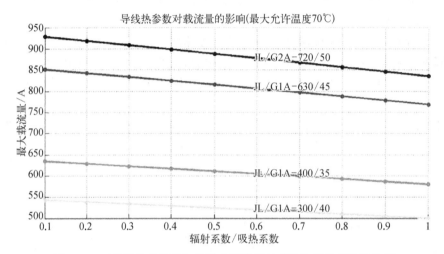

图 3.15   四种导线载流量与导线表面的辐射系数和吸热系数的关系

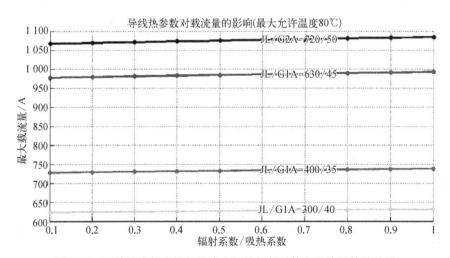

图 3.16   四种导线载流量与导线表面的辐射系数和吸热系数的关系

最大允许温度为 70℃、80℃、90℃的条件下 JL/G1A-300/40 导线最大载流量与导线表面的辐射系数和吸热系数的关系图如图 3.17 所示。在最大允许温度为 70℃、80℃、90℃的条件下,以 JL/G1A-300/40 型导线为例,分析最大载流量与导线表面的辐射系数和吸热系数的关系如表 3.8 所示。

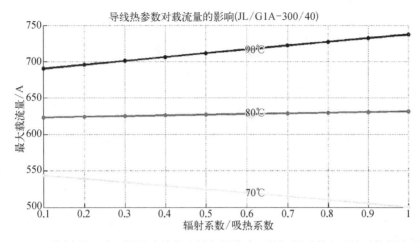

图 3.17　不同允许温度下导线允许载流量与导线表面的辐射系数和吸热系数的关系图

表 3.8　不同允许温度下导线热参数变化时导线 JL/G1A－300/40 载流量变化

最大允许温度/℃	导线辐射系数		
	0.1～0.4	0.4～0.7	0.7～1.0
70	－2.6%	－2.7%	－2.9%
80	0.4%	0.4%	0.4%
90	2.3%	2.2%	2.0%

分析可见：辐射系数和吸热系数对导线载流量的影响相互抵消,综合影响很小。和使用多年的旧线(导线表面辐射系数和吸热系数均为 0.9)相比,新线(吸热系数取 0.23～0.43,辐射系数取 0.35～0.46)载流量增加 3%～6%。

7. 导线连接金具状态对输电线路载流量的影响

除导线温度和弧垂,导线接续金具如引流板和线夹的缺陷也是限制导线电流的重要因素。例如,接触传导表面日久老化或者长期微风振动导致螺丝松动而接触不良。在一定条件下,若载流量过大,容易导致"升高接触面温度→增加接触电阻→提高接触面温度"的恶性循环,以致金具过热故障产生事故隐患。目前根据广东电网的统计分析,大约有80%的输电线路过热故障来自引流板和耐张线夹,因此,当确定输电线路运行允许载流量时,应考虑输电线路引流板的状态。对于输电线路存在引流板或线夹缺陷导致金具温度超过设定值时,应该限制导线的过载运行。

根据我国相关规程规定：金具接点温度可略高于导线温度,但不应超过 10℃,最大不超过 20℃,或者相对温差不超过 35%,最大不超过 80%。可以按照下面两个方法判断金具热缺陷等级。

1) 绝对温差判断法

测量金具本体和出口 1 m 远处导线的温差 ΔT。若 10℃＜ΔT＜20℃ 为一般缺陷(近期内对于设备安全运行影响不大);20℃≤ΔT＜35℃ 为重大缺陷(短期内可以继续安全运行,但应在短期内消除);ΔT≥35℃ 为紧急缺陷(设备已无法安全运行,随时可能发生事故)。

2）相对温差判断法

测量金具本体温度 T_1，出口 1 m 远处导线温度 T_2，环境温度 T_0，相对温差 $\delta=(T_1-T_2)/(T_1-T_0)\times100\%$。 $35\%\leqslant\delta<80\%$ 为一般缺陷；$80\%\leqslant\delta<95\%$ 为重大缺陷；$\delta\geqslant95\%$ 为紧急缺陷。

考虑到线路过载运行的安全风险，可用接续金具（引流板和线夹）重大热缺陷的绝对温升 20℃ 或相对温升 80% 作为金具温度预警设定值。在正常或事故运行方式下，一旦发现有导线接续金具运行温度超高设定值，则导线载流量不能再增加。

8. 结论

本节详细分析了环境因素、导线自身因素以及导线金具缺陷对输电线路载流量的影响。可以得到以下结论。

（1）风速、风向对导线允许载流量影响很大，尤其低风速部分导线允许载流量的提升幅度比较明显；

（2）环境温度对导线允许载流量的影响较大（典型运行条件内环境温度设定每减少 5℃ 增加约 10%），虽然短时间内导线周围环境温变化不大，对输电线路的允许载流量影响也小，但一年四季、凌晨中午的环境温度有较大的差别，在进行输电线路载流量校核时应作为计算载流量的重要因素；

（3）提高导线的最大允许温度能够明显提高导线的允许载流量（典型运行条件下每增加 5℃ 载流量增加约 10%），但提高导线的最大允许温度需要校核现有输电线路关键点的安全限距；

（4）日照辐射对导线允许载流量的影响较小（典型运行条件下 10% 以内）；

（5）导线表面的辐射系数和吸热系数对导线的允许载流量影响非常小（典型运行条件下 1%～2%）。

（6）输电线路引流板或线夹缺陷会导致线路过载运行时产生过热故障，形成事故隐患，因此相关线路金具存在重大热缺陷时应该限制导线过载运行。

3.3　基于导线张力监测的输电线路负载能力动态评估技术

输电线路允许输送容量的动态评估主要通过监测导线温度、弧垂和张力等导线运行状态和环境温度、日照、风速等气象条件来实现载流量的计算。考虑不同的成本和目标需求，系统可以根据实际需要采用不同的计算模型和计算方法，选取不同的监测量，设计相应的实现方案。当前应用较多的方法主要分为气候监测、测量导线温度、测量倾角和测量导线张力等几大类。

基于气候监测的方法通过气象站实时监测的气候参数和导线电流值计算导线的载流量。典型的产品包括美国电科院早期开发的 DYNAMP 系统和 ElectroTech 公司的 LINEAMPS 系统。DYNAMP 系统利用导线负荷和气候参数基于 IEEE Standard 738 直接计算导线的温度和载流量。LINEAMPS 是一个具有学习功能的专家系统，它利用一个地区的天气实时数据和历史记录来推算输电线路的输送容量，并预测未来的输送容量。

基于气候监测的动态增容技术具有实现简单、经济、容易实施和扩展等优点,然而实际输电线路的跨越距离较长,由于地域、地形和地势的变化,特定地点的微气候信息,尤其是风速无法从气象站准确获取。有的应用系统在假定最低风速、日照值达限额的条件下,仅通过测量环境温度确定输送容量,该方法缺点是过于保守,尤其在环境温度较高的迎峰度夏时期容量限额增加幅度较小。

基于直接测量导线温度的方法通过导线温度获得导线实时运行状态,结合气象参数计算导线的载流量。典型的产品包括美国 USI 公司开发的 Power Donut 导线温度/负荷测量装置以及美国电科院的 DTCR 系统。国内研制的输电线路动态增容监测系统大多基于这种方法,常见的导线测温装置采用球形结构,直接悬挂于导线上进行接触式测温。直接测量导线温度的方法提供了导线的实时状态数据,计算的结果比仅仅基于气候监测的方法更为准确。不足之处在于在线路的运行当中,受风力不均匀分布等条件的影响,沿线各点导线温度会存在差异,直接测量单点导线温度推算线路热稳定容量会产生较大的误差。

考虑到输电线路导线耐张段张力能综合反应导线温度、弧垂的变化,基于张力监测的系统可以更为准确地获得整段导线的平均温度和导线弧垂,理论上可以获得更好的结果,且张力传感器测量精度较高、价格适中,能够适应智能输电线路全景监测和负载能力动态评估技术的要求[27,28]。本书重点介绍基于耐张段轴向综合张力测量来监测弧垂、导线温度和热稳定容量的原理和方法。

3.3.1　基于导线张力监测的输电线路负载能力动态评估基本原理

1. 导线张力监测技术

张力传感器的测量值为计算导线等效平均温度提供依据,所以张力信号的测量精度直接决定导线平均温度和容量计算的准确性。

张力信号由张力传感器获得,作者选用的张力传感器外形如图 3.18 所示。该传感器采用板环结构,具有精度高、动态效应好、安装方便。经过良好的防潮密封处理,适应各种户外恶劣工作环境。张力传感器现场安装图如图 3.19 所示,两端以合适金具相连,安装在铁塔和绝缘子之间。每台智能监测终端可监测安装杆塔相邻两侧耐张段线路张力,如图3.20 所示。

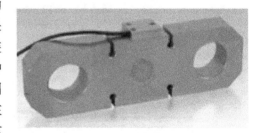

图 3.18　张力传感器外形图

2. 导线日照辐射温度监测

导线净辐射温度测量装置直接测量输电线路导线无电流时的温度,提供简单的方式获取风速、风向、环境温度、日照等气候条件对导线温度的影响,可以更为准确方便地实现输电线路允许输送电流的计算[29]。导线日照辐射温度测量装置结构图如图 3.21 所示。

温度传感器主要采用一段与待测导线的材质、直径以及老化程度完全相同的模拟导线(即具有相同的比热容、热吸收率和发散率等参数)监测其温度。温度传感器密封设置于金属管内,金属管贴合固定于模拟导线的表面,输出信号线的一端连接至温度检测器,

图 3.19   张力传感器现场安装图

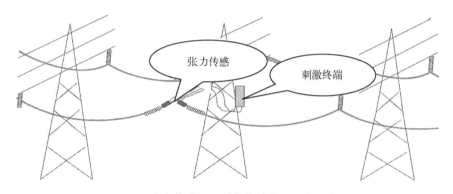

图 3.20   张力传感器和采集终端位置安装示意图

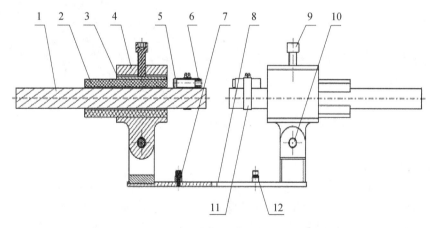

图 3.21   导线日照辐射温度测量装置结构图

1-导线段；2-隔热板；3-垫片；4-俯仰座；5-温度传感器；6-密封金属管；7-信号线固定夹；
8-支架安装孔；9-导线固定螺栓；10-俯仰架固定螺栓；11-管线固定夹；12-信号线固定夹

输出导线的另一端连接至监测终端。安装时保证将模拟导线安装的方向和被监测导线平行,高度与被监测导线相同,以隔热板固定,并保证其在白天不会处于任何阴影下。由于模拟导线与待测导线处于相同的气候条件下,该传感器测量的温度实际上等效于导线无负荷时的日照辐射温度,即用于监测并估计待测导线在对流散热、辐射散热和日照辐射吸热的气候条件作用下的净辐射温度,从而准确估算太阳辐射对导线温度的影响,用于克服理论计算中日照辐射估算过于保守的缺陷。

3. 基于导线张力监测的输电线路负载能力动态评估计算流程

基于导线张力监测的输电线路负载能力动态评估主要通过测量导线张力的方法来得出线路的动态热稳定容量。在保证系统安全的前提下,提高线路的输送容量会影响导线的温度,导线温度变化将直接影响弧垂的大小,尤其是当线路处于极限传输容量运行时,可能会因为弧垂的增大导致线路跳闸,造成严重的事故,所以监测线路的弧垂也很重要。系统的计算工作流程如图 3.22 所示。

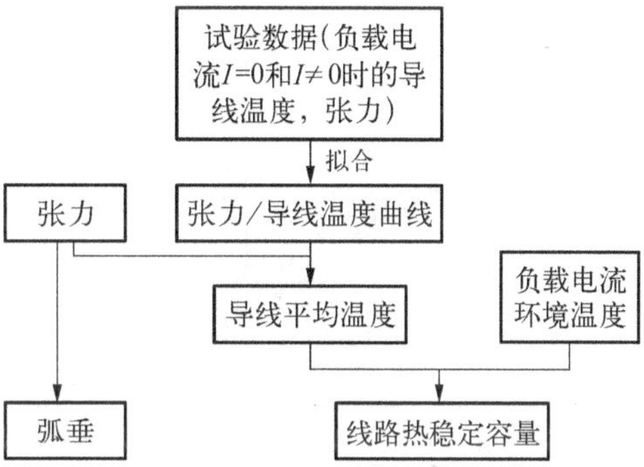

图 3.22　基于导线张力监测的输电线路负载能力动态评估计算流程图

计算流程主要包括以下三个步骤。

(1) 通过测量的导线张力估算导线平均温度。通过现场测量导线张力、日照辐射温度和导线温度,利用回归拟合方法建立张力-导线温度计算模型,获得导线的平均温度。

(2) 通过测量的导线张力计算导线弧垂。根据实时测量的导线张力,结合微气候数据和输电线路参数计算导线的弧垂,作为监测线路实际状态的重要依据。

(3) 计算线路动态热稳定容量。结合环境温度数据和从 SCADA 系统中获取线路负荷电流数据,使用 CTM 计算线路动态热稳定容量。

3.3.2　基于导线张力的导线弧垂和平均温度计算方法

1. 导线弧垂的计算模型

基于耐张段张力监测估算整个耐张段所有档距风偏弧垂的计算模型和方法见 2.4.2 节。

2. 基于状态方程的导线温度计算方法

该方法为解析方法,主要根据测得的耐张段张力,得出水平应力,代入导线的状态方程,即可得出导线的温度。

架空线路导线的状态方程式(无高差状态)如下:

$$\sigma_n - \frac{l^2 g_n^2 E}{24\sigma_n^2} = \sigma_m - \frac{l^2 g_m^2 E}{24\sigma_m^2} - \alpha E(t_n - t_m) \tag{3.42}$$

式中,α 为架空线的温度膨胀系数;E 为架空线的弹性系数,kg/mm^2;σ_n 为比载为 g_n、气温为 t_n 时,架空线的水平应力,$kg/(m \cdot mm^2)$;σ_m 为比载为 g_m、气温为 t_m 时,架空线的水平应力,$kg/(m \cdot mm^2)$。

在线路有高差、连续档、有风和无风的情况下的线路状态方程可基于式(3.42)进行推导转化[20]。该方法是线路设计计算时的通用方法,但是由于导线张力与导线温度之间的影响因素比较复杂,当输电线路通电运行时部分实际参数难以准确获取,计算误差偏大。

3. 基于数据回归分析的导线平均温度计算方法

考虑到基于解析计算模型难以得到准确的导线温度值,导线张力与导线平均温度之间的对应关系可以通过现场实验来拟合。根据实验数据的累积,导线张力和温度之间存在关系可以用三次曲线拟合,根据导线张力可直接求得导线温度:

$$t = t_0 + A(F - F_0) + B(F - F_0)^2 + C(F - F_0)^3 \qquad (3.43)$$

式中,F_0 为初始状态下的导线张力;t_0 为对应导线张力为 F_0 时的导线温度;A、B、C 为待求拟合参数。

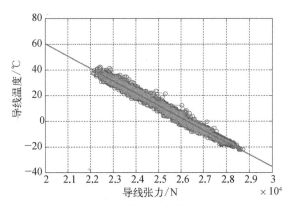

图3.23 导线张力和导线温度拟合关系曲线示意图

当无负载电流时,可以认为模拟导线的日照辐射温度等于导线温度,通过无负载电流(即线路停电)的现场实验数据可得到张力和导线温度的拟合关系曲线,如图 3.23 所示。当导线通电时,通过监测实时获得导线张力值,根据三次拟合曲线,可得出导线在这段距离上(耐张段)的平均温度值,进而可求出输电线路热稳定容量。

利用实验方法求取导线温度能够得到导线的平均温度,而不是导线在某点的温度,能更为直接地反映线路温度的变化,比直接导线测温方法更准确,并可安全可靠地计算出线路的热稳定容量。

常规拟合方法要求停电实验的数据量很大,且同时要保证输电线路温度范围。但实际工程中,由于线路不可能长期停电,所以不仅获得的数据量小,导线温度的覆盖范围也不广。这样拟合曲线的精度在获得的温度范围内就不能保证。因此,实际工程中,一方面建议在不同范围的环境温度情况下进行停电实验获取更多的温度范围更广的数据;另一方面,可以用数学方法进行辅助拟合。

在线路带负荷运行情况下,根据获得的张力 T_c、环境温度 T_a、风速 V_w、风向 d_w 和线路负荷 I 等参数,利用稳态热平衡方程,可以计算出导线温度:

$$T_c = Q(I, T_a, d_w, V_w) \qquad (3.44)$$

考虑到稳态热平衡方程的各项计算可能存在的误差,该方法获得的导线温度是不精确的。结合停电实验获取的张力导线温度拟合曲线,通过最小二乘法拟合出热平衡方程计算的导线温度误差曲线,在停电实验数据的基础上加上误差曲线,即可获得新的拟合关系。过程的方法描述如下:记停电实验的数据拟合关系函数为 $T_c = A_0 F^2 + B_0 F + C_0$,于是误差函数可表示为

$$e = Q(I, T_a, d_w, V_w) - (A_0 F^2 + B_0 F + C_0) \qquad (3.45)$$

式(3.45)中 $T_c = A_0 F^2 + B_0 F + C_0$ 中的张力和导线温度仅取停电实验室测得的数

据。随着运行数据的增多,利用式(3.44)求导线温度与对应的张力关系,则可得到新的误差系数,可进一步检验拟合关系的正确性。新的张力温度关系函数:

$$T_c = Q(I, T_a, d_w, V_w) - e \tag{3.46}$$

这样解决了拟合数据温度范围不足以覆盖输电线路运行温度的缺陷,使拟合结果更加准确。

3.3.3　现场应用数据分析

1. 现场应用情况

本节说明基于张力监测的负载能力动态评估技术在某电网 220 kV 输电线路上应用的情况,导线的型号为 LGJ - 400/35,线路长度为 48.993 km。在该输电线路沿线安装 3 套张力/微气象智能监测终端,每套智能监测终端各监测大号侧和小号侧两段耐张段导线的综合张力:张力/微气象智能监测终端及其传感器安装在输电线路的耐张杆塔上,主要安装的部件包括导线张力传感器 2 个、日照辐射传感器 1 个、温湿度传感器、风速风向传感器 1 个、太阳能电池板以及智能监测终端机箱。

张力传感器串联安装在铁塔和绝缘子之间,两端以合适金具与绝缘子串及杆塔相连如图 3.24 所示,圆圈内为张力传感器的安装位置,耐张杆塔两端一边一个。

图 3.24　张力传感器的安装位置示意图

张力/微气象智能监测终端机箱与微气象传感器安装在杆塔合适位置,如图 3.25 所示。日照辐射传感器固定在隔热绝缘支架上,传感器安装的方向和被监测导线平行,高度与被监测导线大致相同,并保证其不会处于任何阴影下;风力传感器的风向基准与线路方向平齐,用于监测风向与线路的交角;日照辐射传感器用于监测日照温度。

2. 张力温度拟合关系曲线实验

系统主要通过导线张力监测,根据张力和导线的温度的对应关系获得导线的平均温度。由于线路实际参数和安装结构各不相同,实际应用中难以通过理论计算获得精确的量值,需要通过现场实验数据校正张力-导线温度关系曲线拟合参数,得到张力-温度的关

图3.25　张力/微气象智能监测终端及传感器

系曲线。

针对杆塔上的监测设备监测的耐张段状态数据进行分析,导线张力和导线温度之间的相关关系用式(3.43)三次曲线拟合根据导线张力直接获得导线平均温度值。

以某台导线张力监测装置数据为例,通过测量的导线停电时的样本数据(导线张力和导线日照辐射温度)以及导线带电拟合时的样本数据(导线张力和红外测温数据)拟

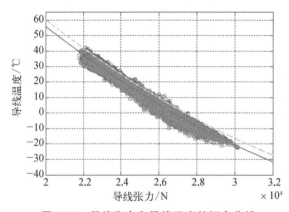

图3.26　导线张力和导线温度的拟合曲线

合的导线张力和导线温度曲线如图3.26所示。回归拟合结果为 $Y = 322.26127 - 0.01707X + 1.88042E - 7X^2$,判定系数R-Square为0.97882,拟合标准偏差SD为2.11592,样本数据点数 N 为6693,判定系数为0的概率 P 小于0.0001。从图中也可以看出拟合关系曲线有良好的线性度,判定系数都在0.97以上。图中虚线所示温度为保守的拟合温度,有99%的环境温度小于该保守拟合温度,即有99%的时间该保守拟合温度比实际线路温度高,用保守拟合温度计算的线路容量会比实际线路热稳定容量小,保证足够的安全裕度。

3. 系统运行数据分析

对智能监测装置长期运行数据以及冬季和夏季典型的运行数据进行分析,并结合线路的负荷数据分析线路的利用效率。

1) 周运行数据分析

该线路典型的冬季日平均气温为 $-5\sim5℃$,典型的夏季日平均气温为 $30\sim35℃$。由于夏季和冬季的典型气候、环境和典型输送负荷不同,有必要分别对夏季和冬季的负荷电流、导线张力、导线温度、环境温度、风向、风速等实测数据和计算结果进行分析和状态评估。

a. 典型冬季数据分析

选取某年2月8日0:00到某年2月14日23:00的7天(星期一～星期日)166组数

据进行分析。图 3.27 是冬季典型周智能监测终端采集的原始数据,给出了这一周内智能监测终端采集的环境温度、风速、风向以及张力等原始数据的变化趋势。

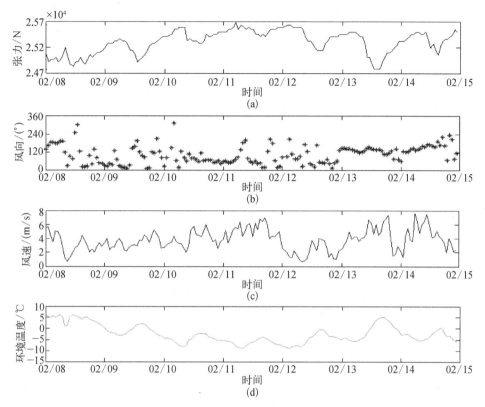

图 3.27　冬季典型周智能监测终端采集的原始数据

从图 3.27 中可以进一步看出,环境温度和张力均出现了 7 个明显的波峰和波谷,这也体现了线路状态变化的日周期性。环境温度的相对最低值出现在夜晚,而对应的张力则相对最大;风速的周期性不太明显,但大多数情况下白天的风速较大;风向的变化则规律性不明显。与环境温度的波峰段相对应,耐张段张力值在该段时间出现波谷;同时张力的最大值和最小值也与环境温度的最高值和最低值对应,这是因为该线路在该时间段内还未投入使用,耐张段张力值受到的风速和负荷的影响很小。

图 3.28 是冬季典型周系统实时容量变化曲线,给出了采用气候模型得到的计算热稳定容量与线路额定容量以及风速、环境温度变化曲线。

从图 3.28 可以看出,实时热稳定容量受输电线路对流散热的影响最大,风速大时,对流散热快,输电线路动态热稳定容量较大。白天时环境温度高、负荷重,若采用额定热稳定容量计算,该时间段是导线输送容量裕度最小的时间段,但是由于白天的风速较大,提高了导线的对流散热能力,使导线的动态热稳定容量提高,仍然具有较大的容量裕度。

b. 典型夏季运行数据

选取某年 7 月 25 日～8 月 1 日的运行数据进行分析。图 3.29 是夏季典型周智能监测终端采集的原始数据,给出了这一周内系统智能监测终端采集的环境温度、风速、风向以及张力等原始数据的变化趋势。

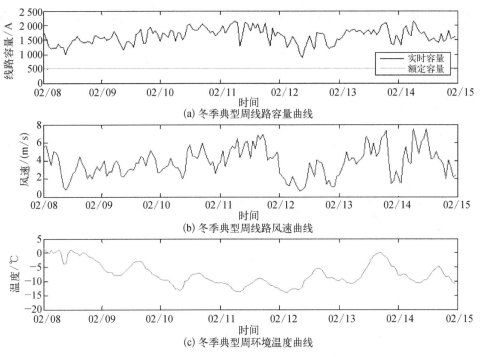

(a) 冬季典型周线路容量曲线

(b) 冬季典型周线路风速曲线

(c) 冬季典型周环境温度曲线

图 3.28   冬季典型周系统实时容量变化曲线

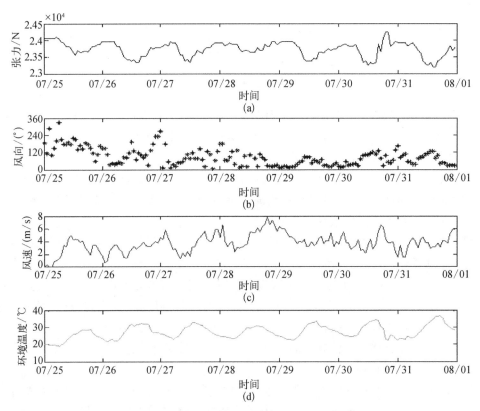

(a)

(b)

(c)

(d)

图 3.29   夏季典型周智能监测终端采集的原始数据

从图 3.29 可以看出与冬季情况类似,张力和温度也出现 7 个明显的波峰和波谷,且两者对应关系也很好,当温度最大时,张力值最小;风速的周期性仍然不太明显,但是白天风速依然比夜晚大;风向的规律性也不明显。

本周环境温度为 20～38℃,比冬季典型周−10～0℃的温度高了 30℃ 以上,因而夏季导线张力明显小于冬季运行数据,平均在 23 800 N 左右。这样的变化必然对系统实时容量有很大影响。

图 3.30 典型周系统实时容量变化曲线,给出了本周内环境温度、风速和计算实时容量之间变化曲线。

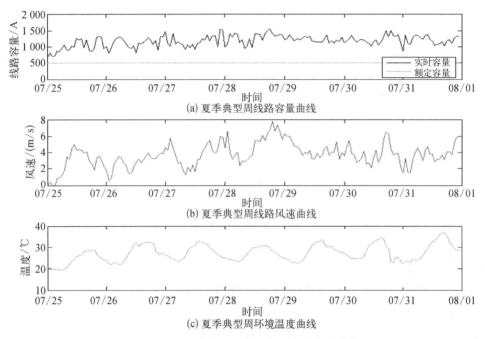

图 3.30　夏季典型周系统实时容量变化曲线

从图 3.30 中可以看出,与典型冬日负荷相比,典型夏日环境温度较高,系统计算的实时容量比冬季小了近 500 A,但是由于夏季多数时间风速较大,使线路实时计算的最大允许输送容量大部分时间仍然在 700 A 以上,比线路额定容量仍然高出至少 40%。智能监测系统为夏季负荷高峰时期提高输电线路输送容量的安全运行提供了数据支持和决策依据。

总体来说环境温度、辐射温度、张力都有明显的日周期性;风速和风向的变化与气候变化相关,有较多的随机因素,但一般情况白天的风速要大于凌晨的风速;环境温度和日照辐射温度的趋势相同,二者的值相差不大。

2) 日运行数据分析

a. 典型冬季日运行数据

选取某年 2 月 10 日 0～23 时的 24 组数据进行分析。图 3.31 冬季典型日智能监测终端采集的原始数据,给出了当日智能监测终端采集的现场原始数据变化情况。

从图 3.31 中可以看出 13～14 时张力处于一天中的最低点,而温度处于一天的最高点,同时张力与温度的变化趋势与理论推算吻合,体现了系统采集数据的稳定性。在 11～

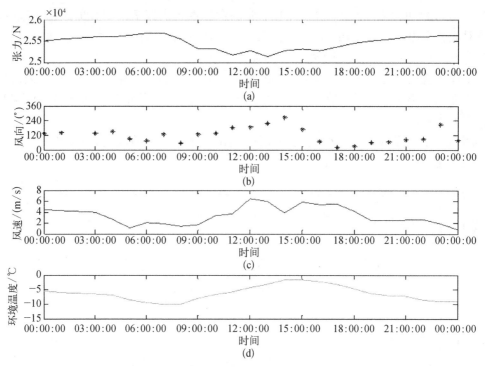

图 3.31 冬季典型日智能监测终端采集的原始数据

14 时,张力不是随着温度的升高也减小,而是出现了一个波动,观察该时间段的风速变化可以发现张力的变化趋势与风速的变化基本相同,由此可以得出张力不仅与温度有关,还与风速有密切关系。

图 3.32 是冬季典型日系统实时容量变化曲线,给出了本日内环境温度、风速和计算

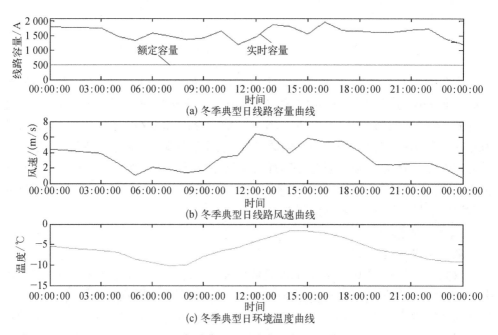

图 3.32 冬季典型日系统实时容量变化曲线

实时容量之间的变化曲线。

从图 3.32 中可以看出,系统计算得到的最大允许线路容量集中在 1 000~1 800 A,相对输电线路 500 A 的额定热稳定容量提高了 100%~260%。显示了由于冬季环境温度低,线路热稳定容量相比额定容量有极大的提高裕度。

b. 典型夏季日运行数据分析

选取某年 7 月 26 日 0~23 时的 24 组数据进行分析。图 3.33 为夏季典型日智能监测终端采集的原始数据,给出了当日智能监测终端采集的现场原始数据变化情况。

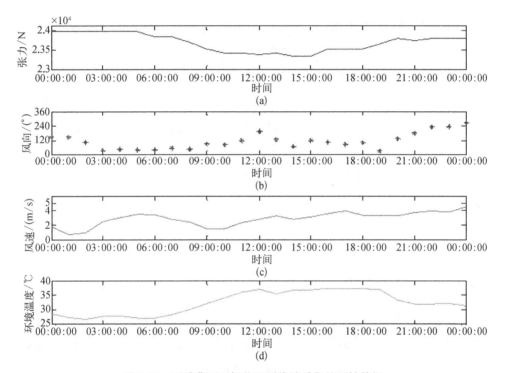

图 3.33 夏季典型日智能监测终端采集的原始数据

从图 3.33 可以看出,环境温度的变化趋势也与实际相符,即黎明时刻最低,之后逐渐升高,到下午 4 时升至最高。总体上观察张力与环境温度曲线的走势,可以看出二者几乎反相,这说明夏季环境温度是影响张力的主要因素,这与理论研究相符。

图 3.34 是夏季典型日系统实时容量变化曲线,给出了本日内环境温度、风速和计算实时容量之间变化曲线。

从图 3.34 可以看出,容量与风速总体趋势大体一致。同时与冬季典型日容量数据相比下降了 500 A 左右,其原因是夏季环境温度高,线路散热不如冬季好,热稳定容量不如冬季大。即使在夏季温度高的情况下,线路的实时容量也为 700~1 300 A,相比额定容量 500 A 也提高了 40%~120%。

3) 线路利用效率分析

a. 典型日运行数据分析

该线路正式投入运行后,典型日运行数据以某年 5 月 2 日 0 时~5 月 3 日 0 时为例。图 3.35 是典型日负荷及实时容量变化曲线。从图 3.35 中可以看出负荷为 200~300 A,

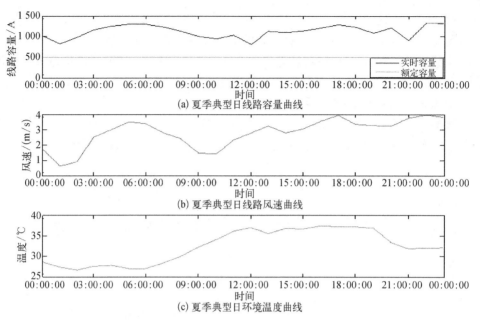

图 3.34   夏季典型日系统实时容量变化曲线

为线路的额定容量(500 A)的一半左右。从图中可以看出实时容量的变化趋势与风速的变化趋势几乎完全吻合,而环境温度与风速的变化趋势也大体一致。从图中可以看出在当前负荷条件下,线路的利用率较低,不到最小实时容量的 30%。

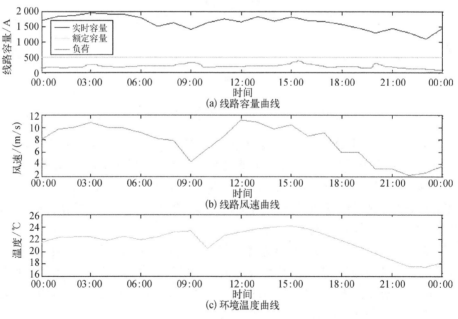

图 3.35   典型日负荷及实时容量变化曲线

b. 典型周运行数据分析

典型周运行数据时间段为某年 5 月 1 日 0 时~5 月 8 日 0 时。图 3.36 是典型周负荷及实时容量变化曲线。从图 3.36 能够看出线路实时容量变化趋势与风速变化趋势大体相同,与理论分析相符。同时从图中仍然可以看出实时容量在绝大多数时间都大于 1 000 A,与线路的额定容量相比绝大部分时间线路容量都有 100% 以上的提升空间,与此同时负荷依然只有 100~300 A,线路利用率不到实时容量的 30%。

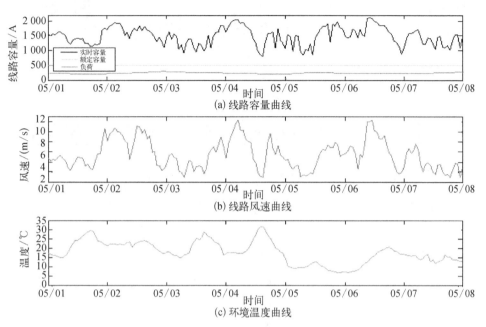

图 3.36　典型周负荷及实时容量变化曲线

c. 负荷运行数据分析

图 3.37 是考虑了一定裕度的负荷及实时容量变化曲线。从图中可以看出线路最大允许载流量在绝大多数时间都大于 800 A,与线路的额定载流量相比绝大部分时间线路容量都有 300~1 000 A 的提升空间,与此同时线路负荷只有 100~300 A,线路利用率大部分时间不到可用容量的 30%,最高利用率也只有 40%,如图 3.38 所示。

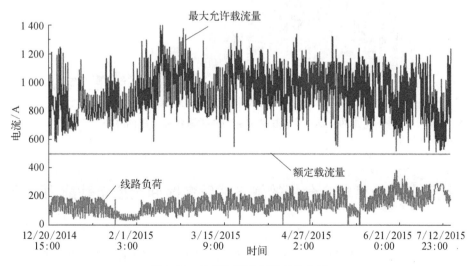

图 3.37　负荷及实时容量变化曲线

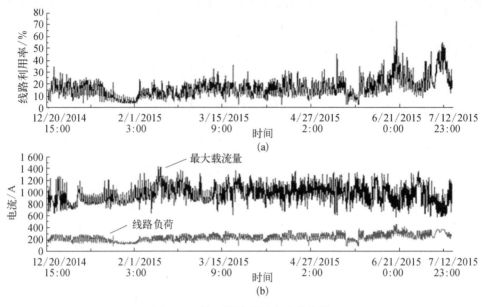

图 3.38 输电线路利用率变化曲线

图 3.39 为系统长期运行时计算得到的动态热稳定容量较额定容量提高比例统计图。从图中可以看出,即使考虑一定的裕度,100%以上的时间允许载流量超过该线路的额定热稳定容量;97.18%的时间系统容量可提高 30%;57.9%的时间系统容量可提高 70%;最大可以提高 180%。由此可见线路有着极大的容量提升空间,绝大部分时间采用动态提高输电线路输送容量的方法完全可以保证线路的安全运行,实际效益相当显著。

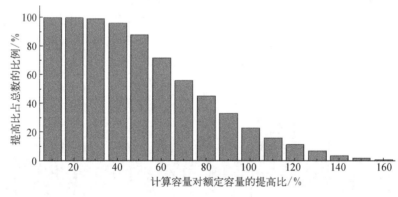

图 3.39 动态热稳定容量较额定容量提高的比例统计

3.4 基于多源信息融合分析的输电线路多时间尺度负载能力预测方法

保证电网安全的前提下更高效、经济地传输电能是智能电网最核心的要求之一,输电线路动态增容技术凭借较好的经济性和环保性成为提高输电线路输送能力的最佳方案之一。目前输电线路动态增容系统在国家电网和南方电网都有试点的应用[30-32]，但实际应用于调度还有不少问题待解决，其中基于热稳定容量动态评估的线路负载能力短期预测是实现电网实时优化调度以及制定调度计划的关键技术和重要依据。

输电线路动态增容技术另一个典型的应用方向是在不新建线路的情况下增加风电、太阳能等间歇式可再生能源的并网容量。目前由于输电线路输送容量的限制，我国西北的风电厂，光伏电厂存在比较严重的弃风、弃光现象，造成能源的浪费和发电设备利用率的低下。以风力发电为例，由于风电场的出力是随着风的自然条件而变化，运行调度人员无法根据系统负荷的需求来调度风电场的出力和运行时间。现有的输电系统在设计之初也并没有考虑这些新增的并且随时变化的风电输出，而风电场运营商却希望能将其风电机组接入现有的电网中，这就给现有的输电系统运行提出了一个富有挑战性的问题。本节研究实现输电线路负载能力的在线预测可以为时变的风电输送、有效接入更多的风能提供新的技术手段和数据支持。

3.4.1　Elman 神经网络原理及其改进

输电线路负载能力动态变化的时间序列受风速、风向、环境温度等气候因素的直接影响，又受到太阳不同时刻的辐射程度的影响，并且与导线温度、负荷等一些线路参数也有关系，其特性复杂，受诸多因素的综合影响，因此预测未来热稳定容量，单从线性回归模型角度来进行预测是远远不够的。目前应用较广的预测方法有时间序列模型、灰色预测模型、微分方程模型和神经网络模型[33-38]，这些模型一般适用于不同的场合，详细的分析对比如表 3.9 所示。

表 3.9　四种预测模型的对比分析

预测模型	主要特点	适用范围	优点	缺点
时间序列模型	关注研究对象的动态延续，基于历史的序列数据来推测未来趋势，并且将偶然的随机波动纳入消除误差的考虑范围	短期预测	便于计算，历史数据的利用率较高，模型的动态性能较好。可以实现较为精确的预测，此外不同序列模型间的配合也能够得到很好的效果	在预测时无法将研究对象的规律内涵体现出来，缺少对影响因素的相关性研究，系数的选择对模型影响较大，仅仅适用于短期预测
灰色预测模型	该方法以灰色模型为核心，基于初始的数据形成加工后的数据序列，在分析得出指数规律后构筑建模	中长期的预测	基于微分方程来挖掘数据的规律，对数据的需求量较小，一般仅需要四个数据，能够保持数据完整和序列的可靠性，便于计算，较为准确	适用范围仅限于中长期预测，基于数据的波动性，只有在研究对象符合指数变化规律时才有较好的效果
微分方程模型	注重考虑研究对象的因果关系，以指数规律的形式表达对象变化，形成动态的微分方程	短中长期的预测都适合	该模型在体现研究对象的内在规律和联系的同时，也兼顾到相关性的分析，可以实现进一步扩充和改进来得到更加完善的微分方程，预测较为准确	在建立模型时，仅仅局限从局部的数据中凝练规律，所以不适合中长期预测，此外，一些微分方程很难求解
神经网络模型	具有较为严密的网络构架，包含了输入层、隐藏层和输出层，以及部分功能层，在每层中有神经元，以已有数据进行训练，调整网络权值，达到收敛的效果	中长期预测	在预测中可以忽略具体的数据模型，速度较快，具有较高的准确度。对于非线性的变化规律也可以较好地描述和预测	输入量和输出量之间的内在联系无法被体现出来，在一些情况下，需要较长时间才能够得到收敛，容易遇到局部极小的情况影响预测结果

以上分析可见,结合输电线路动态载流量预测的特点,神经网络模型的性能相对较好,目前常用的反向传播(back propagation,BP)神经网络在理论上可以基于三层网络结构,向任何一个非线性函数逼近,对研究对象的动态模型和逆动态模型进行识别辨认;另外,BP 神经网络是一类静态模型,以静态模型对动态参量进行预测时往往较难模拟或是误差较大。相比于 BP 神经网络,Elman 神经网络具有更强的动态特性[37,38]。

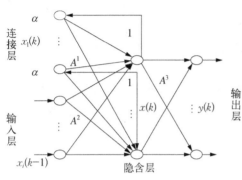

图 3.40　Elman 神经网络的结构图

Elman 神经网络因提出者 J.L. Elman 而得名,具有局部回归的性能,原理结构如图3.40所示。它由输入层、隐含层、连接层和输出层组成。其中,以线性函数作为传递方式的连接层可以实现局部反馈,并且通过延迟单元对历史状态进行记录,之后结合输入量一同传递给隐含层。因此,Elman 神经网络具有动态记忆功能,针对时间序列预测问题可以得到很好的效果。

如果将网络的输入量表示为 $x_i(k-1) \in R^r$,输出量表示为 $y(k) \in R^m$,隐含层输出表示为 $x(k) \in R^n$,连接层输出表示为 $x_l(k) \in R^n$,Elman 神经网络可以用以下的数学形式表达[33]:

$$x(k) = f[A^1 x_l(k) + A^2 x_i(k-1)] \tag{3.47}$$

$$x_l(k) = \alpha x_l(k-1) + x(k-1) \tag{3.48}$$

$$y(k) = g[A^3 x(k)] \tag{3.49}$$

以式(3.47)~式(3.49)中,连接层和隐含层、输入层和隐含层以及隐含层和输出层之间的连接权数值可以构成矩阵,分别用 $A^1 \in R^{n \times n}$、$A^2 \in R^{n \times r}$、$A^3 \in R^{m \times n}$ 代表,$f(\cdot)$ 和 $g(\cdot)$ 分别是隐含层和输出层单元激发函数构成的非线性向量函数;自连接反馈增益因子用 α 表示,它处于 0 到 1 之间,可以通过修改 α 的数值来变换 Elman 神经网络的类型,标准的 Elman 神经网络中,α 为 0。

Elman 神经网络学习和预测过程中的误差函数定义为

$$E(k) = \frac{1}{2}[y(k) - \hat{y}(k)]^{\mathrm{T}}[y(k) - \hat{y}(k)] \tag{3.50}$$

该神经网络在动态学习中的算法可以如下形式呈现:

$$\Delta A_{ij}^3 = \eta[y_i(k) - \hat{y}_i(k)]g_i'[x(k)]x_j(k) \tag{3.51}$$

$$i = 1, 2, \cdots, m; \ j = 1, 2, \cdots, n$$

$$\Delta A_{jq}^2 = \eta \sum_{i=1}^{m}[y_i(k) - \hat{y}_i(k)]g_i'[x(k)]A_{ij}^3 f_j'[x_i(k-1)]x_{iq}(k-1) \tag{3.52}$$

$$j = 1, 2, \cdots, n; \ q = 1, 2, \cdots, r$$

$$\Delta A_{jl}^2 = \eta \sum_{i=1}^{m}\{[y_i(k) - \hat{y}_i(k)]g_i'[x(k)]A_{ij}^3\}\frac{\partial x_l(k)}{\partial A_{jl}^1} \tag{3.53}$$

$$j = 1, 2, \cdots, n; l = 1, 2, \cdots, n$$

$$\frac{\partial x_j(k)}{\partial A_{jl}^1} = f_j'[x_i(k-1)]x_l(k-1) + \alpha \frac{\partial x_l(k-1)}{\partial A_{jl}^1} \tag{3.54}$$

3.4.2　输电线路多时间尺度负载能力动态预测方法

采用 Elman 神经网络和热稳定容量模型建立输电线路负载能力动态预测的总体框图如图 3.41 所示。首先搭建 3 个 Elman 神经网络模型(ElmanNN1、ElmanNN2、ElmanNN3)来分别预测气温、风速和线路负荷,数据均来源现场监测传感器采集的历史数据。

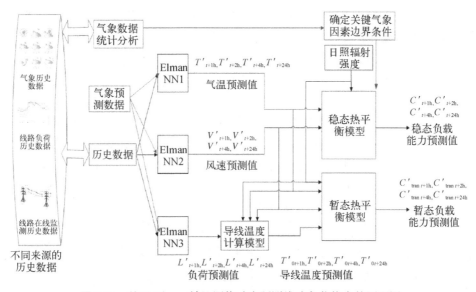

图 3.41　基于 Elman 神经网络动态预测线路负载能力的原理图

为预测线路稳态负载能力,将气温预测值 $\{T_{t+1\,h}', T_{t+2\,h}', T_{t+4\,h}', T_{t+24\,h}'\}$、风速预测值 $\{v_{t+1\,h}', v_{t+2\,h}', v_{t+4\,h}', v_{t+24\,h}'\}$ 以及日照辐射强度 J_s 一同代入稳态热稳定模型,得出线路稳态负载能力未来 1 h、2 h、4 h、24 h 的预测值 $\{C_{t+1\,h}', C_{t+2\,h}', C_{t+4\,h}', C_{t+24\,h}'\}$;为预测线路暂态负载能力,需要计算导线初始时的温度,假设导线在暂态运行前已经达到稳态热平衡,根据线路的负荷预测值 $\{L_{t+1\,h}, L_{t+2\,h}, L_{t+4\,h}, L_{t+24\,h}\}$、气温预测值 $\{T_{t+1\,h}', T_{t+2\,h}', T_{t+4\,h}', T_{t+24\,h}'\}$、风速预测值 $\{v_{t+1\,h}', v_{t+2\,h}', v_{t+4\,h}', v_{t+24\,h}'\}$ 代入导线温度计算模型,得出初始导线温度预测值 $\{T_{0t+1\,h}', T_{0t+2\,h}', T_{0t+4\,h}', T_{0t+24\,h}'\}$,最后利用该初始导线温度、气温和风速的预测值,分别以 5 min、15 min、30 min、45 min、60 min 作为线路过载的安全时间,通过暂态热稳定模型,得出线路暂态负载能力未来 1 h、2 h、4 h、24 h 的预测值 $\{C_{\mathrm{tran}\,t+1\,h}', C_{\mathrm{tran}\,t+2\,h}', C_{\mathrm{tran}\,t+4\,h}', C_{\mathrm{tran}\,t+24\,h}'\}$。

3.4.3　实例计算和误差分析

利用某电网 220 kV 输电线路现场监测微气象数据和线路电网运行数据作为依据,验证输电线路负载能力预测的效果。所有监测数据的测量周期均是 1 h,根据预测要求的周

期和精度,确定神经网络的输入层、输出层和隐藏层的节点个数,建立相应的 Elman 神经
网络,进行动态的学习和预测。

1. 气温预测

预测气温的 ElmanNN1 在预测 $t+1h$、$t+2h$ 和 $t+4h$ 时刻的气温时,输入层由 6 个
节点组成 $\{T_{t-5h}, T_{t-4h}, T_{t-3h}, T_{t-2h}, T_{t-1h}, T_t\}$,分别表示 t 时刻及之前 5 h 的历史
值。输出层由 4 个节点组成 $\{T'_{t+1h}, T'_{t+2h}, T'_{t+3h}, T'_{t+4h}\}$,分别表示 t 时刻之后 4 h 的预
测值。在预测 $t+24h$ 时刻的气温时,以 t 时刻及之前 47 h 的历史值:$\{T_{t-47h}, T_{t-46h}, T_{t-45h}, \cdots, T_{t-1h}, T_t\}$ 作为输入层的 48 个节点,输出层由 24 个节点数组成,表示 t 时刻
之后的 24 个小时的预测值。根据仿真结果,以精度最佳为原则确定隐藏层的神经元
个数。

根据现场采集的历史数据,以某年 4 月 27 日 0 时～5 月 4 日 23 时的 8 天 192 个测量
数据作为训练数据集,即 $\{T_{t-191h}, T_{t-190h}, \cdots, T_{t-1h}, T_t\}$,某年 5 月 5 日 0 时～5 月 6
日 23 时的 2 天 48 个测量数据作为测试数据集,即 $\{T_{t+1h}, T_{t+2h}, \cdots, T_{t+47h}, T_{t+48h}\}$。
其中,时间窗口随着时刻 t 而变化,训练数据集由此也不断变化,神经网络实现了动态的
学习和预测。

图 3.42 直观地反映出预测气温的误差,分析计算可以得出:预测未来 1 h、2 h、4 h、
24 h 气温的平均相对误差分别为 1.36%、2.01%、3.62%、7.10%,均在 10% 以内,精确度
随预测时间尺度的增大而下降。由于气温的变化本身就具有一定的周期性,比较适合以时
间序列的形式进行预测,Elman 网络能够保证较好的预测精度。同时,气温对负载能力的计
算具有十分重要的影响,较好的气温预测精度为后续预测线路负载能力奠定了良好的基础。

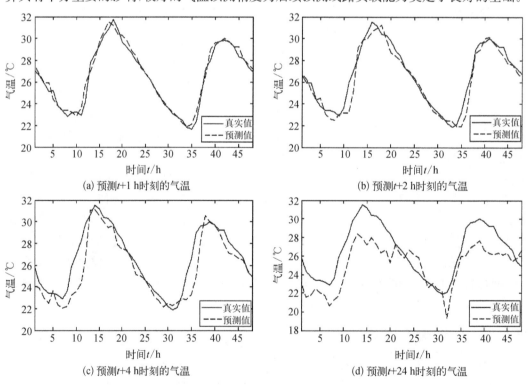

(a) 预测 $t+1$ h 时刻的气温
(b) 预测 $t+2$ h 时刻的气温
(c) 预测 $t+4$ h 时刻的气温
(d) 预测 $t+24$ h 时刻的气温

图 3.42　未来 1 h、2 h、4 h、24 h 的气温预测曲线

2. 风速预测

预测风速的 ElmanNN2 在预测 $t+1$ h、$t+2$ h 和 $t+4$ h 时刻的风速时,输入层由 6 个节点组成 $\{v_{t-5\,\text{h}},\ v_{t-4\,\text{h}},\ v_{t-3\,\text{h}},\ v_{t-2\,\text{h}},\ v_{t-1\,\text{h}},\ v_t\}$,分别表示 t 时刻及之前 5 h 的历史值。输出层由 4 个节点组成 $\{v'_{t+1\,\text{h}},\ v'_{t+2\,\text{h}},\ v'_{t+3\,\text{h}},\ v'_{t+4\,\text{h}}\}$,分别表示 t 时刻之后 4 h 的预测值。在预测 $t+24$ h 时刻的风速时,以 t 时刻及之前 47 h 的历史值:$\{v_{t-47\,\text{h}},\ v_{t-46\,\text{h}},\ v_{t-45\,\text{h}},\ \cdots,\ v_{t-1\,\text{h}},\ v_t\}$ 作为输入层的 48 个节点,输出层由 24 个节点数组成,表示 t 时刻之后的 24 h 的预测值。根据仿真结果,以精度最佳为原则确定隐藏层的神经元个数。

根据现场采集的历史数据,以某年 4 月 27 日 0 时~5 月 4 日 23 时的 8 天 192 个测量数据作为训练数据集,即 $\{v_{t-191\,\text{h}},\ v_{t-190\,\text{h}},\ \cdots,\ v_{t-1\,\text{h}},\ v_t\}$,某年 5 月 5 日 0 时~5 月 6 日 23 时的 2 天 48 个测量数据作为测试数据集,即

$$\{v_{t+1\,\text{h}},\ v_{t+2\,\text{h}},\ \cdots,\ v_{t+47\,\text{h}},\ v_{t+48\,\text{h}}\}$$

图 3.43 直观地反映出风速的预测误差,分析计算可以得出:预测未来 1 h、2 h、4 h、24 h 风速的平均相对误差分别为 20.32%、22.95%、25.86%、28.43%,均可以保证在 30% 以内,精度随预测时间尺度的增大而下降。由于风速变化的随机性较强,该数量级误差在计算负载能力的实际应用中可以被接受。

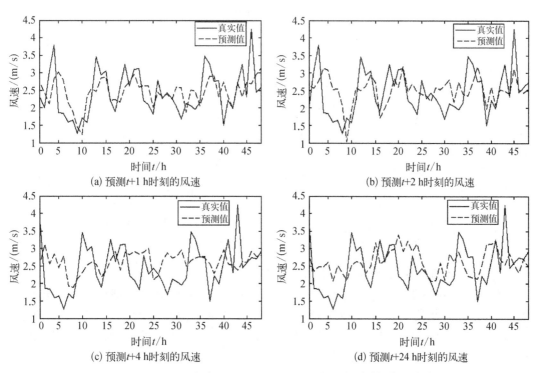

图 3.43　未来 1 h、2 h、4 h、24 h 的风速预测曲线

3. 负荷预测

预测负荷的 ElmanNN3 在预测 $t+1$ h、$t+2$ h 和 $t+4$ h 时刻的负荷时,输入层由 12 个节点组成 $\{L_{t-11\,\text{h}},\ L_{t-10\,\text{h}},\ \cdots,\ L_{t-1\,\text{h}},\ L_t\}$,分别表示 t 时刻及之前 11 h 的历史值。输出层由 4 个节点组成 $\{L'_{t+1\,\text{h}},\ L'_{t+2\,\text{h}},\ L'_{t+3\,\text{h}},\ L'_{t+4\,\text{h}}\}$,分别表示 t 时刻之后的 4 h 的预测值。

在预测 $t+24\,\mathrm{h}$ 时刻的负荷时,以 t 时刻及之前 47 h 的历史值:$\{L_{t-47\,\mathrm{h}}$, $L_{t-46\,\mathrm{h}}$, $L_{t-45\,\mathrm{h}}$, $\cdots$, $L_{t-1\,\mathrm{h}}$, $L_t\}$ 作为输入层的 48 个节点,输出层由 24 个节点数组成,表示 t 时刻之后的 24 h 的预测值。根据仿真结果,以精度最佳为原则确定隐藏层的神经元个数。

根据现场采集的历史数据,以某年 4 月中旬~5 月中旬 30 天的测量数据作为训练数据集,即 $\{L_{t-191\,\mathrm{h}}$, $L_{t-190\,\mathrm{h}}$, $\cdots$, $L_{t-1\,\mathrm{h}}$, $L_t\}$,后续 2 天测量数据作为测试数据集,即 $\{L_{t+1\,\mathrm{h}}$, $L_{t+2\,\mathrm{h}}$, $\cdots$, $L_{t+47\,\mathrm{h}}$, $L_{t+48\,\mathrm{h}}\}$。

图 3.44 反映出线路负荷电流的预测误差,分析计算可以得出:预测未来 1 h、2 h、4 h、24 h 负荷的平均相对误差分别为 4.70%、5.57%、6.66%、14.43%,均可以保证在 15% 以内,精确度随预测时间尺度的增大而下降。正常的电力负荷具有一定的周期性,比较适合以时间序列的形式进行预测,Elman 网络能够保证较好的预测精度。负荷的预测一方面在预测暂态负载能力时为计算导线初始温度提供重要依据,另一方面通过对比体现出动态预测负载能力的优越性。

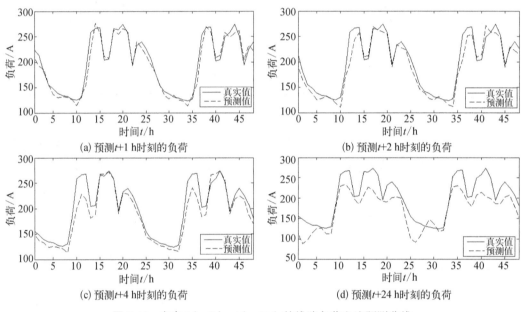

图 3.44　未来 1 h、2 h、4 h、24 h 的线路负荷电流预测曲线

4. 不同时间尺度的线路负载能力预测结果

将测试集中气温、风速的真实值和 Elman 神经网络的预测值分别代入稳态热稳定容量模型,可以计算得出输电线路稳态负载能力的真实值和预测值,如图 3.45 所示。经数据分析可知,预测输电线路未来 1 h、2 h、4 h、24 h 稳态负载能力的最大相对误差分别是 13%、16.16%、21%、23.51%,平均相对误差分别为 4.79%、5.24%、5.81%、6.03%,均可以保证在 10% 以内,实现较好的预测精确度,精确度随预测时间尺度的增大而下降。

通过气温、风速和负荷的预测值代入导线初始温度计算模型求得稳态时的导线温度作为暂态过程的起始温度。利用经典四阶 Runge-Kutta 公式的数值解法求解暂态热稳定平衡方程,作出在导线最大允许温度为 70℃ 时的暂态负载能力与安全时间的曲线图,如图 3.46 所示,暂态负载能力与安全时间呈现负指数关系。从图 3.46 中可以依次读出安

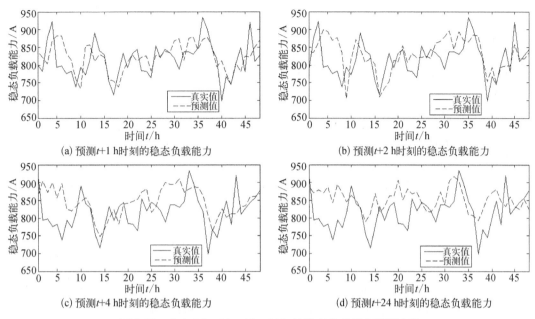

图 3.45　未来 1 h、2 h、4 h、24 h 的稳态负载能力预测曲线

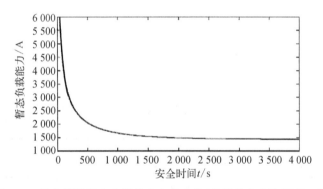

图 3.46　输电线路暂态负载能力变化曲线(导线最大允许温度 70℃)

全时间为 5 min、15 min、30 min、45 min、60 min 对应的暂态负载能力。

将测试集中气温、风速的真实值和 Elman 神经网络的预测值分别代入暂态热稳定容量模型,可以计算得出输电线路暂态负载能力的真实值和预测值,如图 3.47 所示。在选取线路截面积时,按照规定以导线温度在半个小时达到稳定为原则,因此在评估时采用 30 min 作为线路的暂态安全时间。

由图 3.47 分析可得:预测输电线路未来 1 h、2 h、4 h、24 h 暂态负载能力的最大相对误差分别是 10.65%、12.99%、16.83%、18.99%,平均相对误差分别为 3.90%、4.20%、4.83%、5.68%,均可以保证在 10% 以内,实现了较好的预测精确度,精确度随预测时间尺度的增大而下降。

安全时间分别为 5 min、15 min、30 min、45 min 和 60 min 时,暂态负载能力不同时间尺度的预测误差如表 3.10、表 3.11 所示。可见,预测误差与安全时间、预测时间尺度均呈负相关。

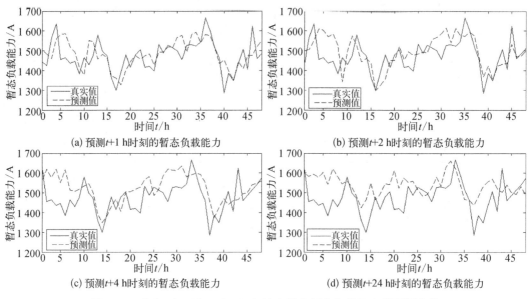

(a) 预测 $t+1$ 时刻的暂态负载能力

(b) 预测 $t+2$ h时刻的暂态负载能力

(c) 预测 $t+4$ h时刻的暂态负载能力

(d) 预测 $t+24$ h时刻的暂态负载能力

图 3.47   未来 1 h、2 h、4 h、24 h 输电线路暂态负载能力的预测曲线

表 3.10   暂态负载能力预测的最大相对误差

安全时间/min	预测 1 h/%	预测 2 h/%	预测 4 h/%	预测 24 h/%
5	6.09	6.35	7.72	9.99
15	7.00	7.71	8.91	11.73
30	12.99	13.65	16.84	18.99
45	14.69	15.15	19.34	22.12
60	15.60	16.83	20.58	25.50

表 3.11   暂态负载能力预测的平均相对误差

安全时间/min	预测 1 h/%	预测 2 h/%	预测 4 h/%	预测 24 h/%
5	1.86	2.03	2.79	4.13
15	2.13	2.29	3.05	4.78
30	3.90	4.20	4.83	5.68
45	4.41	4.78	5.48	6.19
60	4.63	5.03	6.16	6.39

5. 蒙特卡罗法误差分析

以基于 Elman 神经网络的预测原理对气象、风速、负荷、稳态负载能力和暂态负载能力,从 1 h、2 h、4 h、24 h 的时间尺度分别进行 1 000 次预测,形成足够多的数据以满足运用蒙特卡罗(Monte Carlo, MC)法分析的条件,对得到的数据计算相对误差。针对计算得出的相对误差合理划分区间,作出相对误差概率密度分布图,从图中找到包含平均值、中位数和标准差的概率分布特征值以及置信度为 0.9 的概率置信区间,从而掌握整体的预测误差情况。

1) 气温

对未来 1 h、2 h、4 h、24 h 气温的 1 000 次预测相对误差作概率密度分布,结果如图 3.48 所示。

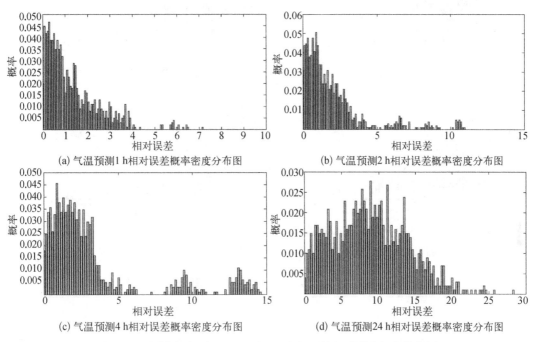

(a) 气温预测 1 h 相对误差概率密度分布图　　(b) 气温预测 2 h 相对误差概率密度分布图

(c) 气温预测 4 h 相对误差概率密度分布图　　(d) 气温预测 24 h 相对误差概率密度分布图

图 3.48　预测未来 1 h、2 h、4 h、24 h 气温的相对误差概率分布图

根据预测结果,预测未来 1 h、2 h、4 h、24 h 气温的相对误差的分布特征值如表 3.12 所示,误差及其分布的集中趋势和离中趋势均随着预测时间尺度增加而增加。

表 3.12　预测未来 1 h、2 h、4 h、24 h 气温的相对误差分布特征值

特征值	时 间 尺 度/h			
	1	2	4	24
平均值/%	1.32	1.97	3.39	8.93
中位数/%	0.93	1.32	2.10	8.67
标准差/%	1.21	2.16	3.72	5.10

2) 风速

对未来 1 h、2 h、4 h、24 h 风速的 1 000 次预测相对误差作概率密度分布,结果如图 3.49 所示。

根据预测结果,预测未来 1 h、2 h、4 h、24 h 风速的相对误差的分布特征值如表 3.13 所示,误差及其分布的集中趋势和离中趋势均随着预测时间尺度增加而增加。

3) 负荷电流

对未来 1 h、2 h、4 h、24 h 负荷电流的 1 000 次预测相对误差作概率密度分布,结果如图 3.50 所示。

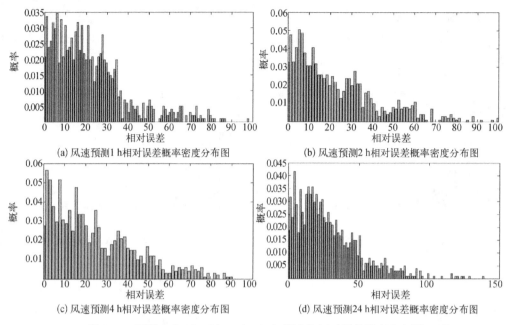

(a) 风速预测1 h相对误差概率密度分布图　　(b) 风速预测2 h相对误差概率密度分布图

(c) 风速预测4 h相对误差概率密度分布图　　(d) 风速预测24 h相对误差概率密度分布图

图 3.49　预测未来 1 h、2 h、4 h、24 h 风速的相对误差概率分布图

表 3.13　预测未来 1 h、2 h、4 h、24 h 风速的相对误差分布特征值

特征值	时 间 尺 度/h			
	1	2	4	24
平均值/%	21.67	23.42	26.22	28.65
中位数/%	16.01	17.73	19.89	23.37
标准差/%	17.58	21.06	23.31	24.73

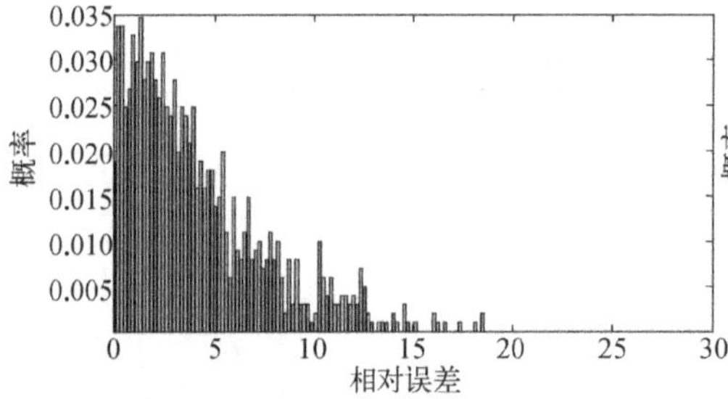

(a) 负荷电流预测1 h相对误差概率密度分布图 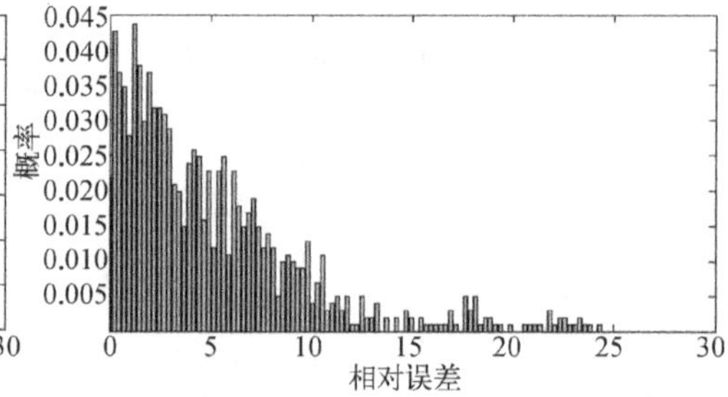　　(b) 负荷电流预测2 h相对误差概率密度分布图

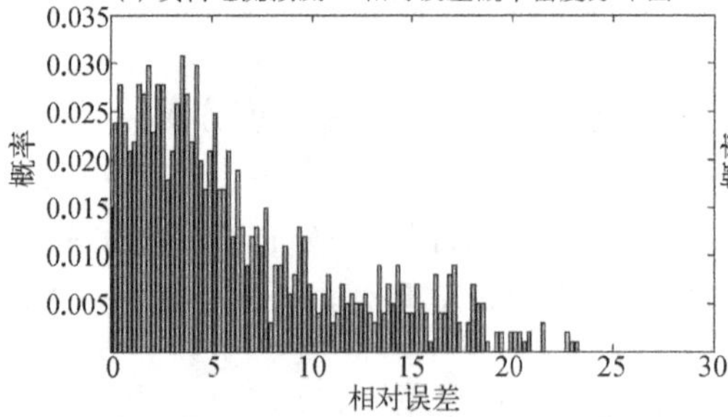

(c) 负荷电流预测4 h相对误差概率密度分布图 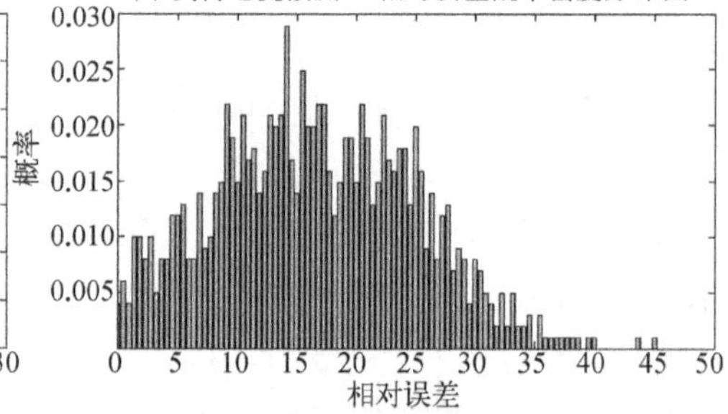　　(d) 负荷电流预测24 h相对误差概率密度分布图

图 3.50　预测未来 1 h、2 h、4 h、24 h 负荷电流的相对误差概率分布图

根据预测结果,预测未来 1 h、2 h、4 h、24 h 负荷电流的相对误差的分布特征值如表 3.14 所示,误差及其分布的集中趋势和离中趋势均随着预测时间尺度增加而增加。

表 3.14　预测未来 1 h、2 h、4 h、24 h 负荷电流的相对误差分布特征值

特征值	时 间 尺 度/h			
	1	2	4	24
平均值/%	4.15	5.08	6.31	16.62
中位数/%	3.24	3.92	4.71	16.29
标准差/%	3.45	4.67	5.22	8.31

4) 稳态负载能力

对未来 1 h、2 h、4 h、24 h 稳态负载能力的 1 000 次预测相对误差作概率密度分布,结果如图 3.51 所示。

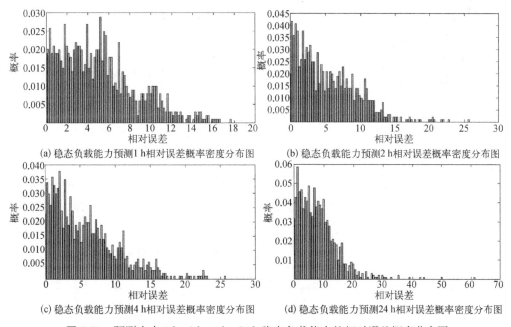

(a) 稳态负载能力预测 1 h 相对误差概率密度分布图　　(b) 稳态负载能力预测 2 h 相对误差概率密度分布图

(c) 稳态负载能力预测 4 h 相对误差概率密度分布图　　(d) 稳态负载能力预测 24 h 相对误差概率密度分布图

图 3.51　预测未来 1 h、2 h、4 h、24 h 稳态负载能力的相对误差概率分布图

根据预测结果,预测未来 1 h、2 h、4 h、24 h 稳态负载能力的相对误差的分布特征值如表 3.15 所示,误差及其分布的集中趋势和离中趋势基本上均随着预测时间尺度增加而增加。

表 3.15　预测未来 1 h、2 h、4 h、24 h 稳态负载能力的相对误差分布特征值

特征值	时 间 尺 度/h			
	1	2	4	24
平均值/%	5.05	5.31	5.77	8.05
中位数/%	4.58	4.43	4.81	7.03
标准差/%	3.60	4.19	4.64	6.53

5) 暂态负载能力

对未来 1 h、2 h、4 h、24 h 暂态负载能力的 1 000 次预测相对误差作概率密度分布，结果如图 3.52 所示。

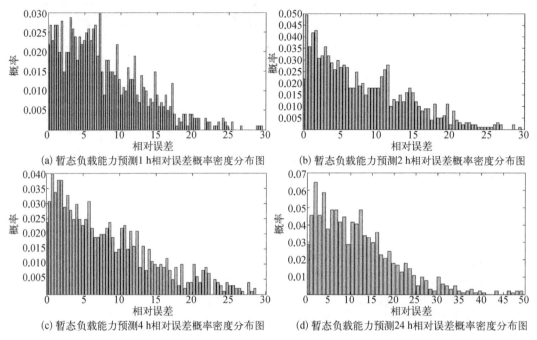

(a) 暂态负载能力预测 1 h 相对误差概率密度分布图　　(b) 暂态负载能力预测 2 h 相对误差概率密度分布图

(c) 暂态负载能力预测 4 h 相对误差概率密度分布图　　(d) 暂态负载能力预测 24 h 相对误差概率密度分布图

图 3.52 预测未来 1 h、2 h、4 h、24 h 暂态负载能力的相对误差概率分布图

根据预测结果，预测未来 1 h、2 h、4 h、24 h 暂态负载能力的相对误差的分布特征值如表 3.16 所示，误差及其分布的集中趋势和离中趋势基本上均随着预测时间尺度增加而增加。

表 3.16 预测未来 1 h、2 h、4 h、24 h 暂态负载能力的相对误差分布特征值

特征值	时 间 尺 度/h			
	1	2	4	24
平均值/%	6.39	6.48	7.06	11.95
中位数/%	5.29	5.97	6.55	10.10
标准差/%	4.87	7.24	8.85	10.24

通过以上预测过程结果和利用 1 000 次预测的结果以 MC 法进行的误差分析，所有预测对象的预测精度均随时间尺度增加而下降，气温、风速、负荷电流、稳态负载能力和暂态负载能力预测相对误差的集中趋势和离中趋势均随预测时间尺度的增加而增加；预测精度最高的是气温，其次是负荷电流，风速的预测效果最差。提高风速的预测准确度可以进一步提供负载能力预测的精度。

6. 总结分析

不同时间尺度下输电线路负荷、稳态负载能力和暂态负载能力的预测值如图 3.53 所示。可见，输电线路负荷、稳态负载能力、暂态负载能力大致遵从 2∶8∶15

的比例。相比正常运行状态,利用动态预测的输电线路负载能力进行负荷高峰时期或紧急情况下电网调度可以充分挖掘输电线路的潜力,为电网安全、高效运行提供可靠支撑[39-42]。

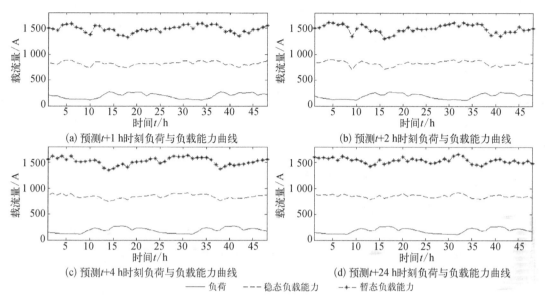

(a) 预测 $t+1$ h 时刻负荷与负载能力曲线　　　　(b) 预测 $t+2$ h 时刻负荷与负载能力曲线

(c) 预测 $t+4$ h 时刻负荷与负载能力曲线　　　　(d) 预测 $t+24$ h 时刻负荷与负载能力曲线

—— 负荷　　--- 稳态负载能力　　-*- 暂态负载能力

图 3.53　未来 1 h、2 h、4 h、24 h 输电线路负荷与负载能力预测曲线

3.5　输电线路动态增容运行风险评估方法

阻碍输电线路动态增容系统大规模应用的一大瓶颈是如何评估增容后线路的运行风险,为增容条件下线路的运行提供实施依据,确保增容运行的可靠性和安全性,目前线路增容运行风险评估相关的研究还很少[43-48]。由输电线路负载能力动态评估的原理可知,评估输电线路增容风险的关键是预测容量评估模型中引用的各种参数,使用马尔可夫链蒙特卡罗(Markov chain Monte Carlo,MCMC)方法产生气候模型各参数后验分布的随机序列来获取气候模型,进而利用该模型通过 MC 模拟来预测导线温度的分布,计算出增容系统的风险指标。

输电线路动态增容风险评估原理如图 3.54 所示,具体方法和流程描述如下:第一步,通过安装在输电线路现场的在线监测系统获得若干天内微气候数据风向 φ^1、φ^2、…、φ^{t-1},风速 v^1、v^2、…、v^{t-1},环境温度 T_a^1、T_a^2、…、T_a^{t-1} 等三组影响输电线路热稳定容量的主要气候参数的时间序列,利用 MCMC 方法分别建立风向、风速和环境温度模型;第二步,将当前微气候数据代入各种气候模型中来预测未来 1 h 风向 φ^t,风速 v^t,环境温度 T_a^t 的分布;第三步,将气候参数分布数据和线路负荷电流分布数据一起代入暂态热平衡方程通过 MC 模拟方法来获取导线温度 T_c^t 的分布;第四步,利用导线温度分布计算出导线温度 T_c^t 超过线路允许值 T_{cmax} 的概率,即为导线增容运行的风险。

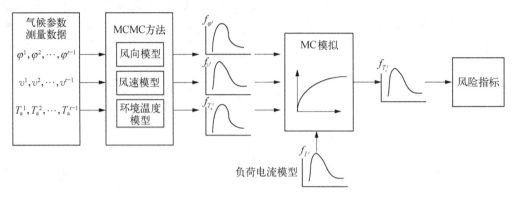

图 3.54   输电线路动态增容风险评估原理

3.5.1   基于 MCMC 方法的气候模型

1. 贝叶斯分析及 MCMC 算法

假设变量 θ 为气候模型中的某一参数，变量 y 为观测数据，θ 与 y 的联合概率分布为 $p(\theta, y)$，变量 θ 的先验分布为 $p(\theta)$，变量 y 的条件分布为 $p(y \mid \theta)$，则

$$p(\theta, y) = p(\theta)p(y \mid \theta) \tag{3.55}$$

根据贝叶斯定理计算考虑观测变量 y 后，变量 θ 的后验分布 $p(\theta \mid y)$ 为

$$p(\theta \mid y) = \frac{p(\theta)p(y \mid \theta)}{p(y)} \tag{3.56}$$

式中，$p(y) = \int p(y \mid \theta)p(\theta)\mathrm{d}\theta$。

贝叶斯分析一般可以分成以下三步来进行：

(1) 在所考虑的问题中将所有观测量和未观测量的概率模型全部定义；

(2) 计算后验分布 $p(\theta \mid y)$；

(3) 根据后验分布预测未观测量 $\tilde{y}$。

但是在大多数情况下计算 $\int p(y \mid \theta)p(\theta)\mathrm{d}\theta$ 很困难，因此必须利用其他方法得到后验分布 $q(\theta \mid y)$。注意到式(3.56)中，$p(y)$ 的值不取决于 θ 与 y，而是一个固定值，假设未标准化后验分布为 $q(\theta \mid y)$。

$$p(\theta \mid y) \propto p(y \mid \theta)p(\theta) = q(\theta \mid y) \tag{3.57}$$

利用未标准化后验分布 $q(\theta \mid y)$，采取 MCMC 算法来逼近后验分布 $p(\theta \mid y)$。

MCMC 算法的关键是建立一条平稳分布(stationary distribution)为目标后验分布 $p(\theta \mid y)$ 的马尔可夫链，它要求采样足够长的时间直到采样参数被认为已经能够代表目标后验分布。MCMC 算法一般包括两种重要的参数采样法，分别是 Metropolis - Hasting 采样法，和 Gibbs 采样法。前者由 Metropolis 等在 1953 年提出，Hasting 在 20 世纪 70 年代对该方法进行一般性扩展[49]。该取样法较复杂，它首先设定参照密度函数，并从该密度函数取样得到候选参数值，结合目标密度函数计算候选参数值的接受概率，并按照这一概率接受该候选值作为参数的取样值,不断重复这一过程得到一系列参数取样值。

另一种重要的 MCMC 抽样方法 Gibbs 采样法由 Geman 在 1984 年提出,它实际上是 Metropolis-Hasting 取样法的一个特例,但 Gibbs 采样法非常直观,所以得到快速的推广[50]。该方法利用后验概率密度函数中每个参数的条件概率密度函数,进行各参数的随机取样。在很多普通的模型中,参数的条件概率密度函数往往是我们所熟知的统计分布形式,故而这些参数的随机取样容易获得,而完成参数估计过程,只需要将这些从条件概率密度函数得到的取样值取平均值和标准差。

2. 风向模型

当处理与角度相关的循环数据时,von Mises(VM)分布通常是不错的选择,因为 VM 分布角的取值范围为 0~2π,此处风向参数模型即采用 VM 分布,其概率密度函数为

$$f(\varphi) = [2\pi I_0(k)]^{-1} \exp[k\cos(\varphi - \mu)] \tag{3.58}$$

式中,$0 \leqslant \varphi \leqslant 2\pi$,$0 \leqslant k \leqslant \infty$,$I_0(k)$ 为分布的标准化常数,用零阶 Bessel 函数可以表示为

$$I_0(k) = \sum_{r=0}^{\infty} (r!)^{-2} (0.5k)^{2r} \tag{3.59}$$

现认为参数 k 不随时间变化,参数 μ 为 t 时刻风向的期望值,利用一阶自回归(autoregress,AR)模型来估计 μ,即

$$E(\varphi^t) = \mu^t = g[\alpha_1 g^{-1}(\varphi^{t-1}) + \alpha_0] \tag{3.60}$$

函数 g 采用反正切函数,风向模型为

$$p(\varphi^t \mid \mu^t, k) = [2\pi I_0(k)]^{-1} \exp[k\cos(\varphi - \mu)] \tag{3.61}$$

$$\mu^t = 2\arctan\left(\alpha_1 \tan\frac{\varphi^{t-1}}{2} + \alpha_0\right) \tag{3.62}$$

式(3.58)~式(3.60)中,$\alpha_1 \sim \text{Norm}(0, 10^4)$,$\alpha_0 \sim \text{Norm}(0, 10^4)$,$k \sim \text{Gammar}(1, 10^{-3})$。

结合若干天的采样数据(这里利用 6 天、144 组采样数据),未标准化联合分布函数的三个参数 α_1、α_0、k 满足:

$$p(\alpha_1, \alpha_0, k \mid \varphi^1, \cdots, \varphi^{144}) \propto \prod_{t=2}^{144} \{[2\pi I_0(k)]^{-1} \times \exp[k\cos(\varphi^t - \mu^t)]\}$$
$$\times \exp(-0.5\alpha_1^2 10^{-4}) \times \exp(-0.5\alpha_0^2 10^{-4}) \times \exp(-10^{-3}k) \tag{3.63}$$

取自然对数之后的三个参数的边缘分布分别为

$$\ln[p(\alpha_1 \mid \alpha_0, k, \varphi^1, \cdots, \varphi^{144})]$$
$$\propto \sum_{t=2}^{144} \left\{k\cos\left[\varphi^t - 2\arctan\left(\alpha_1\tan\frac{\varphi^{t-1}}{2} + \alpha_0\right)\right]\right\} - 0.5\alpha_1^2 10^{-4} \tag{3.64}$$

$$\ln[p(\alpha_0 \mid \alpha_1, k, \varphi^1, \cdots, \varphi^{144})]$$

$$\propto \sum_{t=2}^{144}\left\{k\cos\left[\varphi^t - 2\arctan\left(\alpha_1\tan\frac{\varphi^{t-1}}{2}+\alpha_0\right)\right]\right\} - 0.5\alpha_0^2 10^{-4} \qquad (3.65)$$

$$\ln[p(k \mid \alpha_1, \alpha_0, \varphi^1, \cdots, \varphi^{144})]$$

$$\propto \sum_{t=2}^{144}\left\{k\cos\left[\varphi^t - 2\arctan\left(\alpha_1\tan\frac{\varphi^{t-1}}{2}+\alpha_0\right)\right]\right\} - n\ln[I_0(k)] - k10^{-3} \quad (3.66)$$

由于上述边缘分布并不是常规统计分布,故用 Metropolis-within-Gibbs 采样法来生成马尔可夫链,该方法将 Metropolis 采样法嵌套于 Gibbs 采样法中。

以 α_1 为例阐述具体的嵌套算法:

(1) 产生初值 α_1^0;

(2) 产生备选值 $\alpha_1^* = \alpha_1^0 + \text{rand}n(1)\sigma$,其中 $\text{rand}n(1)$ 表示从正态分布 $(0, \sigma^2)$ 中随机抽取一个值,σ 为该正态分布的标准差;

(3) 计算比率 r,为方便表述做如下代换。

令

$$f(\alpha_1) = \sum_{t=2}^{144}\left\{k\cos\left[\varphi^t - 2\arctan\left(\alpha_1\tan\frac{\varphi^{t-1}}{2}+\alpha_0\right)\right]\right\} - 0.5\alpha_1^2 10^{-4}$$

$$r = \min\{\exp[f(\alpha_1^*) - f(\alpha_1^0)], 1\}$$

(4) 产生 $u = \text{runif}(0, 1)$,即从均匀分布$(0, 1)$当中随机抽取一个值;

(5) 当 $u \leqslant r$ 时,$\alpha_1^t = \alpha_1^*$,否则 $\alpha_1^t = \alpha_1^0$;

(6) $t = t+1$,$\alpha_1^0 = \alpha_1^{t-1}$,重复上述(2)~(5)。

上述 6 步阐述的是在 Gibbs 采样中如何从 $\ln[p(\alpha_1 \mid \alpha_0, k, \varphi^1, \cdots, \varphi^{144})]$ 中随机抽取 α_1^t,即 Metropolis 实现算法。另外两个参数 α_0^t、k^t 的抽取与上述步骤同理,不再赘述。还可以通过 OpenBUGS 软件更方便地实现 MCMC 方法,图 3.55 是使用 OpenBUGS 软件模拟生成的 α_1、α_0、k 马尔可夫链轨迹图及概率密度图。

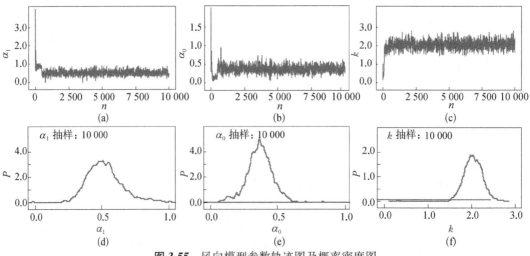

图 3.55 风向模型参数轨迹图及概率密度图

通过图 3.55 可以发现,经过 10 000 次循环后 α_1、α_0、k 已经稳定,到达了平稳分布,将前面 5 000 组数据去掉之后的数据即可作为 VM 分布的三个参数,即风向模型的参数。

确定风向模型后,需要检验原采样数据是否服从 MCMC 得到的 VM 分布,使用 Watson 检验法检验表明 6 天风向采样数据服从所得 VM 分布。

3. 风速模型

对 风 速 模 型 的 研 究 一 般 使 用 Weibull 分布,而有文献提到通过对风速数据作频率直方图表明风速在低风速(接近于 0 m/s)时存在一个尖峰,即风速在 0 m/s 附近的频率异常高,不能单纯用 Weibull 分布来描述风速,然而本项目组近一年对风速的观测数据表明该"尖峰"并不存在,故本书仍采用 Weibull 分布作为风速模型。图 3.56 为一年风速观测数据频率直方图。

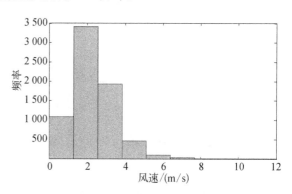

图 3.56　一年风速数据频率直方图

风速分布为 $p(v^t) = \text{Weibull}(k, \lambda)$,$k$、$\lambda$ 的先验分布分别采用 Gammar 分布和正态分布 $k \sim \text{Gammar}(1, 10^{-3})$,$\lambda \sim \text{Norm}(0, 10^3)$。

由于先验分布和后验分布都是常规统计分布,此处不再详述如何进行 MCMC。图 3.57 为风速模型参数轨迹图。

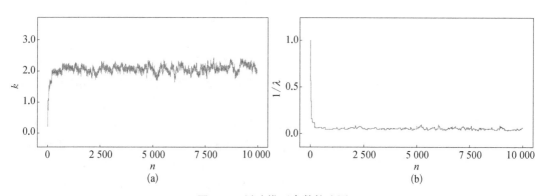

(a)　　　　　　　　　　　　　　　(b)

图 3.57　风速模型参数轨迹图

得到的 Weibull 分布参数经 Kolmogorov - Smirnov 检验表明 6 天风速采样数据服从所得 Weibull 分布。

4. 环境温度模型

环境温度大致以 24 h 的周期,将环境温度采样数据中 24 h 周期量移除,即令 y 为 24 h 环境温度变化量 $y^t = T_a^t - T_a^{t-24}$。变量 y 模型采用正态分布,即 $p(y^t) = \text{Norm}(\mu, \sigma^2)$,$\mu$ 采用 AR 模型 $\mu^t = \alpha_1 y^{t-1} + \alpha_0$,$\alpha_1$、$\alpha_0$、$\sigma$ 的先验分布均采用正态分布:

$$\alpha_1 \sim \text{Norm}(0, 10^4), \quad \alpha_0 \sim \text{Norm}(0, 10^4), \quad \sigma \sim \text{Norm}(0, 10^4)$$

由于上述环境温度模型与风向模型类似,故此处也不再详述 MCMC 过程,卡方检验结果表明 6 天环境温度采样数据变化量服从所得正态分布。图 3.58 为环境温度模型参

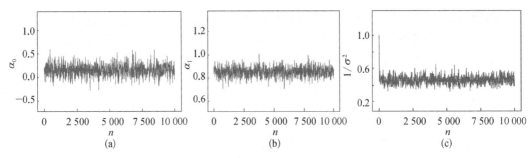

图 3.58 环境温度模型参数轨迹图

数轨迹图。

3.5.2 输电线路运行风险评估方法

1. 风险评估原理

导线温度满足以下暂态热平衡方程：

$$\frac{dT_c}{dt} = \frac{1}{mC_P}[R(T_c)I^2 + q_s - q_c - q_r] \tag{3.67}$$

式中，$R(T_c)I^2$ 表示导线焦耳热；q_s 为日照吸热；q_c 为对流散热；q_r 为辐射散热。

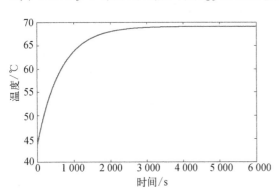

图 3.59 导线温度随时间变化曲线

求解式(3.67)的微分方程能够得到导线温度 T_c 随时间的变化情况，由于架空输电线路的时间常数一般为 10～30 min，认为 1 h(3 600 s)后的导线温度已经很接近稳态温度，不会发生什么变化。图3.59 为导线温度随时间变化曲线。

基于气候参数模型通过以下 MC 模拟方法来预测下一个小时导线温度的概率分布。由上述气候模型预测出下一个小时风向 φ、风速 v 和环境温度 T_a，导线电流也通过估计它的分布来预测下一个小时导线电流 I。假设在下 1 h 之内气候参数和导线电流(φ, v, T_a, I)不发生变化，通过 4 阶龙格库塔方法求解式(3.67)中关于导线温度 T_c 的微分方程，得出 3 600 s 时的导线温度 T_c(1 h) 作为该预测气候和电流参数(φ, v, T_a, I)条件下的导线温度。重复预测下一组气候和电流参数来计算下一个导线温度值。通过重复以上步骤足够多的次数之后就能得到整个导线温度的分布。

输电线路增容运行的风险就是指导线温度超过线路运行允许值 T_{cmax} 的概率，作为线路运行安全的临界值。输电线路增容运行的风险指标：

$$R = P(T_c \geqslant T_{cmax}) = \frac{N_f}{N} \tag{3.68}$$

式中，N_f 为 MC 模拟中 T_c(1 h) 大于 T_{cmax} 的次数；N 为 MC 模拟的总次数。

2. 实例分析

在山东电网线路上实际安装了智能监测装置,采集的气候和电流数据近万组,从中取出某年 7 月 11 日 12 时~某年 7 月 17 日 13 时共 144 组观测数据作为例子来进行该增容系统风险评估。

7 月 17 日 13 时风向 176°,风速 1.38 m/s,环境温度 37.2℃,此时的气候参数几乎为一年中最恶劣的,根据稳态热平衡方程,基于 IEEE Standard 738 给出 13 时线路的动态热稳定容量为 524 A,为了模拟线路载流量接近该热稳定容量时的情况,将电流所服从正态分布均值设为 500 A,标准差为 5 A,利用前述气候模型以及此处的电流分布来预测 7 月 17 日 14 时的气候电流参数(φ, v, T_a, I),进行 1 000 次 MC 模拟,图 3.60 为 MC 所得导线温度频率直方图。

此时线路增容运行风险指标 R 为 0.001,表明若导线热稳定容量为 524 A,导线负荷电流均值为 500 A 时仅有 0.1% 的风险导线温度会超过运行允许最大值,显然这个风险足够小,电力系统完全能够接受,同时此时风险指标如此小也从另一个侧面反映了最恶劣气候条件发生的概率足够小,进行输电线路增容是完全可行。

为进一步探究增容运行风险随着电流分布均值变化的情况,将电流分布的均值由 500 A 变为 1 000 A,标准差不变仍为 5A,图 3.61 是夏季增容运行风险随电流分布均值变化的情况。

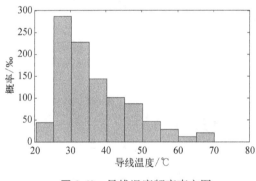

图 3.60　导线温度频率直方图

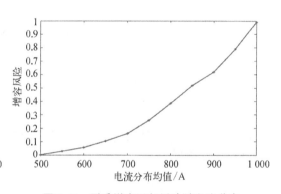

图 3.61　夏季增容运行风险随电流分布均值变化曲线

从图 3.61 中增容风险变化趋势可以发现,由于此时气候条件已经相当恶劣,电流均值超过额定热稳定容量之后线路过负荷程度越来越严重,风险也随着迅速变大,若增容至 650 A 运行,其线路运行风险将超过 10%,显示在气候条件极恶劣情况下进行增容运行必须相当谨慎。

鉴于上述风险评估基于夏季观测数据,为全面的评估增容后线路运行风险,对冬季观测气候数据进行分析。从采集数据中取出某年 1 月 5 日 11 时到某年 1 月 11 日 12 时的气候观测数据来进行风险评估。

12 时气候数据为风向 161°,风速 1.441 m/s,环境温度 18.4℃,热稳定容量 813 A,计算 13 时增容风险。13 时电流分布均值 700~1 200 A,标准差 5 A,图 3.62 为增容风险随电流分布均值变化情况。

如图 3.62 所示,由于环境气温较低,冬季线路增容运行的裕度明显较大。电流为

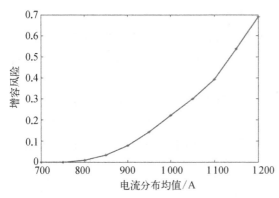

图 3.62   冬季增容运行风险随电流分布均值变化曲线

800 A均值时,增容风险仅为0.8%,即负荷电流达到增容系统所计算容量 813 A 时,线路的运行风险仅有0.8%,显示该增容系统所计算容量有相当可靠性。850 A 时风险为 3.2%,900 A 时风险接近 10%,显然是不能接受的。随着电流均值的进一步增大,增容风险近似呈指数上升,电流越大,线路温度、弧垂超过允许值的风险上升得越快。

以上夏、冬两季 MC 模拟的风险评估结果表明线路负荷电流达到增容系统所计算的热稳定容量时,线路风险都控制在 1% 以内,属于电力系统运行和调度能接受的范围。从线路运行安全方面说明输电线路增容系统能够在保证系统安全的前提下提高线路的输送容量。

3. 分析总结

利用 MCMC 方法建立风向、风速和环境温度气候模型,结合线路电流模型一起利用 MC 模拟计算出导线温度的分布,进一步计算出增容运行风险指标。通过对输电线路增容监测系统夏、冬两季的监测数据分析表明增容风险随着电流分布的均值迅速增大,增容系统所计算的热稳定容量可靠性能比较高,线路风险控制在 1% 以内,完全满足工程要求。通过本评估方法提供给调度人员线路的运行风险信息,结合相关负荷预测技术能更好地进行智能化负荷调度。

3.6   输电线路动态增容运行的智能调度策略

3.6.1   增容运行调度应用总体策略

输电线路增容运行主要根据监测的导线运行状态和气象数据,计算出在目前的条件下输电线路尚有多少潜在的输送容量,其计算结果最终要与调度系统联系起来,并经过调度系统决定每条线路的实际输送容量。该系统通过电力公司内部网络与 SCADA/EMS 系统及其数据库集成,使调度员在了解 SCADA/EMS 信息的同时也知晓线路实时的热稳定容量参数。

输电线路增容运行智能监测系统的典型动态参数曲线直观地显示了实时动态容量、额定容量、当时的负载,并给出了各个时刻的导线温度和环境辐射温度,如图 3.63 所示。不仅可以实时监测到线路的动态容量,还可以观察到导线温度随着负载、温度而升高或者是降低的变化情况。

系统的调度辅助决策界面如图 3.64 所示。在调度中心的控制平台上,能够实时显示被监测输电线路的容量、电流、导线温度、弧垂以及经过负载能力动态评估计算得到的热稳定实时容量最大限额,包括到稳态容量电流限额、特定时间内的暂态容量电流限额、紧

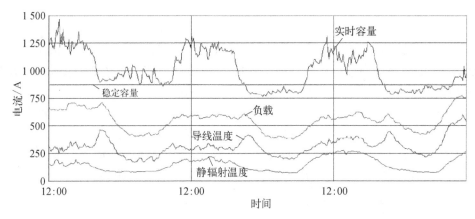

图 3.63　输电线路高效运行主要监测参数

急情况下导线温升的剩余安全时间等,同时给出未来 1 h、2 h、4 h 以及 24 h 的中短期预测,并对不同容量下的运行风险进行评估。一方面电网正常运行情况下对未来一段时间增容必要性和可行性进行分析,可以指导调度人员安排调度计划;另一方面在负荷短时高峰时期以及发生事故的紧急情况下提供辅助决策支持,及时对输电线路的负荷进行调整,实现线路的动态增容运行,最大限度地发挥输电线路的输送能力,同时确保电网安全、稳定、可靠运行,这也是利用动态增容技术提高输电线路输送容量的主要目标。

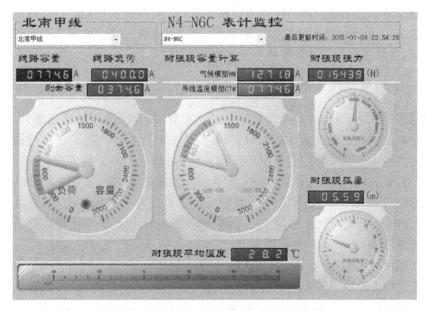

图 3.64　输电线路动态增容调度辅助决策界面

在允许输电线路动态增容运行的条件下,考虑输电线路调度运行的基本方式如下。

(1) 正常运行方式:线路当前电流小于额定的静态电流限额(基于保守的气象条件在设计阶段确定)。该方式适用于正常情况下的调度运行和调度计划的制定。

(2) 输电线路动态增容正常运行方式:线路当前电流大于额定的静态电流限额但小于实时允许输送容量,处于增容运行状态,计算出的安全时间大于长期运行时间(如 1 h、

2 h、4 h、24 h)。该方式适用于电力紧张地区和负荷高峰时期的调度运行和调度计划(日计划、周计划)的制订。

(3) 输电线路动态增容短时运行方式。线路当前电流大于额定的静态电流限额,处于增容运行状态,基于当前运行条件计算出的安全时间小于长期运行时间,但大于短期运行时间(如 30 min)。该方式适用于超短时负荷高峰的调度运行。

(4) 输电线路动态增容紧急运行方式。线路当前电流大于现行规定的静态电流限额,处于增容运行状态,基于当前运行条件计算出的安全时间小于短期运行时间,通过给定时间(5 min、15 min、30 min 等)的暂态载流量、给定电流下安全时间等参数进行紧急调度运行的安全校核。该方式适用于事故处理等紧急情况下的调度运行。

3.6.2 负载能力动态评估预测分析

每 15～30 min 为一个周期,滚动构建未来电网预测断面,基于潮流计算分析各时段可能出现的线路电流和电网稳定断面越限风险。针对这些风险,采用当前气象条件(也可接入气象预报信息)进行分析,判断线路动态载流量或断面功率限额是否能够消除对应时段的越限风险。

预测断面采用实时电网断面叠加预测时段发电计划数据、负荷预测数据、检修计划数据的方式构建。主要包括以下几个步骤:① 首先基于本地服务总线从 I 区状态估计应用中获取电网模型和实时运行方式构建电网实时断面作为预测断面的基态断面。② 基于远程服务总线从调度系统获取日前发电计划、超短期负荷预测、检修计划数据并解析写入本地实时库。③ 从计划和预测数据中抽取对应预测时段的数据,根据调控系统设备建立的映射关系,将解析到的设备数据叠加到基态断面中。

3.6.3 N−1 事故情况下的运行安全校核

电网故障导致潮流转移,造成线路电流发生突变时,导线温度将迅速攀升,调控人员需要了解导线温度到达允许温度的大致时间,为事故处理提供支持。输电线路动态增容紧急运行方式的一个重要作用是考虑系统 N−1 事故情况下的运行安全校核[1]。系统处于 N−1 运行状态时,计算出安全运行时间或安全运行电流限额,主要作用如下。

(1) 给定时间下的安全电流限额。系统实时地进行安全限额计算,其含义是告诉调度人员:当前的运行电流低于或等于安全限额时,该输电断面某一线路断开后(N−1),潮流转移至本线路,造成本线路导线温度上升,只要在目标时间内处理完毕,导线温度不会超过温度限额,线路是安全的。

(2) 给定电流限额下的安全时间。系统实时地进行安全时间计算,其含义是告诉调度人员:在目前运行条件下,如果输电断面某一线路跳开后(N−1),在计算安全时间内处理完毕,导线温度将不会超过温度限额,线路是安全的。

(3) N−1 状态下导线温度(弧垂)实时跟踪模式。在出现 N−1 状态后,系统自动进入 N−1 状态下导线温度(弧垂)实时跟踪模式,显示导线的温度限额、导线温度(弧垂)计算上升曲线和实际上升曲线,便于调度人员实时掌控线路状态,采取相应措施,确保线路安全。

图 3.65 给出增容紧急运行方式下输电线路潮流调度示意。假设第 0 min 发生事故,

相关线路断开后,系统 $N-1$ 方式运行,被监测线路负荷电流突然迁跃升高,系统处于紧急运行状态。若被监测线路负荷电流跃迁至 15 min 安全电流限额(该限额由动态增容系统实时计算给出),则 15 min 后导线温度会升高至最高允许温度(假设紧急情况下导线最高允许温度为 100℃),因此,调度人员必须在 15 min 内完成事故处理并减少该线路负荷电流至长期安全限额才能保证线路的安全运行。

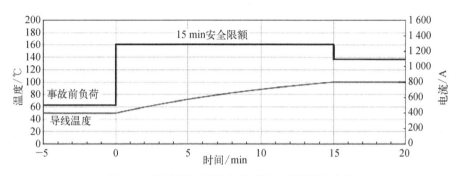

图 3.65　增容紧急运行方式下输电线路潮流变化

3.6.4　与电力系统稳定分析控制技术的结合原则

与电力系统稳定分析与控制技术相结合,将有助于防止动态增容提高输电线拉输送容量而引起的电力系统安全稳定问题。研究计及输电线路模型和参数进行电力系统静态和暂态稳定在线仿真计算,通过模型的建立,与 PMU 对电压相角精确测量信息的传递,计算输电线路的输送极限。通过暂态稳定预警计算机制,设置合理的电力系统分层分区运行方式,计算联合运行功率支援与合理的解列点及解列时机决策,防止电力系统崩溃,从而提高输电线路的输送极限。

1. 电网断面动态功率限额计算

电网断面监控是调控运行的主要手段,断面功率限额通常按断面组中线路发生 $N-1$ 故障时,其他线路不超过故障电流限值的情况来考虑。受制于断面限额,断面集合中的线路在正常运行时通常无法达到其静态电流限值,因此,仅计算线路的动态载流量在调控中并没有实际意义,需要对增容线路所属的断面动态功率限额进行计算。

基于线路动态故障载流量计算结果进行断面功率动态限额计算。设断面第 i 条线路的动态故障电流载流量为 $I_{f,i}$,$i \in S_k$。其中 S_k 为断面 k 的输电线路集合。如该线路不具备动态增容条件,则 $I_{f,i}$ 直接取静态故障电流限值。从 $I_{f,i}$,$i \in S_k$ 中取最小值 $I_{f,\min}$ 作为基准值,按式 $P = \sqrt{3} U_N I_{f,\min} \cos\varphi / w$,将电流折算成断面功率。其中 U_N 为额定电压(kV);$\cos\varphi$ 为功率因素;w 为断面潮流转移比。

2. 增容过程的电网静安全评估

通过断面动态功率限额的计算,能有效监控增容过程中重要断面的安全,但监控范围仍无法涵盖电网中的非断面线路。为保证增容过程中全网的静态安全,需要对增容过程的电网静态安全进行实时评估和监控。

从 I 区状态估计应用中获取电网模型和实时运行方式构建电网实时分析断面,对于动态增容线路,使用实时计算的线路动态故障电流限值替代数据库中线路故障静态电流限值,采用计及安全自动装置的电网静态安全分析方法对电网静态安全进行分析。如果不出现线路或断面越限情况,表明此时增容过程是满足电网静态安全的。

3.7　风电场送出线路增容运行分析

我国风能资源极其丰富,政府也十分重视风电产业的发展,近几年风力发电年增长都在 35% 以上。在风电场设计和运行中,目前都按照我国国家标准 GB 50545—2010《110 kV~750 kV 架空输电线路设计规范》对送出线路进行载流量计算,边界条件中风速设定为单一值 0.5 m/s,然而对于风电场而言,风机的切入风速一般都在 3 m/s 左右,额定运行风速更是远大于 0.5 m/s,造成风电场送出线路输送能力的浪费。实际输送容量与经过热稳定计算得到的极限值尚有很大的裕度。若能充分利用这一裕度,可以提高现有送出线路的传输容量,提高经济性[51,52]。

为了分析风电场集中送出线路增容的效果,需要结合风力发电机的功率特性和输电线路允许载流量计算模型进行分析,实现两者的最优匹配,分别从运行和设计的角度给出风电场送出线路的增容方法和效果:对于已建线路,由于风电场内单元接线多采用"一机一变"的方式,施工周期短,投切灵活,可以在不改建线路的情况下投入更多风机;对于还未建设仍在设计中的线路,可根据实际风速提高导线最大载流量,从而将所需导线截面积减小,减少建设成本。

3.7.1　风力发电机功率特性分析

风力发电机的功率特性描述了风速与风力机组输出功率之间的关系。风机的有功输出功率:

$$P = \frac{1}{2}\rho A v^3 C_p \tag{3.69}$$

式中,ρ 为空气密度,kg/m³;A 为风机叶片的扫掠面积,m²;v 为风速,m/s;C_p 为风能利用系数,与风轮的桨距角以及叶尖速比有关,其极限值为 0.593,目前国内外风机所能达到的最大值为 0.5 左右。

变速变桨型风机的典型设计功率曲线如图 3.66 所示。当风机出厂时,一般由风机厂家根据相关规程规定,在标准空气密度 1.225 kg/m³ 的条件下绘制。以华锐风电 SL1500/82 为例,其技术规格书中给出的功率特性见图 3.66。

如图 3.66 所示,风机的功率曲线可以用式(3.70)的分段函数表示。

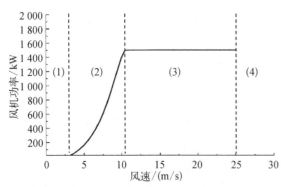

图 3.66　华锐风电 SL1500/82 功率特性曲线

$$p(v) = \begin{cases} 0, & 0 \leqslant v < 3 \\ P(v), & 3 \leqslant v < 10.5 \\ 1\,500, & 10.5 \leqslant v < 25 \\ 0, & v \geqslant 25 \end{cases} \qquad (3.70)$$

式中,3 m/s 为风力发电机的切入风速,10.5 m/s 为额定风速,25 m/s 为切出风速;1 500 kW 为风力机的额定功率;$P(v)$ 是风速在切入风速和额定风速之间时,风机输出功率与风速的关系,即式(3.70)。

根据图 3.66 和式(3.70),一般将风机的运行状态分为四个阶段。

(1) 切入过程。在风速很低时,风机处于停机状态;当风速开始增大时,风机进入运行状态,桨距角减小到待机角度,此时,若风速继续增加,大于切入风速以后,就进入发电状态,为达到最大风能利用系数,桨距角将继续减小,从而使风机获得最大的风能。

(2) 未达到额定功率阶段。在风速未达到额定风速之前,风机的输出功率随风速按三次方的关系变化。

(3) 稳定于额定功率阶段。当风速超过额定风速之后,考虑到风机自身材料强度等的限制,即使风速继续增加,风机也只能始终运行于额定功率状态。风机将通过变桨系统调整空气动力转矩和风能利用效率,使风机稳定于额定输出功率状态。

(4) 停机保护。当风速大于切出风速以后,为了保护设备安全,风机将重新进入停机状态。

3.7.2　风电场送出线路增容原理及效果分析

1. 原理和方法

通过 3.6.1 节的分析可知,风机发电容量和输电线路最大载流量都与风速密切相关。为了提高风电场送出线路的容量,优化其利用效率,可以考虑在不同风速下调整两者参数取值,以达到最佳匹配。

风电场出线增容计算的总体流程如图 3.67 所示。

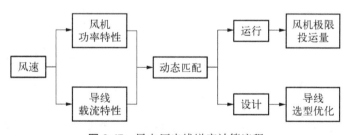

图 3.67　风电厂出线增容计算流程

首先根据前面介绍的模型,分别做出风机的功率曲线和导线的载流特性曲线,如图 3.68 所示。其中实线为导线的风速-最大载流量曲线,虚线为 N 台风机的风速-总功率曲线。

由图 3.68 可以看出:当风速介于风机的切入风速与额定风速之间时,随风速增大,风电功率随之增大,同时,由于导线对流散热的加快,风电场出线的最大载流量也随风速增大,若按现行标准 0.5 m/s 风速整定导线的最大载流量,当风速较大时,对于出线容量来说显然是一种浪费,此时可根据实际风速适当提高出线的最大载流量,并根据新的出线容量考虑投入更多的风机。当风速介于风机的额定风速与切出风速之间时,随风速增大,风电功率不再增大,而风电场出线容量仍可以再次提高,此时也可以考虑将更多的风机投入运行。

接下来分别从运行和设计的角度,通过风机总功率和导线最大容量的动态匹配,实现风电场的出线增容。

(1) 对于运行中的风电场,如图 3.69 所示。虚线(1)表示按照现有标准设计的风电场的总功率曲线,可以看出在不同风速下,导线的输电容量都存在很大的裕度。可以考虑投入更多风机,提高风电场的总出力功率,使总功率曲线上升至虚线(2);继续投入风机,直到两条曲线接近或相交,如虚线(3)所示,交点处的风速为风机额定风速。此时两条曲线达到最佳匹配状态,即在满足现有导线最大允许容量的前提下,风电场出力达到最大值,定义此时投入的风机数量为风机极限投运量 N_{max}。

$$N_{max} = \min\left[\frac{P_{导线}(v=v_x)}{P_{风机}(v=v_x)}\right] = \frac{P_{导线}(v=v_{额定})}{P_{风机}(v=v_{额定})} \tag{3.71}$$

式中,v_x 为切入风速到切出风速之间的任意风速;$P_{导线}$ 和 $P_{风机}$ 分别为导线最大容量和风机总功率。

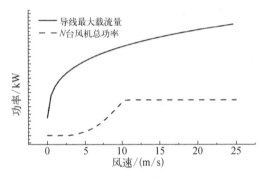

图 3.68 风机总功率曲线和导线
最大载流量曲线

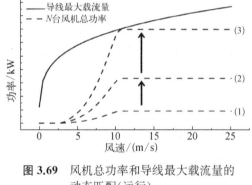

图 3.69 风机总功率和导线最大载流量的
动态匹配(运行)

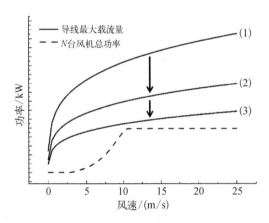

图 3.70 风机总功率和导线最大载流量的
动态匹配(设计)

(2) 而对于正在设计中的风电场送出曲线,如图 3.70 所示。实线(1)表示按照现有标准所选导线的风速-最大载流量曲线。同样地,在所有风速下,导线的输电容量都有很大的裕度。在导线选型分析时,可以考虑适当减小所需导线的截面积,使导线载流特性降至实线(2);继续降低导线截面积,直到两条曲线接近或相交时,此时的导线型号为最优,即实线(3)。从图 3.70 中可以看出,两条曲线的近似交点处的风速依然为额定风速,因此在导线选型时,只需要保证在风机额定风速下的导线最大载流量大于所有风机总功率即可。将计算风速由 0.5 m/s 提高至风机运行的额定风速,从而使所需导线的截面积降低一个或多个档次,提高经济性。

2. 实例分析

1) 运行中的风电场出线增容

假设现有 110 kV 输电线路一条,导线为 JL/G1A-150/35 钢芯铝绞线,负责输送一座小型火力发电站和一座小型风力发电站的电能。导线的风速-最大载流量特性见图 3.71。

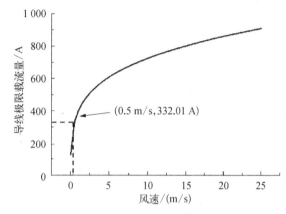

图 3.71　导线的风速-最大载流量特性

从图 3.71 可以看出,在标准风速 0.5 m/s 条件下,JL/G1A-150/35 钢芯铝绞线的最大载流量为 332.01 A。假设火电容量占据了此条输电线路设计最大载流量的 70%,即 232.41 A,且基本稳定不变,剩余 30% 载流量被风电使用,其风机为华锐风电 SL1500 机组,功率特性见图 3.66。按照单台风机的额定容量为 1 500 kW 计算,最多能接入风机 12 台。

然而,由于此输电线路靠近风电场,其风速条件必然与风电场类似,远大于标准风速 0.5 m/s。

因此可以考虑在不新建输电线路的前提下,提高风速设定值,对现有线路进行动态增容,由于风机具有建设周期短、投切灵活的特点,可以将增加的容量用于风电场的扩建。

假设动态增容后所有新增容量都被风电场使用,则火电容量和风电容量与原设计最大载流量(风速为 0.5 m/s 时计算得到的载流量)比例曲线如图 3.72 所示。可以看出,提高计算风速以后,仅风电场可用送电容量就可以达到原导线设计载流量的 100% 以上。

将导线动态增容后的最大载流量-风速曲线和 12 台风力机的总功率曲线对比,如图 3.73 所示。从图中可以看出,现有输电线路的容量存在很大裕度。

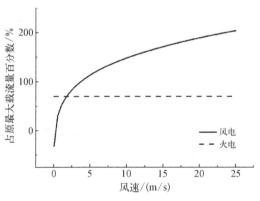

图 3.72　动态增容后火电和风电占原最大载流量百分数

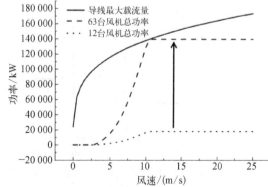

图 3.73　运行中输电线路最大载流量和风电场总功率曲线的动态匹配

　　为了得出现有线路动态增容后风机极限投运量并验证式(3.70)的结论,本书利用不同风速下风机功率和输电线载流量,计算出了不同风速条件下能投入风机的最大数量,见表 3.17 和图 3.74。

表 3.17　不同风速条件下可投入风机的最大数量

风速/(m/s)	7	9	10.5	12	20	25
可投入风机数/台	167	84	63	66	79	85

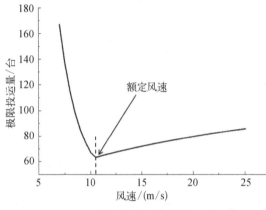

图 3.74　不同风速下最大可投入风机数

当风速大于切入风速但远小于额定风速时,风机的输出功率很小,甚至可以投入上千台风机,此时的计算显然没有意义。因此在图 3.74 中,选择从 7 m/s 的风速条件开始计算可投入风机数。在切入风速到额定风速之间,最大可投入风机数急速下降,在风机额定风速下,最大可投入风机数到达最小值 63 台,风速继续增加时,最大可投入风机数再次缓慢上升。因此由图 3.74 可以得出,导线增容后,所有风速下的风机极限投运量为 63 台。

图 3.73 表示了风机总功率和导线最大容量的动态匹配过程。不断增加风机台数至 63 台时,两条曲线近似相交,风机总功率到达导线允许最大容量下的最大值。

　　对比图 3.73 中两条虚线可以看出,利用输电线动态增容技术,在不新建线路的前提下,使风机最大可投入台数由 12 台增加到了 63 台,极大地发挥了现有导线的输电潜能。

　　2) 设计中的风电场出线增容

　　如图 3.75 所示,一条 110 kV 送出线负责输送两个典型 50 MW 风电场的电能。每个 50 MW 风电场中,1 500 kW 风机为 33 台,计算可得,在全部 66 台风机都达到额定发电功

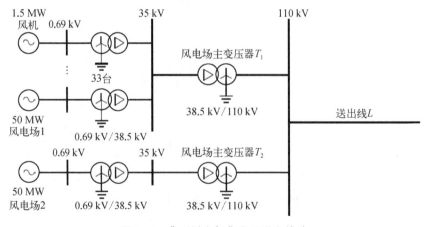

图 3.75　典型风电场集电及送电线路

率时,110 kV 侧电流为 519.62 A。为了选出和两个风电场输出容量最佳匹配的导线,本书根据表 3.1 中的参数,计算了表 3.18 所示的 8 种钢芯铝绞线在标准风速 0.5 m/s 和风机额定风速 10.5 m/s 下的最大载流量。

表 3.18　110 kV 钢芯铝绞线的载流量-风速关系

导 线 型 号	载 流 量/A	
	风速 0.5 m/s	风速 10.5 m/s
JL/G1A－70/40	217	476
JL/G1A－95/55	264	581
JL/G1A－120/20	286	628
JL/G1A－150/35	332	733
JL/G1A－185/45	381	843
JL/G1A－240/30	447	993
JL/G1A－300/25	509	1 359
JL/G1A－400/35	587	1 315

若按照 0.5 m/s 的风速整定导线的最大载流量,则对于图 3.75 中的风电场,根据表 3.18 中的数据,送出线路可选择导线 JL/G1A－400/35。而由于风电场运行时实际风速远大于 0.5 m/s,则截面积为 400 mm² 的导线实际最大载流量也会远大于 587 A,对于导线容量来说是极大的浪费。

根据 3.6.1 节中的讨论,对于在选定风机数之后的导线选型,可以根据风机额定运行风速下的导线最大容量与所有风机额定总功率匹配的原则。

从表 3.18 可以看出,当环境风速为风机额定风速 10.5 m/s 时,JL/G1A－95/55 导线的最大载流量为 581 A,就可以满足两个风电场最大输出电流的要求。

图 3.76 表示了导线选型时,输电线路最大载流量和风电场总功率曲线的动态匹配过程,将导线截面积由原定 400 mm² 降低多个档次直到 95 mm²,就可满足风电场送出功率的要求。对于风电场送出线路设计来说,极大地降低了线路建设成本。

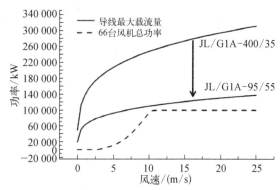

图 3.76　设计中输电线路最大载流量和风电场总功率曲线的动态匹配

3. 效果总结

利用风力发电机风速功率特性和输电线路最大载流量进行动态匹配,结合实际算例,分别分析了运行和设计中风电场送出线路的增容问题,并提出了出线增容后,风机极限投运量的概念。计算表明对于风电场周边的环境而言,送出线路增容的裕度依然很大,通过投入更多风机或者降低所使用导线截面积的方法,可以极大地挖掘送出线路的输电潜力,提高电网运行的经济性。

参考文献

［1］　张启平,钱之银.输电线路增容技术［M］.北京：中国电力出版社,2010.

［2］　叶自强,朱和平.提高输电线路输送容量的研究［J］.电网技术,2006(s1)：264-269.

［3］　戴沅,程养春,钟万里,等.高压架空输电线路动态增容技术［M］.北京：中国电力出版社,2013.

［4］　张启平,钱之银.输电线路实时动态增容的可行性研究［J］.电网技术,2005,29(19)：18-21.

［5］　任丽佳,盛戈皞,江秀臣,等.动态确定输电线路输送容量［J］.电力系统自动化,2006,30(17)：45-49.

［6］　Weedy B M. Dynamic current rating of overhead lines［J］. Electric Power Systems Research, 1989,16(1)：11-15.

［7］　Moore T. Dynamic ratings boost transmission margins［J］. EPRI Journal,2000(1)：18-25.

［8］　Seppa T O. A practical approach for increasing the thermal capabilities of transmission lines［J］. IEEE Transactions on Power Delivery,1993,8(3)：1536-1550.

［9］　Douglass D, Chisholm W, Davidson G, et al. Real-time overhead transmission-line monitoring for dynamic rating［J］. IEEE Transactions on Power Delivery,2016,31(3)：921-927.

［10］　Foss S D, Maraio R A. Dynamic line rating in the operating environment［J］. IEEE Transactions on Power Delivery,1990,5(2)：1095-1105.

［11］　Douglass D A, Edris A A. Real-time monitoring and dynamic thermal rating of power transmission circuits［J］. IEEE Transactions on Power Delivery,1996,11(3)：1407-1418.

［12］　IEEE T&D Committee. Calculating the current-temperature of bare overhead conductors［S］. IEEE Standard,2006：738.

［13］　Foss S D, Lin S H, Maraio R A, et al. Effect of variability in weather conditions on conductor temperature and the dynamic rating of transmission lines［J］. IEEE Transactions on Power Delivery,1988,3(4)：1832-1841.

［14］　Krontiris T, Wasserrab A, Balzer G. Weather-based loading of overhead lines — Consideration of conductor's heat capacity［C］. Modern Electric Power Systems (MEPS), 2010 Proceedings of the International Symposium. IEEE,2010：1-8.

［15］　戴沅,聂铮,程养春,等.输电线路动态增容载流量计算模型综述［J］.广东电力,2013,25(11)：51-56.

［16］　黄新波,孙钦东,张冠军,等.输电线路实时增容技术的理论计算与应用研究［J］.高电压技术, 2008,34(6)：1138-1144.

［17］　卢艺,陶凯,林声宏.架空导线载流量动态计算与应用［J］.电网技术,2009(20)：76-81.

［18］　刘刚,阮班义,林杰,等.架空导线动态增容的热路法稳态模型［J］.高电压技术,2013,39(5)：1107-1113.

［19］　刘刚,阮班义,张鸣,等.架空导线动态增容的热路法暂态模型［J］.电力系统自动化,2012,36(16)：58-62.

［20］　中华人民共和国住房与城市建设部.110 kV～750 kV架空输电线路设计规范：GB 50545—2010［S］.北京：人民出版社,2010.

［21］　叶鸿声.高压输电线路导线载流量计算的探讨［J］.电力建设,2010,21(12)：4-10.

［22］　Seppa T O. Accurate ampacity determination：temperature-sag model for operational real time ratings［J］. IEEE Transactions on Power Delivery,1995,10(3)：1460-1470.

［23］　徐青松,季洪献,侯炜,等.监测导线温度实现输电线路增容新技术［J］.电网技术,2008(S1)：171-176.

[24] 任丽佳,盛戈皞,曾奕,等.动态提高输电线路输送容量技术的导线温度模型[J].电力系统自动化,2009,33(5):40-44.

[25] 陆鑫森,曾奕,盛戈皞,等.基于导线温度模型的线路动态容量误差分析[J].华东电力,2007,35(12):47-49.

[26] 毛先胤,盛戈皞,刘亚东,等.架空输电线路暂态载流能力的计算和评估[J].高压电器,2011,47(1):70-74.

[27] 任丽佳.基于导线张力的动态提高输电线路输送容量技术[D].上海:上海交通大学,2008.

[28] 刘亚东.动态提高输电线路容量系统硬件平台的设计与实现[D].上海:上海交通大学,2007.

[29] Lawry D C, Daconti J R. Overhead line thermal rating calculation based on conductor replica method[C]. Transmission and Distribution Conference and Exposition, 2003 IEEE PES. IEEE, 2003, 3: 880-885.

[30] Douglass D A, Edris A A. Field studies of dynamic thermal rating methods for overhead lines[C]. Proceedings of the IEEE Power Engineering Society Transmission and Distribution Conference, 1999, 2: 842-851.

[31] 毛先胤,盛戈皞,徐晓刚,等.基于张力监测的输电线路动态增容系统在广东电网的应用[J].广东电力,2011,24(12):80-84.

[32] 毛先胤.输电线路输送容量动态监测系统及其应用分析[D].上海:上海交通大学,2010.

[33] 孟洋洋,卢继平,孙华利,等.基于相似日和人工神经网络的风电功率短期预测[J].电网技术,2010,34(12):163-167.

[34] 范高锋,王伟胜,刘纯.基于人工神经网络的风电功率短期预测系统[J].电网技术,2008,32(22):72-76.

[35] 唐磊,曾成碧,苗虹,等.基于蒙特卡洛的光伏多峰最大功率跟踪控制[J].电工技术学报,2015,30(1):170-176.

[36] 刘旭,罗滇生,姚建刚,等.基于负荷分解和实时气象因素的短期负荷预测[J].电网技术,2009,33(12):110-117.

[37] 屈亚玲,周建中,刘芳,等.基于改进的Elman神经网络的中长期径流预报[J].水文,2006,26(1):45-50.

[38] 王晓霞,马良玉,王兵树,等.进化Elman神经网络在实时数据预测中的应用[J].电力自动化设备,2011,31(12):77-81.

[39] 周海松,陈哲,张健,等.应用气象数值预报技术提高输电线路动态载流量能力[J].电网技术,2016,40(7):2175-2178.

[40] Yang Y, Harley R G, Divan D, et al. Thermal modeling and real time overload capacity prediction of overhead power lines[C]. Diagnostics for Electric Machines, Power Electronics and Drives, 2009. SDEMPED 2009. IEEE International Symposium on. IEEE, 2009: 1-7.

[41] 王孔森,盛戈皞,孙旭日,等.基于径向基神经网络的输电线路动态容量在线预测[J].电网技术,2013,37(6):1719-1725.

[42] 江森.基于大数据分析的输电线路负载能力评估与预测[D].上海:上海交通大学,2016.

[43] Siwy E. Risk analysis in dynamic thermal overhead line rating[C]. Probabilistic Methods Applied to Power Systems, 2006. PMAPS 2006. International Conference on. IEEE, 2006: 1-5.

[44] Monseu M. Determination of thermal line ratings from a probabilistic approach[C]. Probabilistic Methods Applied to Electric Power Systems, 1991, Third International Conference on. IET, 1991: 180-184.

［45］ 王孔森,盛戈皞,刘亚东,等.输电线路动态增容运行风险评估[J].电力系统自动化,2011,35(24):11-15.

［46］ 应展烽,徐捷,张旭东,等.基于脉动参数热路模型的架空线路动态增容风险评估[J].电力系统自动化,2015,23:12.

［47］ 王孔森.输电线路动态容量系统应用分析及其风险评估方法[D].上海:上海交通大学,2012.

［48］ 朱文俊,刘文山,彭向阳,等.提高输电线路输送容量的短期风险评估[J].广东电力,2010,23(3):7-11.

［49］ Han J,Chen H Y,Cao Y. Uncertainty evaluation using Monte Carlo method with MATLAB[C]. Electronic Measurement & Instruments (ICEMI),2011 10th International Conference on. IEEE,2011,2:282-286.

［50］ Lee D W K,Chau Y C. Implementation of Monte Carlo Method (MCM) for evaluation of measurement uncertainties at SCL[C]. 2012 Conference on Precision electromagnetic Measurements,2012.

［51］ 秦嘉南.基于动态增容的输电线路高效运行关键技术研究[D].上海:上海交通大学,2015.

［52］ 秦嘉南,盛戈皞,江秀臣,等.基于风机功率和导线载流特性动态匹配的风电场出线增容[J].高压电器,2015,51(6):9-14.

第 4 章

输电线路分布式故障定位与故障辨识

4.1 概述

　　高压输电线路是电力系统的命脉,由于输电线路分布区域广,通常架设在无人看管的野外,途经山区、丘陵、江河等多种地形,加之气候环境复杂,会遇上雷雨、覆冰、强风等气象条件,是电力系统最容易发生故障的电力设备之一。据统计,全国 66～500 kV 线路每年发生跳闸事故数以千计[1,2]。这些故障以闪络等瞬时性故障为主,占 90%～95%[3],而这类故障造成的局部绝缘损伤一般没有明显的烧伤痕迹,并且随着高速乃至超高速继电保护装置和断路器的应用,线路故障切除的时间大大缩短,使大部分的故障没有明显的破坏迹象。这不仅给故障点的排查带来困难,而且将成为继发性故障的隐患,加上多数故障往往在风雪、雷电等较为恶劣的天气中发生,给故障点的查找带来了极大的困难。从现有的恢复运行的经验来看,花在输电线路维护的约一半时间是寻找故障位置,尤其是在夜晚或者山区和冬季[4]。输电线路发生故障不但降低系统供电的可靠性,还会严重影响系统运行的稳定性,造成重大损失,在国内外都曾多次出现过因输电线路故障导致电网瓦解的事故的案例[5]。因此快速、可靠、准确地进行故障定位和故障模式的分析识别,有针对性的及时发现和处理、绝缘隐患,能有效地提高电网的可靠性和愈合能力,是一项十分紧迫和有重要价值的研究课题,可产生巨大的社会和经济效益。

　　为寻求精确有效的故障检测和定位方法,国内外学者对变电站电压互感器(potential transformer,PT)、电流互感器(current transformer,CT)二次侧的电压、电流工频或暂态信号进行了大量的研究,在此基础上,结合线路参数提出多种故障定位方法,主要有故障分析法和行波法两大类[6]。故障分析法[6-9]是当输电线路发生故障时,根据系统参数和线路单端或双端的电压、电流列出测距方程,然后对其进行分析和计算,最后求出故障点到测距点的距离。近年来随着参数识别法[10]、分布参数模型[11]和双端不同步测距算法[12]的提出,故障分析法的实用性大大加强,除故障定位,还可以初步判断故障的类型。但总体来说,基于工频量的故障分析法由于故障信息量的局限性很难再取得突破性的研究成果,线路分布电容、线路结构不对称、PT/CT 传变误差、故障暂态分量、线路走廊地形变化引起的线路参数变化是影响故障分析法测距精度的主要因素。行波法主要是根据行波理论,充分利用线路故障、分/合断路器或主动发射的行波在输电线路上的传输特性来实现的测距方法。因行波法模型简单,不受系统运行参数、故障过渡电阻的影响,理论定位精度比故障分析法高很多,而备受国内外关注。行波法具体可分为 A、B、C、D、E 和 F 型[6],其中 A、C、E、F 型属于单端量法,B 和 D 型属于双端量法。单端量法[6,13,14]只需要从输电线路一侧获取电压或电流行波信息,实现相对简单,但需要区分故障点和对端母线反射行波。行波的极性和幅值是行波最重要的特征之一,但在很多线路结构和故障情况下,无法区分故障点和对端母线反射行波,同时单端测距还会存在测距死区的问题,往往将单端法与阻抗法结合起来实现故障测距功能[15]。双端量法[6,14-17]同时记录故障行波到达测距点的时间,利用时间差来实现故障测距,模型相对简单,可靠性和测距精度较高,但需要线路两端提供同步或载波通信装置,成本比单端法要高。总体上来说故障行波的提取、行波波速、行波到达时刻确定是影响行波测距精度的主要因素[18]。

为精确提取故障行波,国内外学者对变电站互感器的暂态传输特性作出了深入研究,得出 CT、PT 的暂态传输能力较好,可传输高达 100 KHz 的暂态信号,而电容式电压互感器(capacitor voltage transformer, CVT)在高频段传输特性较差的结论,根据不同互感器的传输特性也出现了多种行波提取方法,如专用行波传感器法[19]、直接利用 PT、CT、CVT、二次侧信号法[20,21]等。由于 PT、CT 变比的关系,其对微弱行波信号的传变能力较差,导致传统的行波法对高阻故障的适应性差,影响了其在实际工程应用中的效果。

故障暂态行波波速和行波到达时刻是相互关联度很高的问题[22]。由于输电线路的电阻和电感参数随电流频率的变化而变化,线路参数对于各个不同的频率分量呈现出不同的传输特性,这使波速在不同频率分量下具有不同的传播特性。另外,行波在传播过程中具有色散特性,不同模量、不同频率的行波信号具有不同的传播速度和衰减特性,这使行波在传播过程中发生畸变。因此波速和行波到达时刻的确定是一对相互关联的问题,现有的波速选取方法主要有根据线路参数进行数值计算[14,19]和在线测量[23]等。由于实际线路参数随温度和气候等因素变化,数值计算存在一定的误差,而在线测量方法未考虑输电线路的阻抗频率特性。小波变换[24-26]、小波包能量谱变换[27]、数学形态学[28]、Hilbert - Huang 变换[29]或上述方法的综合运用,结合波速在线测量方法,行波到达时刻问题基本可以解决,波速的确定也有进步,但是由于环境温度、湿度等气候条件的影响,输电线路分布电容、电感和沿线大地电阻率都会变化,所以利用区外扰动在线测量波速存在误差,作者的研究表明,导线投入运行以后,由于其运行环境和状态的变化带来的测距误差最大可达 1~2 km。曾有学者提出可不受波速影响的双端定位算法[30],但未对其作后续研究报道。所以行波波速的确定依然是制约故障测距精度的一个因素。

输电线路的实际线长与导线弧垂、导线温度以及覆冰等导线运行状态有关,文献[31]以一条 100 km 的线路为例,分别讨论了双端测距法中导线弧垂、环境温度和实际负荷大小对线长的影响,并得出在各种因素综合考虑的情况下线长误差最大可达到 1 km,由其所导致双端法的测距误差为 500 m。文献[32]利用故障距离与线路全长比来定位并提高精度,一定程度上提高了故障测距的精度。总体上讲,输电线路线长因素引起的误差较大,是制约故障测距精度提高的重要的因素之一。

目前已有众多安装在变电站的输电线路行波故障测距装置投入现场运行,如英国哈德威仪器公司[33](Hathaway Instruments Ltd,UK)和加拿大的不列颠哥伦比亚水电公司[19](British Colombia Hydro)研制的现代行波故障定位系统,国内主要代表为中国电力科学研究院[34]和山东科汇电力自动化股份有限公司[35]研制的相关装置,这些装置的故障定位精度理论上都在500 m以内。但从实际应用来看,上述因素常常会影响最终的定位结果。

综上所述,现有的输电线路故障检测和定位方法由于行波信号提取、波速和线长等因素的限制导致其测距精度难有进一步突破,测点位置的限制使系统难以有效、准确地分析故障模式、故障参数及故障发展过程,对越来越多的分支线路的故障检测和定位也有困难。

本章结合作者在输电线路状态监测方面所做的大量研究工作以及当前输电线路状态监测系统的发展,尝试利用输电线路综合监测系统可能获得的综合信息实现线路故障检测和定位,提出一种全新的基于多源信息融合分析的输电线路分布式故障检测方法。通过在输电线路上安装多个检测点,实现故障电流行波的就近测量,利用各个检测点故障行波及其折反射行波之间的时间差,计算出故障点位置,大大提高了故障定位精度和故障类型的适应性,同时根据故障电流行波的特征对雷击类型进行辨识,为雷击类型辨识提供了一种新的手段[36-39]。

4.2　行波基本理论

输电线路某点 F 发生故障时,可以利用叠加原理将故障表示为如图 4.1 所示。

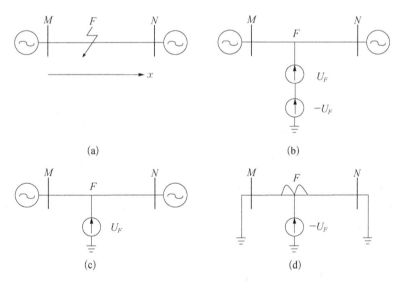

图 4.1　利用叠加原理分析故障行波

图 4.1(a)等效于图 4.1(b),而图 4.1(b)又可视为正常负荷分量图 4.1(c)和故障分量图 4.1(d)两者的叠加。故障分量相当于在系统电势为零时,在故障点叠加与该点正常负荷状态下大小相等方向相反的电压,在这一电压的作用下,将产生由故障点向线路两端传播的行波。

若设输电线路是均匀线路,其单位长度电阻、电感、电容和电导分别为 r_0、L_0、C_0 和 g_0,在输电线路上取 $\mathrm{d}x$ 段,作出等值电路如图 4.2 所示。

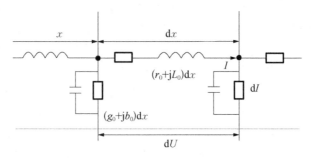

图 4.2 均匀单导线单元等值电路

根据图 4.1 可得到在分布参数线路上电压 U 和电流 I 与线路位置 x 的对应关系:

$$\begin{cases} \mathrm{d}\dot{U} = \dot{I}(r_0 + \mathrm{j}\omega L_0)\mathrm{d}x \\ \mathrm{d}\dot{I} = \dot{U}(g_0 + \mathrm{j}\omega C_0)\mathrm{d}x \end{cases} \tag{4.1}$$

求解式(4.1)可得到电压行波 U 和电流行波 I 的对应关系:

$$\begin{cases} U = k_1 \mathrm{e}^{-\gamma x} + k_2 \mathrm{e}^{\gamma x} \\ I = k_1 \mathrm{e}^{-\gamma x}/Z_c + k_2 \mathrm{e}^{\gamma x}/Z_c \end{cases} \tag{4.2}$$

式中,γ 为传播常数,可表示为 $\sqrt{(r_0 + \mathrm{j}\omega L_0)(g_0 + \mathrm{j}\omega C_0)}$;$k_1$、$k_2$ 分别为积分常数,由边界条件确定;Z_c 为线路波阻抗,可表示为 $\sqrt{(r_0 + \mathrm{j}\omega L_0)/(g_0 + \mathrm{j}\omega C_0)}$,再对比传输线波动方程的 D. Alembert 解:

$$\begin{cases} u = u_f(x - vt) + u_b(x + vt) \\ i = \dfrac{u_f(x - vt)}{Z} - \dfrac{u_b(x + vt)}{Z} = i_f(x - vt) + i_b(x + vt) \end{cases} \tag{4.3}$$

式中,v 为行波传播速度;Z 为波阻抗;$u_f(x-vt)$,$i_f(x-vt)$ 分别为沿 x 正方向传播的电压、电流前向行波;$u_b(x+vt)$,$i_b(x+vt)$ 为沿 x 负方向传播的电压、电流反向行波。

式(4.3)表明线路上任一点的电压是由该点的前行波电压和反行波电压叠加而成的;同样,任一点的电流也由该点的前行波电流和反行波电流叠加而成。前行波电压与前行波电流的比值为正的波阻抗,反行波电压与反行波电流的比值为负的波阻抗。对比式(4.2)、式(4.3)有

$$\begin{cases} i_f(x - vt) = k_1 \mathrm{e}^{-\gamma x}/Z \\ i_b(x + vt) = k_2 \mathrm{e}^{\gamma x}/Z \end{cases} \tag{4.4}$$

由式(4.4)可知,行波随着传输距离 x 的增加呈指数衰减关系。且当 $x = t = 0$ 时,即行波在产生的时刻,前向行波与反向行波大小相等。

4.2.1 行波的折射与反射

行波的折射与反射是输电线路行波的一个重要特征。当行波沿线路运动时,如果线

路的参数或波阻抗在某一节点 A 处突然改变,即行波遇到波阻抗不连续处(如母线、故障点等处),将会发生折射和反射现象,如图 4.3 所示。图 4.3 中给出波阻抗分别为 Z_1 和 Z_2 的两条线路连接的情况。设 U_{1q}、I_{1q} 是 Z_1 线路中的前行波电压和反行波电压,常称为投射到节点 A 的入射波,在线路 Z_1 中的反行波 U_{1f}、I_{1f} 是由入射在节点 A 的电压波、电流波的反射而产生的,称为反射波。波通过节点 A 以后在线路 Z_2 中产生的前行波 U_{2q}、I_{2q} 是由入射波经节点 A 折射到线路 Z_2 中的波,称为折射波。

由图 4.3 可将电流波折射系数和电流波反射系数表示为

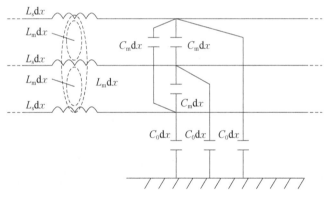

$$\alpha_i = \frac{2Z_1}{Z_1 + Z_2} \qquad (4.5)$$

$$\beta_i = \frac{Z_1 - Z_2}{Z_1 + Z_2} = -\beta_u \qquad (4.6)$$

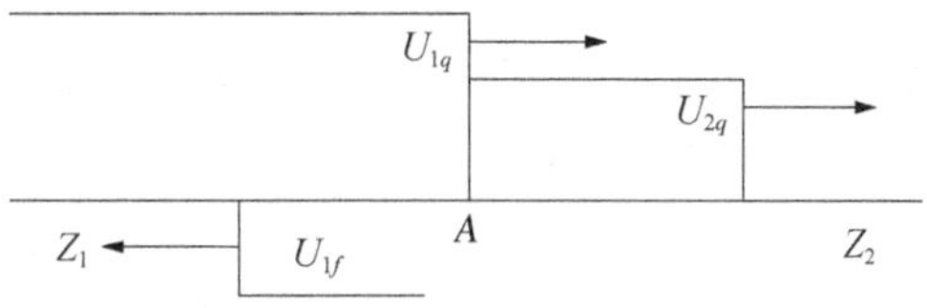

图 4.3　行波的折射与反射

4.2.2　三相线路相模变换

三相线路的等值电路如图 4.4 所示。由于三相线路之间存在耦合,其电磁暂态过程通常不能孤立地看成相互独立的单根导线上的电磁暂态过程,因此,一般都采用相模变换进行解耦。

图 4.4　三相线路的等值电路

三相无损换位线路中的电压、电流的变化可表示为时间 t 和距离 x 的函数:

$$-\frac{\partial \boldsymbol{u}_\Phi}{\partial x} = \boldsymbol{L}_\Phi \frac{\partial \boldsymbol{i}_\Phi}{\partial t} \qquad (4.7)$$

$$-\frac{\partial \boldsymbol{i}_\Phi}{\partial x} = \boldsymbol{C}_\Phi \frac{\partial \boldsymbol{u}_\Phi}{\partial t} \qquad (4.8)$$

其中

$$\boldsymbol{u}_\Phi = [u_a, u_b, u_c]^\mathrm{T} \qquad (4.9)$$

$$\boldsymbol{i}_\Phi = [i_a, i_b, i_c]^\mathrm{T} \qquad (4.10)$$

$$\boldsymbol{L}_\Phi = \begin{bmatrix} L_s & L_m & L_m \\ L_m & L_s & L_m \\ L_m & L_m & L_s \end{bmatrix} \tag{4.11}$$

$$\boldsymbol{C}_\Phi = \begin{bmatrix} k_s & k_m & k_m \\ k_m & k_s & k_m \\ k_m & k_m & k_s \end{bmatrix} \tag{4.12}$$

式中，$\boldsymbol{u}_\Phi$ 和 $\boldsymbol{i}_\Phi$ 分别为相电压向量和相电流向量；L_s 和 L_m 分别为单位长度各相导线的自感和导线间的互感；$k_s = C_0 + 2C_m$，$k_m = -C_m$，且 C_0 和 C_m 为单位长度各相导线的对地电容和各相间电容。

对称三相系统中，矩阵 $\boldsymbol{L}_\Phi$ 和 $\boldsymbol{C}_\Phi$ 中各对角元素相等，各非对角元素也相等，故有 $\boldsymbol{L}_\Phi \boldsymbol{C}_\Phi = \boldsymbol{C}_\Phi \boldsymbol{L}_\Phi$，所以电压变换矩阵与电流变换矩阵相同，即 $\boldsymbol{S} = \boldsymbol{Q}$，以下统称相模变换矩阵。若令

$$\boldsymbol{P} = \boldsymbol{L}_\Phi \boldsymbol{C}_\Phi = \boldsymbol{C}_\Phi \boldsymbol{L}_\Phi = \begin{bmatrix} p_s & p_m & p_m \\ p_m & p_s & p_m \\ p_m & p_m & p_s \end{bmatrix} \tag{4.13}$$

则对于相模变换矩阵 $\boldsymbol{S}$，有式(4.14)成立：

$$\boldsymbol{S}^{-1}\boldsymbol{P}\boldsymbol{S} = \boldsymbol{\Lambda} \tag{4.14}$$

式中，$\boldsymbol{\Lambda} = \mathrm{diag}(\lambda_1, \lambda_2, \lambda_3)$ 为矩阵 $\boldsymbol{P}$ 的特征矩阵，满足 $\det(\boldsymbol{P} - \lambda_i I) = 0$，$i = 1, 2, 3$。计算可得

$$\begin{cases} \lambda_1 = p_s + 2p_m \\ \lambda_2 = \lambda_3 = p_s - p_m \end{cases} \tag{4.15}$$

变换矩阵 $\boldsymbol{S} = [\boldsymbol{S}_1, \boldsymbol{S}_2, \boldsymbol{S}_3]$ 中的各个列向量 $\boldsymbol{S}_i = [s_{i1}, s_{i2}, s_{i3}]^T$，$i = 1, 2, 3$，实则为矩阵 $\boldsymbol{P}$ 对应于 λ_i 的右特征向量，且满足 $(\boldsymbol{P} - \lambda_i I)\boldsymbol{S}_i = 0$。对应于式(4.15)中的 λ_1 即可得到

$$\begin{cases} s_{11} = s_{21} = s_{31} \\ s_{12} + s_{22} + s_{32} = 0 \\ s_{13} + s_{23} + s_{33} = 0 \end{cases} \tag{4.16}$$

可见，矩阵 $\boldsymbol{S}$ 只要各元素满足式(4.16)的要求，就可以作为相模变换矩阵。

常用的相模变换矩阵有对称分量变换、Clarke 变换和 Karenbauer 变换等，对称分量变换是频域下的相模变换，能将 A、B、C 三相分量转变为正、负、零三序量。单个模量(正序量)即可反映所有故障类型。但因为要进行复数运算，计算量较大，且仅适用于工频分析，一般不用于暂态行波分析。Clarke 变换和 Karenbauer 变换在行波故障定位中应用较多。

本书采用 Karenbauer 变换，设 x_a、x_b、x_c 分别为线路上的电压或电流，x_0、x_1、x_2

分别为零模、一模和二模分量,则其对应关系为

$$\begin{bmatrix} x_a \\ x_b \\ x_c \end{bmatrix} = \begin{bmatrix} 1 & 1 & 1 \\ 1 & -2 & 1 \\ 1 & 1 & -2 \end{bmatrix} \begin{bmatrix} x_0 \\ x_1 \\ x_2 \end{bmatrix} \tag{4.17}$$

$$\begin{bmatrix} x_0 \\ x_1 \\ x_2 \end{bmatrix} = \frac{1}{3} \begin{bmatrix} 1 & 1 & 1 \\ 1 & -1 & 0 \\ 1 & 0 & -1 \end{bmatrix} \begin{bmatrix} x_a \\ x_b \\ x_c \end{bmatrix} \tag{4.18}$$

4.3 分布式故障定位基本原理

4.3.1 分布式故障定位原理概述

相对于传统的行波测距理论,分布式故障定位方法尝试将测距装置从变电站转移至输电线路,整个系统由沿线安装在高压输电线路上的若干组(每组 3 个,对应 ABC 三相)故障检测装置、无线通信网络及监控主站组成,如图 4.5 所示。故障电流检测装置用 CT 取电和备份电池组合供电的方式为装置供电,并采用宽带罗氏线圈提取故障时暂态电流行波,通过 Zigbee 短距离无线通信网络将 3 个检测装置的数据汇聚到一起,并通过 GPRS/CDMA/3G/4G 远程无线通信网络将处理结果传至监控主站;监控主站通过融合分析各测点电流行波及其折反射波到达时间、检测点安装位置、线路长度等信息,计算出故障点的准确位置。

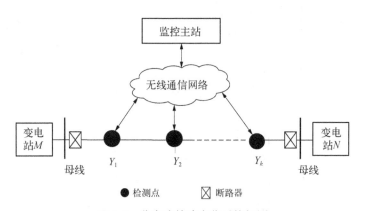

图 4.5 分布式故障定位系统框图

4.3.2 各检测点行波序列分析

由于分布式故障定位中线路沿线安装有故障电流检测装置,所以输电线路发生故障后,在不同的检测位置检测到的电流行波时间序列是不一样的。记前向行波经反射和折射后依次到达检测点的时间为 t_{f1}, t_{f2}, $\cdots$, t_{fN},记反向行波经反射或者折射后依次到达

检测点的时间为 t_{b1}，t_{b2}，$\cdots$，t_{bN}。 各个行波到达检测点的时间与第一个行波到达检测点的时间差值依次记为 Δt_{f1}，Δt_{f2}，$\cdots$，Δt_{fN}，Δt_{b1}，Δt_{b2}，$\cdots$，Δt_{bN}。 设输电线路首端为 M_1，末端为 M_2，输电线路总长度为 L，检测点的位置为 $Y_i(i=1,2,\cdots)$，检测点 Y_i 距线路首端 M_1 的距离记为 L_{Y_i}。故障点的位置为 X，且在 Y_i 和 Y_{i+1} 之间。故障点 X 距首端 M_1 的距离记为 L_X。

输电线路故障时其故障行波网格图如图 4.6 所示。在 Y_{i+1} 点检测到的行波序列与首个行波到达的时间差分别表示为式(4.19)、式(4.20)。

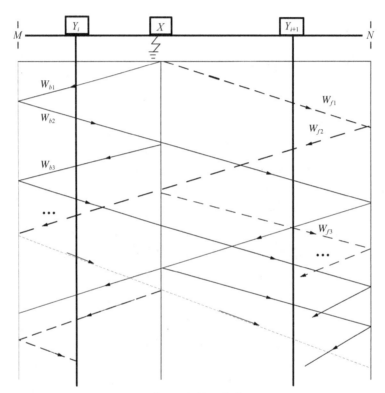

图 4.6 非金属性接地故障网格图

$$
\begin{cases}
t_{f1}=(L_{Y_{i+1}}-L_X)/v \\
t_{f2}=(2L-L_{Y_{i+1}}-L_X)/v \\
t_{f3}=(2L+L_{Y_{i+1}}-3L_X)/v \\
\quad\vdots \\
t_{b1}=(L_{Y_{i+1}}+L_X)/v \\
t_{b2}=(L_{Y_{i+1}}+3L_X)/v \\
t_{b3}=(2L-L_{Y_{i+1}}+L_X)/v \\
\quad\vdots
\end{cases}
\tag{4.19}
$$

$$\begin{cases} \Delta t_{f1} = 0 \\ \Delta t_{f2} = 2(L - L_{Y_{i+1}})/v \\ \Delta t_{f3} = 2(L - L_X)/v \\ \vdots \\ \Delta t_{b1} = 2L_X/v \\ \Delta t_{b2} = 4L_X/v \\ \Delta t_{b3} = 2(L - L_{Y_{i+1}} + L_X)/v \\ \vdots \end{cases} \tag{4.20}$$

由式(4.19)、式(4.20)可知,两式中任意两个独立的方程即可确定故障位置。

同样在 Y_i 处,各个行波到达检测点 Y_i 的时刻,及各个行波到达检测点的时间与第一个行波的时间差分别如式(4.21)、式(4.22)所示。

$$\begin{cases} t_{f1} = (2L - L_{Y_i} - L_X)/v \\ t_{f2} = (2L + L_{Y_i} - L_X)/v \\ t_{f3} = (2L - L_{Y_i} + L_X)/v \\ \vdots \\ t_{b1} = (L_X - L_{Y_i})/v \\ t_{b2} = (L_{Y_i} + L_X)/v \\ t_{b3} = (3L_X - L_{Y_i})/v \\ \vdots \end{cases} \tag{4.21}$$

$$\begin{cases} \Delta t_{f1} = 2(L - L_X)/v \\ \Delta t_{f2} = 2(L + L_{Y_i} - L_X)/v \\ \Delta t_{f3} = 2L/v \\ \vdots \\ \Delta t_{b1} = 0 \\ \Delta t_{b2} = 2L_{Y_i}/v \\ \Delta t_{b3} = 2L_X/v \\ \vdots \end{cases} \tag{4.22}$$

由式(4.19)～式(4.22)可知,故障检测点测到的故障行波序列时间差中包含了故障点、波速、故障检测点和线路长度等信息。对于非金属性故障,在其下游侧检测点 t_{f1}、t_{f2}、t_{f3} 的先后顺序唯一确定,且 t_{b1} 与反向行波序列的先后顺序唯一确定;其上游侧的检测点 t_{b1}、t_{b2}、t_{b3} 的先后顺序唯一确定,且 t_{f1} 与正向行波序列的先后顺序唯一确定。因此,分两种情况来讨论其行波序列的传播规律。

对于故障点下游的检测点 Y_{i+1},由于在检测点测到第一个行波为正向电流行波 t_{f1},其余两个行波到达时间的先后顺序有如下 4 种情况:t_{f1}、t_{b1}、t_{f2},t_{f1}、t_{b1}、t_{b2},t_{f1}、t_{f2}、t_{b1} 和 t_{f1}、t_{f2}、t_{f3},可表示为不等式组:

$$\begin{cases} t_{f1} < t_{b1} < t_{f2} < t_{b2} \\ t_{f1} < t_{b1} < t_{b2} < t_{f2} \\ t_{f1} < t_{f2} < t_{b1} < t_{f3} \\ t_{f1} < t_{f2} < t_{f3} < t_{b1} \end{cases} \quad (4.23)$$

式中,由于 t_{b2}、t_{f2} 的先后顺序不唯一,所以 t_{b2} 不可作为判断条件,式(4.23)中第一和第二个不等式无效,此时分别将式中第三和第四个不等式代入式(4.19)可得式(4.23)成立时,故障点和检测点的对应关系如式(4.24)所示。

$$\begin{cases} L - L_X < L_Y, & L_X \leqslant L/2 \\ L_X < L_Y, & L_X > L/2 \end{cases} \quad (4.24)$$

对于故障点上游侧检测点 Y_i,t_{b1}、t_{b2}、t_{b3} 的先后顺序唯一确定,且 t_{f1} 与正向行波序列的先后顺序唯一确定。由于在检测点测到第一个行波为反向电流行波 t_{b1},其余两个行波到达时间的先后顺序同样有如下 4 种情况:t_{b1}、t_{f1}、t_{b2},t_{b1}、t_{f1}、t_{f2},t_{b1}、t_{b2}、t_{f1} 和 t_{b1}、t_{b2}、t_{b3},同样用不等式组表示为

$$\begin{cases} t_{b1} < t_{f1} < t_{b2} < t_{f2} \\ t_{b1} < t_{f1} < t_{f2} < t_{b2} \\ t_{b1} < t_{b2} < t_{f1} < t_{b3} \\ t_{b1} < t_{b2} < t_{b3} < t_{f1} \end{cases} \quad (4.25)$$

式中,由于 t_{f2}、t_{b2} 的先后顺序不唯一,所以 t_{f2} 不可作为判断条件,式(4.25)中第一和第二个不等式无效,此时将式中的第三和第四个不等式分别代入式(4.21)可得可得式(4.25)成立时,故障点和检测点的对应关系如式(4.26)所示。

$$\begin{cases} L_Y < L - L_X, & L_X > L/2 \\ L_Y < L_X, & L_X \leqslant L/2 \end{cases} \quad (4.26)$$

由上述分析可知无论线路在任意位置发生故障,总能找到与故障点位置对应的一个区间,在此区间内,行波序列到达的先后顺序可唯一确定,更进一步可通过对应的时间方程计算出故障点位置。由于故障点位置具有随机性,所以需要先对故障点区间进行判断。

4.4　基于故障电流综合分析的故障区间确定方法

由 4.3 节的分析可知,根据不同点的故障,总可以找到与之对应的故障区间,在此区间内,其前三个行波的先后顺序是唯一确定的,因此对故障区间进行初步判断是进一步进行故障精确定位的基础。

设分布式故障定位系统的检测示意图如图 4.7 所示,图 4.7 中 k 个检测点将整个输电线路分成 $(K+1)$ 段,记变电站 M 到检测点 Y_1 和 Y_k 到变电站 N 这两段线路为检测外区段,检测点 Y_1 到 Y_k 之间线路为检测内区段。

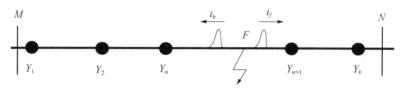

图 4.7　分布式故障定位系统检测示意图

　　本章根据不同检测点故障电流的特点提出综合利用故障电流信息来判断故障区间的方法,利用电流之间偏离度来判断检测内区段的故障区间,同时利用模量时差或者电流行波首波能量的大小判断线路检测外区段的故障区间。

4.4.1　基于故障电流偏离度的故障区间判断方法

　　当线路发生接地故障时,其故障模型可表示为如图 4.8 所示的输电线路故障模型图。$\dot{E}_m$、$\dot{E}_n$ 分别为系统两侧的综合电势,$\dot{Z}_m$、$\dot{Z}_n$ 分别为系统两侧的综合阻抗,假定输电线路在 F 点发生故障,其故障过渡阻抗为 Z_f,故障电流为 $\dot{I}_f$。输电线路在 M、N 端的电压和电流分别为 $\dot{U}_m$、$\dot{I}_m$ 和 $\dot{U}_n$、$\dot{I}_n$,线路 M 端到故障点 F 的阻抗 Z_{mf},N 端到故障点 F 的阻抗为 Z_{nf}。

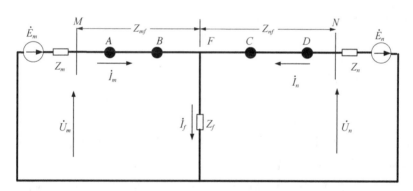

图 4.8　输电线路故障模型图

　　图 4.8 输电线路故障模型图中,对 M、N 端分别列电压方程有

$$\begin{cases} \dot{U}_m = Z_{mf}\dot{I}_m + Z_f\dot{I}_f \\ \dot{U}_n = Z_{nf}\dot{I}_n + Z_f\dot{I}_f \end{cases} \tag{4.27}$$

式中,若忽略并联导纳对输电线路等值阻抗的影响,可近似认为在线路 MF 段的电流为 $\dot{I}_m$,线路 NF 段的电流为 $\dot{I}_n$。即 A、B 两点检测到的故障电流相等,C、D 两点检测到的故障电流相等。而 $\dot{U}_m$、$\dot{U}_n$ 和 Z_{mf}、Z_{nf} 互不相关,因此当输电线路发生故障时,故障点两侧的故障电流是不相等的,即 $\dot{I}_m \neq \dot{I}_n$。

　　如图 4.7 所示,若当检测内区段 F 点发生故障时,在故障点 F 上游的检测点 Y_1,Y_2,$\cdots$,Y_n 处检测到的故障电流相同,同样在故障点 F 下游的检测点 Y_{n+1},Y_{n+2},$\cdots$,Y_k 处检测到的故障电流相同,而在故障点 F 两侧的检测点检测到的故障电流不同。利用上述结论可根据各检测点故障电流的异同判断故障区间。

　　若记各组检测装置的工频故障电流为 I_{fY_n},$n=1, 2, \cdots, k$,则各检测点故障电流的

对应关系可表示为

$$I_{fY_1} = I_{fY_2} = \cdots = I_{fY_n} \neq I_{fY_{n+1}} = I_{fY_{n+2}} = \cdots = I_{fY_k} \qquad (4.28)$$

而实际采集到的故障电流,由于线路分布电容和噪声的影响,式(4.28)不可能严格成立,所以需要用改进方法来判断出故障区间。

定义 L 维欧氏空间两点 $x(i)$ 和 $y(i)(i=1,2,\cdots,L)$ 的偏离度 $d(x,y)$ 如式(4.29)所示。偏离度是衡量两个离散信号相似程度的指标,偏离度越小说明两个信号越相似。

$$d(x,y) = \sqrt{(x_1-y_1)^2 + (x_2-y_2)^2 + \cdots + (x_L-y_L)^2}/L \qquad (4.29)$$

设每组检测装置采集的数据长度为 H,则 I_{fY_n} 可认为是 H 维欧氏空间向量,I_{fY_i} 和 I_{fY_j} 的偏离度记为 $d(i,j)(1 \leqslant i, j \leqslant k)$。

若故障发生在检测点 $n(1 \leqslant n \leqslant (k-1))$ 和检测点 $(n+1)$ 之间,记故障点同侧的 I_{fD_n} 之间的偏离度记为 d_{ij},故障点两侧 I_{fY_n} 之间的偏离度记为 d_{pq},由式(4.28)、式(4.29)可知 $d_{pq} \gg d_{ij}$,可用不等式组表示为

$$d_{pq} > K_1 d_{ij}, \quad (1 \leqslant i, j \leqslant n \text{ 或 } n < i, j \leqslant k) \text{ 且 } (p > n > q \text{ 或 } p < n < q) \qquad (4.30)$$

式中,K_1 为偏离安全系数,取大于 1 的实数。

因此可利用式(4.30)求出检测内区段故障区间。当式(4.30)条件不成立时,可判定故障发生在检测外区段。

为验证上述理论的正确性,在 PSCAD(power systems computer aided design)/EMTDC(electromagnetic transients including DC)中分别搭建双电源、开式网络和闭环网络的仿真模型,并对仿真数据进行分析,详细如下。

双端电源时故障仿真模型如图 4.9 所示,输电线路采用频依模型,杆塔采用 3H5 型,土壤电阻率设为 100 Ω/m,线路总长度为 200 km,在 20 km、100 km 和 180 km 处设置三个检测点,分别在线路 10 km、80 km 和 140 km 处设置不同的故障,故障过渡电阻为 100 Ω 时,三个检测点的故障相电流波形如图 4.10 所示(以 A 相 80 km 处接地故障为例)。

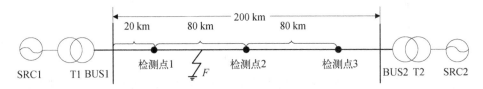

图 4.9 双端电源时故障仿真模型

注:SRC 代表发电机;T 代表变压器;BUS 代表母线。

由图 4.10 可知,在线路正常情况下,三个检测点电流几乎相同,当线路发生单相接地故障时,在故障点同侧的检测点测到的故障电流也几乎相同,如图中检测点 1 和检测点 2 的电流,而故障点两侧的检测点之间故障电流差异较大,如检测点 2 和检测点 3,此结果与式(4.30)分析结论一致。

为进一步验证在不同故障类型和不同故障点故障时,上述结论的正确性,分别计算三个检测点之间在不同故障点和不同故障位置情况下的偏离度 $d(i,j)$,如表 4.1 所示。

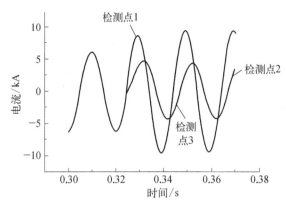

图 4.10　双电源系统单相接地时检测点故障电流

表 4.1　双端电源系统检测点之间偏离度

故障类型	故障点/km	偏　离　度		
		$d(1, 2)$	$d(1, 3)$	$d(2, 3)$
AG	10	$5.309\ 4\times10^{-4}$	$8.707\ 9\times10^{-4}$	$4.819\ 2\times10^{-4}$
ABG		$5.798\ 4\times10^{-4}$	$9.355\ 6\times10^{-4}$	$5.359\ 5\times10^{-4}$
AB		$7.048\ 5\times10^{-4}$	1.2×10^{-3}	$6.604\ 6\times10^{-4}$
ABCG		$6.178\ 8\times10^{-4}$	$9.732\ 0\times10^{-4}$	$5.739\ 3\times10^{-4}$
AG	80	9.2×10^{-3}	9.2×10^{-3}	$4.246\ 9\times10^{-4}$
ABG		9.1×10^{-3}	9.1×10^{-3}	$4.703\ 0\times10^{-4}$
AB		1.37×10^{-2}	1.38×10^{-2}	$5.684\ 2\times10^{-4}$
ABCG		0.01	0.01	$5.865\ 8\times10^{-4}$
AG	140	$6.870\ 7\times10^{-4}$	0.013 9	0.014
ABG		$7.447\ 7\times10^{-4}$	0.013 8	0.013 8
AB		$8.024\ 5\times10^{-4}$	0.020 8	0.020 7
ABCG		$7.867\ 5\times10^{-4}$	0.015	0.015 1

由表 4.1 可知，线路在 10 km 处故障时，三个检测点之间的偏离度相差很小，而在 80 km 处故障时，检测点 2 和检测点 3 之间故障电流偏离度相差非常小，而与检测点 1 和其他两个检测点之间的偏离度相差很大，几乎都在 10 倍以上，与式(4.30)分析一致。

开式网络故障仿真模型如图 4.11 所示，图 4.11 中用 10 MW 的负载替换信号源 SRC2，同样在线路 10 km、80 km 和 140 km 处设置不同的故障，故障过渡电阻为 100 Ω 时，三个检测点的故障相电流波形(以 A 相 80 km 处接地故障为例)如图 4.12 所示。

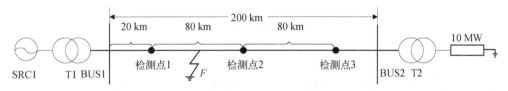

图 4.11　开式网络故障仿真模型

由图 4.12 可知，当线路正常时，三个检测点电流几乎相同，当线路在 80 km 处发生故障时，检测点 3 的故障电流降为 0，而检测点 1 和检测点 2 的故障电流明显不为零，此现象同样与式(4.30)结论一致。

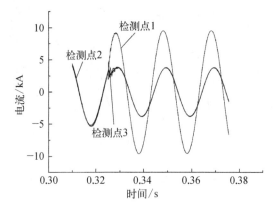

图 4.12 开式网络单相接地时检测点故障电流

在不同故障点和故障位置设置故障,分别计算三个检测点之间的偏离度 $d(i,j)$ 如表4.2所示。由表 4.2 可知,在开式网络情况下,各个检测点之间的偏离度大致与双电源网络相同,因此在开式网络情况下,式(4.30)的结论依然成立。

表 4.2 开式网络系统检测点之间偏离度

故 障 类 型	故障点/km	偏 离 度		
		$d(1,2)$	$d(1,3)$	$d(2,3)$
AG	10	6.7396×10^{-4}	1.1×10^{-3}	6.3024×10^{-4}
ABG		7.4917×10^{-4}	1.2×10^{-3}	7.0497×10^{-4}
AB		8.7103×10^{-4}	1.4×10^{-3}	8.1077×10^{-4}
ABCG		7.8597×10^{-4}	1.2×10^{-3}	7.3758×10^{-4}
AG	80	1.29×10^{-2}	1.29×10^{-2}	5.8086×10^{-4}
ABG		1.29×10^{-2}	1.30×10^{-2}	6.5456×10^{-4}
AB		1.73×10^{-2}	1.75×10^{-2}	7.7583×10^{-4}
ABCG		1.37×10^{-2}	1.38×10^{-2}	6.7246×10^{-4}
AG	140	8.5368×10^{-4}	0.0167	0.0169
ABG		9.8793×10^{-4}	0.0171	0.0173
AB		9.9466×10^{-4}	0.0181	0.0182
ABCG		0.0012	0.022	0.022

闭环网络时故障仿真模型如图 4.13 所示,同样在线路 10 km、80 km 和 140 km 处设置不同的故障,故障过渡电阻为 100 Ω 时,三个检测点的故障相电流波形分别如图 4.14 所示(以 A 相 80 km 处接地故障为例)。

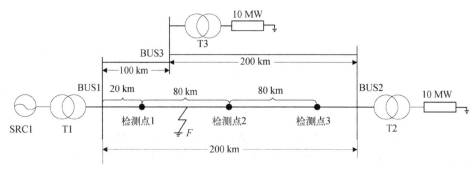

图 4.13 闭环网络时故障仿真模型

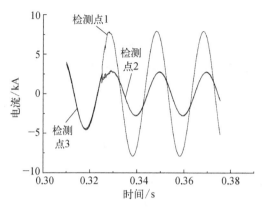

图 4.14　闭环网络单相接地时检测点故障电流

由图 4.13 可知在闭环网络情况下,检测点 1 和检测点 2 之间的故障电流波形几乎一样,而与故障点 3 之间的电流波形有较大差异,此现象与图 4.10 和图 4.12 一致。在不同的故障类型和故障点分别计算三个检测点之间的偏离度 $d(i, j)$,如表 4.3 所示。

表 4.3　闭环网络系统检测点之间偏离度

故障类型	故障点/km	偏 离 度		
		$d(1, 2)$	$d(1, 3)$	$d(2, 3)$
AG	10	$4.616\ 3\times10^{-4}$	$7.844\ 8\times10^{-4}$	$4.171\ 0\times10^{-4}$
ABG		$4.984\ 8\times10^{-4}$	$8.282\ 8\times10^{-4}$	$4.579\ 1\times10^{-4}$
AB		$5.816\ 8\times10^{-4}$	$9.254\ 7\times10^{-4}$	$5.271\ 9\times10^{-4}$
ABCG		$5.079\ 0\times10^{-4}$	$8.290\ 6\times10^{-4}$	$4.654\ 1\times10^{-4}$
AG	80	$0.010\ 3$	$0.010\ 3$	$3.853\ 2\times10^{-4}$
ABG		$0.010\ 1$	$0.010\ 2$	$4.241\ 5\times10^{-4}$
AB		$0.014\ 2$	$0.014\ 3$	$5.008\ 9\times10^{-4}$
ABCG		$0.010\ 9$	$0.010\ 9$	$4.265\ 6\times10^{-4}$
AG	140	$4.055\ 0\times10^{-4}$	8.8×10^{-3}	8.9×10^{-3}
ABG		$4.373\ 1\times10^{-4}$	8.8×10^{-3}	8.9×10^{-3}
AB		$4.922\ 0\times10^{-4}$	1.21×10^{-2}	1.21×10^{-2}
ABCG		$4.332\ 2\times10^{-4}$	9.4×10^{-3}	9.4×10^{-3}

对比图 4.10、图 4.12 和图 4.14 可知,当线路在检测外区段故障时,三个检测点之间的工频故障电流几乎相同,而检测内区段故障时,故障点两侧工频故障电流存在较大差异。更进一步对比表 4.1~表 4.3 中偏离度的定量描述,发现在检测内区段故障时,故障点两侧检测点之间的偏离度比故障点同侧之间的偏离度大一个数量级以上,而在检测外区段故障时,所有检测点之间的偏离度几乎相等,因此当式(4.30)中 k 取 5 时,可有效区分检测内区段的故障区间。

4.4.2　检测外区段故障区间判定

当故障发生在检测外区段时,由于各检测点之间的偏离度几乎相同,需采用其他方法加以区分。根据行波传播规律可知,当行波在输电线路上传播时,随着传播距离的增加,其行波能量会逐渐减小,同时模量时差也会逐渐增加。因此可分别采用电流行波首波能量和模量时差来判断检测外区段的故障区间。

由 4.3 节分析可知,故障行波电流的前向行波和反向行波大小相等,方向相反,且在有损输电线路上传播时,呈指数衰减关系,因此距离故障点越近,检测到行波电流的能量越大。

若设检测点 Y_i 检测到的行波电流 $s(t)$ 的能量定义为

$$E_i = \int_{-\infty}^{+\infty} |s(t)|^2 \mathrm{d}t \tag{4.31}$$

定义检测点 Y_i 距离故障点 F 的距离为 G_i,则有

$$E_i > E_j (G_i < G_j) \tag{4.32}$$

根据式(4.32)即可判断检测外区段的故障区间,由于奇异点检测算法的模极大值与奇异点能量成正相关关系,所以在比较行波首波能量时,直接用模极大值代替能量 E_i。

由相模变换理论可知,输电线路发生故障后,故障行波可分解为 0 模、1 模和 2 模分量,其中 0 模分量是沿线路和大地之间的回路传播的,由于线模分量的速度比地模大,所以当输电线路上发生故障时,线模分量先到达检测点,而地模分量后到达检测点。如图 4.15 所示,线路 MN 上 F 点处发生接地故障,由故障点产生的线模和零模行波分别以波速 v_1 和 $v_0(v_1 > v_0)$ 向检测点 Y_i 传播。

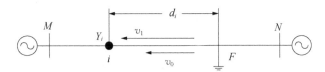

图 4.15 接地故障零模和线模行波传播示意图

由图 4.15 可知故障点 F 和检测点 Y_i 之间的线路物理长度 d_i 与到达检测点 Y_i 的模量传输时差 Δt_i 有如下关系:

$$d_i = \frac{v_1 v_0}{v_1 - v_0} \Delta t_i \tag{4.33}$$

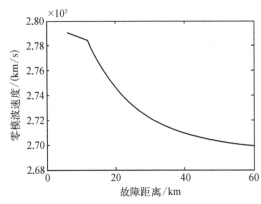

图 4.16 零模波速度与故障距离的关系

式(4.33)中零模波速 v_0 随着距离的增加而单调减小,且对于给定的线路,零模波速度仅和故障距离有关,不受其他因素影响。两者间的关系可表示为

$$v_0 = f(d_i) \tag{4.34}$$

在 PSCAD 中建立输电线路频依模型后得到零模波速度与故障距离之间的关系如图 4.16 所示。

由图 4.16 可知零模波速随着传播距离的增加而减小,因此可根据检测点模量时差

来判断检测点离故障点的距离的远近,并且在检测点离故障点距离较近时,可通过模量时差来大致确定故障点的位置。

同样定义检测点 Y_i 距离故障点 F 的距离为 G_i,则有

$$\Delta t_i < \Delta t_j (G_i < G_j) \tag{4.35}$$

为验证上述两种方法对检测外区段故障区间判定的准确性,以表 4.3 中 10 km 处的仿真数据为基础,分别计算首波能量和模量时差如表 4.4 所示。

表 4.4　不同检测点电流行波首波能量和模量时差

故 障 类 型	电流行波首波能量			模 量 时 差		
	检测点 1 (20 km)	检测点 2 (100 km)	检测点 3 (180 km)	检测点 1 (20 km)	检测点 2 (100 km)	检测点 3 (180 km)
AG	0.067 027	0.029 206	0.014 262	1	11	29
ABG	0.109 979	0.047 924	0.023 404	1	11	29
AB	0.132 471	0.057 725	0.028 190	—	—	—
ABCG	0.109 979	0.047 924	0.023 404			

注:一为无效。

由表 4.4 可知,三个检测点的电流行波首波能量随着传播距离的增加而减小,同时三个检测点的模量时差随着传播距离的增加而增加,因此首波能量和模量时差都可对检测外区段检测区间进行判断,但由于相间短路或者三相短路时,其故障分量中没有地模分量,此时模量时差法将会失效。

4.4.3　基于初始行波极性的故障区间定位方法

当输电线路发生故障时,故障点的行波会向线路两端传播,其电流方向相反,此时故障点两侧检测装置检测到的电流行波极性也相反,实际中也可根据行波极性对故障区间进行初步定位,然后辅以行波幅值,实现故障区间的最终定位。

4.5　分布式故障定位算法

由式(4.24)和式(4.26)可知,当输电线路在 L_X 点发生故障时,故障点 L_X 在其线路上的镜像 $L-L_X$ 将线路分为三段,如图 4.17 所示。当 $L_X < L/2$ 时,在 $[0, L_X]$ 和 $[L-L_X, L]$ 范围内的检测点为有效检测点(前 3 个行波对应时间方程确定)。当 $L_X > L/2$ 时,在 $[0, L-L_X]$ 和 $[L_X, L]$ 范围内的检测点为有效检测点。因此分布式故障定位系统可根据上述约束条件结合输电线路本身特点

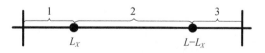

图 4.17　有效检测点示意图

来确定检测点的数量和安装位置,进一步确定故障点的位置。

4.5.1 两端对称法

由图 4.17 可知,当线路发生故障时,线路 1 段和 3 段的检测点都为有效检测点,因此可在输电线路上对称设置两个检测点 Y_1 和 Y_2,称为两端对称法,此时在 Y_1 和 Y_2 以及线路中点将线路分成 4 段,如图 4.18 所示。

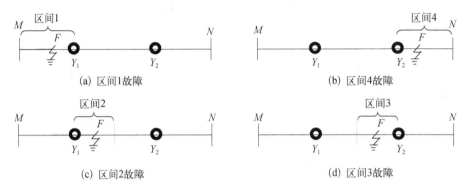

图 4.18 两端对称测距法不同区段故障示意图

设输电线路全长为 L,Y_1 在距首端 L_Y 处,Y_2 在距首端 $L-L_Y$ 处。检测点 Y_1 和 Y_2 处检测到的行波到达时差为 $\Delta t_{Y_{1i}}$、$\Delta t_{Y_{2i}}$($i=1,2$),则当线路在不同区间故障时,Y_1 和 Y_2 的时间差满足如下规律。

如图 4.18(a)所示,当故障发生在区间 1,即 $0 < X \leqslant Y$ 时,$\Delta t_{Y_{2i}}$ 不确定,$\Delta t_{Y_{1i}}$ 可表示为

$$\Delta t_{Y_{11}} = 2X/v, \quad \Delta t_{Y_{12}} = 4X/v \tag{4.36}$$

如图 4.18(b)所示,当故障发生在区间 4,即 $L-Y \leqslant X < L$ 时,$\Delta t_{Y_{1i}}$ 不确定,$\Delta t_{Y_{2i}}$ 可表示为

$$\Delta t_{Y_{21}} = 2(L-X)/v, \quad \Delta t_{Y_{22}} = 4(L-X)/v \tag{4.37}$$

如图 4.18(c)所示,当故障发生在区间 2,即 $Y < X \leqslant L/2$ 时,有

$$\begin{cases} \Delta t_{Y_{11}} = 2Y/v, \quad \Delta t_{Y_{12}} = 2X/v \\ \Delta t_{Y_{21}} = 2Y/v, \quad \Delta t_{Y_{22}} = 2X/v \end{cases} \tag{4.38}$$

如图 4.18(d)所示,当故障发生在区间 3,即 $L/2 \leqslant X < L-Y$ 时,有

$$\begin{cases} \Delta t_{Y_{11}} = 2Y/v, \quad \Delta t_{Y_{12}} = 2(L-X)/v \\ \Delta t_{Y_{21}} = 2Y/v, \quad \Delta t_{Y_{22}} = 2(L-X)/v \end{cases} \tag{4.39}$$

1) 安装位置确定

由式(4.36)和式(4.37)可知,当线路在区间 1 和区间 4 发生故障时,确定的时差方程中包含故障距离 L_X 和波速 v 两个变量,此时需要人工设定波速,由于行波波速还与导线实际运行状态有关,人工设定波速不可避免会带来误差。

当线路在区间 1 故障时，$L_X < L_{Y_1}$，设由波速误差 Δv 引起的测距误差 ΔL_X 可表示为

$$\Delta L_X = \Delta v \times \Delta t / 2 \tag{4.40}$$

式中，Δt 为前两个行波的时间间隔。

由于 $L_X < L_{Y_1}$，此时在 Y_1 处前两个行波的时间间隔 Δt 必定不大于 $2L_{Y_1}/v_{\min}$，将其代入式(4.40)有

$$\Delta L_X \leqslant \Delta v \times L_{Y_1} / v_{\min} \tag{4.41}$$

故障行波波速大多为 $0.936c(11\text{ kV}) \sim 0.987c(500\text{ kV})$，若设定测距误差为 300 m，并将行波波速差异代入式(4.41)可得 L_{Y_1} 的值为 $11\,010\text{ m}$，因此可设定检测点 Y_1 为距首端距离不超过 11 km 的位置。

同理可知，在测距误差不大于 300 m 的情况下，需要设定 Y_2 在距线路末端距离不超过 11 km 的位置，并且 Y_1 和 Y_2 关于线路对称。

2) 测距方程确定

由于两端对称法只采用两组检测点，式(4.30)退化为一个点，此时将无法确定故障区间，同样由 3.3 节可知，故障点同侧检测点之间的偏离度应和线路正常运行时的偏离度相同，因此线路故障前两个检测点之间的偏离度设为 d_1，故障后两个检测点之间的偏离度设为 d_2，当 $d_2 > Kd_1$ 时，故障发生在检测内区段（两检测点之间），当 $d_2 < Kd_1$ 时，故障发生在检测外区段。K 与 3.3.3 节一样取 5，当判断故障发生在两个检测点之间时，还无法区分图 4.18(c)和图 4.18(d)的情况，因此当故障发生在 Y_1 和 Y_2 之间时，还需要进一步判断其故障区间以最终确定测距方程。

由于 Y_1 和 Y_2 对称安装在线路两端，当在区段 2 发生故障时，则在 Y_1 检测到的模量时差和首波行波能量都大于 Y_2 检测点，因此还可比较 Y_1 和 Y_2 点的首波模量时差或者首波行波能量来确定故障在区间 2 还是区间 3。因此可得到两端对称法的测距方程：

$$L_X = \begin{cases} \Delta t_{Y_{11}} \times v/2, & L_X < L_{Y_1} \\ \dfrac{1}{2}\left(\dfrac{\Delta t_{Y_{12}}}{\Delta t_{Y_{11}}} + \dfrac{\Delta t_{Y_{22}}}{\Delta t_{Y_{21}}}\right) \times L_{Y_1}, & L_{Y_1} < L_X \leqslant L/2 \\ L - \dfrac{1}{2}\left(\dfrac{\Delta t_{Y_{12}}}{\Delta t_{Y_{11}}} + \dfrac{\Delta t_{Y_{22}}}{\Delta t_{Y_{21}}}\right) \times L_{Y_1}, & L/2 < L_X \leqslant L_{Y_2} \\ L - \Delta t_{Y_{21}} \times v/2, & L_{Y_2} < L_X \end{cases} \tag{4.42}$$

由以上分析可得两端对称测距算法的具体步骤如下。

(1) 在全长为 L 的给定线路 MN 上，对称设置两个检测点 Y_1 和 Y_2，并且有 $L_{Y_1} \leqslant 10\text{ km}$。

(2) 运用 3.3 节中的模量时差法或者综合故障电流法判断故障所在区间。

(3) 根据故障所在区间和 Y_1、Y_2 检测点前三个行波之间的时间差，代入式(4.42)即可计算出故障点位置。

3) 仿真验证

为验证两端对称法的应用效果,在 PSCAD 中建立 220 kV 双电源仿真模型如图 4.19 所示。

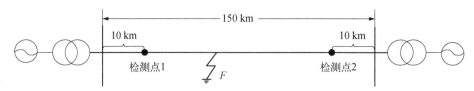

图 4.19　两端对称法仿真模型

图 4.19 中输电线路采用频依模型,杆塔采用 3H5 型,土壤电阻率设为 $100\ \Omega/\mathrm{m}$, 检测点分别设置在 10 km 和 140 km 处,设置仿真步长为 1 μs,分别在输电线路上不同位置和不同故障角情况下设置不同的故障类型,检验两端对称法在不同故障情况下的有效性。

当输电线路在 40 km 处发生相间短路,且短路电阻为 50 Ω 时,线路在故障前两个检测点 A 相电流之间的偏离度 d_1 为 3.145×10^{-4},而故障后两点 A 相电流之间的偏离度 d_2 为 $0.032\ 7$。$d_2>5d_1$,因此判定在检测点 1 和检测点 2 之间故障,并且两个检测点的首波波头能量分别为 0.145 04 和 0.047 405,因此故障发生在靠近检测点 1 的位置,即输电线路的上半段,此时可选用式(4.42)的第二个方程计算故障点位置。将两个检测点分别作二分递推奇异值分解(singular value decomposition,SVD)后得到的细节分量分别如图 4.20 所示。根据图 4.20 可知检测点 1 的前三个电流行波的时差分别为 6.6×10^{-5} s 和 0.000 267 s,检测点 2 的前三个电流行波的时差分别为 6.6×10^{-5} s 和 0.000 266 s,代入式 (4.42)的第二个方程计算结果为 40 378.79 m,误差为 378.9 m。

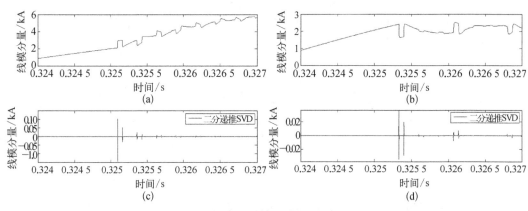

图 4.20　各检测点的模量电流

分别设置故障点在 5 km、40 km、110 km 和 145 km 处,当在检测外区段故障时,行波波速取 2.95×10^8 m/s。通过两端对称法计算的测距结果如表 4.5 所示。由表 4.5 可知,运用两端对称法对故障位置、故障角和故障类型都有较好的适应性,并且检测误差最大为 378.79 m,满足工程需要。

表 4.5　两端对称法测距结果

故障角 /(°)	故障电阻/Ω	故障类型	故障位置 /km	时间差/μs				结果/m	误差/m
				Δt_{11}	Δt_{12}	Δt_{21}	Δt_{22}		
90	10	AG	5	33	66	33	66	4 867.5	−132.50
	50	ABG	5	33	66	33	66	4 867.5	−132.50
	500	AB	5	33	66	33	66	4 867.5	−132.50
	1 000	ABCG	5	33	66	33	69	4 867.5	−132.50
90	10	AG	40	66	267	66	266	40 378.79	378.79
	50	ABG	40	66	267	66	266	40 378.79	378.79
	500	AB	40	66	267	66	266	40 378.79	378.79
	1 000	ABCG	40	66	267	66	266	40 378.79	378.79
0	10	AG	110	66	266	66	268	109 772.7	−227.27
	50	ABG	110	66	266	66	266	109 697	−303.03
	500	AB	110	66	266	66	267	109 621.2	−378.79
	1 000	ABCG	110	66	266	66	267	109 621.2	−378.79
0	10	AG	145	33	67	33	67	145 132.5	132.50
	50	ABG	145	33	66	33	66	145 132.5	132.50
	500	AB	145	33	66	33	66	145 132.5	132.50
	1 000	ABCG	145	33	66	33	66	145 132.5	132.50

4.5.2　中点主导法

　　两端对称法要求两个检测点对称安装在线路两端,由于输电线路负责能量输送,少则数十公里多则数百公里,要精确选定输电线路上对称的两点在工程实施时,有很大的难度,并且受通信环境的影响,线路上某一区域可能因通信网络覆盖盲区而不适宜安装检测点,因此需要研究对安装点要求较低的测距方法。

　　两端对称法中突出安装点对称主要是容易判断故障点在线路的上半段还是下半段,若在线路中点加装一组检测点,则上述问题即可解决,中点主导法是在线路上安装 3 组检测点,其中一组安装在 $L/2$ 处,另外两组分别位于输电线路两侧,如图 4.21 所示。

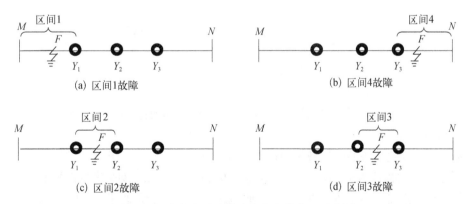

图 4.21　中点主导法故障定位安装位置示意图

　　图 4.21 中三个检测点将输电线路分成四个区间,设输电线路全长为 L,Y_2 安装在线路中点,Y_1 和 Y_3 分别安装在 Y_2 的两侧。检测点 Y_1、Y_2 和 Y_3 处检测到的行波到达时差为

Δt_{Y1i}、Δt_{Y2i} 和 Δt_{Y3i}($i=1$，2)，则当线路在不同区间故障时，Y_1 和 Y_2 的时间差满足如下规律。

如图 4.21(a)所示，当故障发生在区间 1 时，Δt_{Y3i} 不确定，Δt_{Y1i} Δt_{Y2i} 可表示为

$$\begin{cases} \Delta t_{Y11} = 2L_X/v \\ \Delta t_{Y21} = 2L_X/v \end{cases} \tag{4.43}$$

如图 4.21(b)所示，当故障发生在区间 4 时，Δt_{Y1i} 不确定，Δt_{Y2i} Δt_{Y3i} 可表示为

$$\begin{cases} \Delta t_{Y21} = 2(L-L_X)/v \\ \Delta t_{Y31} = 2(L-L_X)/v \end{cases} \tag{4.44}$$

如图 4.21(c)所示，当故障发生在区间 2 时，有

$$\begin{cases} \Delta t_{Y11} = 2L_{Y_1}/v \\ \Delta t_{Y21} = 2L_X/v \end{cases} \tag{4.45}$$

如图 4.21(d)所示，当故障发生在区间 3 时，有

$$\begin{cases} \Delta t_{Y21} = 2(L-L_X)/v \\ \Delta t_{Y31} = 2(L-L_{Y_3})/v \end{cases} \tag{4.46}$$

1) 测距方程确定

由式(4.43)、式(4.44)可知，当故障在区间 1 和区间 4 时，同样无法在线测出行波波速，可考虑用 3.1 节中的方法来确定检测点 Y_1 和 Y_3 的位置。并且式(4.43)、式(4.44)为病态方程，可用其检测到故障位置的平均值来作为故障位置，此时中点主导法的测距方程可表示为如式(4.47)所示。

$$L_X = \begin{cases} \dfrac{(\Delta t_{Y11} + \Delta t_{Y21})v}{4}, & L_X < L_{Y_1} \\[2mm] \Delta t_{Y21} \times L_{Y_1}/\Delta t_{Y11}, & L_{Y_1} < L_X \leqslant L_{Y_2} \\[2mm] L - \dfrac{\Delta t_{Y21}}{\Delta t_{Y31}}(L - L_{Y_3}), & L_{Y_2} < L_X \leqslant L_{Y_3} \\[2mm] L - \dfrac{(\Delta t_{Y21} + \Delta t_{Y31})v}{4}, & L_{Y_3} < L_X \end{cases} \tag{4.47}$$

中点主导法的计算步骤与两端对称法类似，只是对应的测距方程不同，因此不再重复。

2) 仿真验证

为验证中点主导法的应用效果，在 PSCAD 中建立 220 kV 双电源仿真模型如图 4.22 所示。图 4.22 中检测点分别设置在 10 km、75 km 和 140 km 处，其余设置和图 4.21 相同。当输电线路在 40 km 处发生 A 相接地短路，故障角为零度，且短路电阻为 50 Ω 时，此时三个检测点 A 相电流之间的偏离度分别为 0.029 4、0.029 4 和 5.135 8×10^{-4}。根据式(4.30)可判定故障点在检测点 1 和检测点 2 之间，此时可选用式(4.47)的第二个方程计算故障点的位置。将两个检测点分别作二分递推 SVD 后得到的细节分量分别如图 4.23

所示。根据图 4.23 可知三个检测点前两个电流行波的时差分别为 6.6×10^{-5} s，2.67×10^{-4} s 和 6.7×10^{-5} s，将上述时差代入式(4.47)的第二个方程计算结果为 39 850.75 m，误差为 149.25 m。

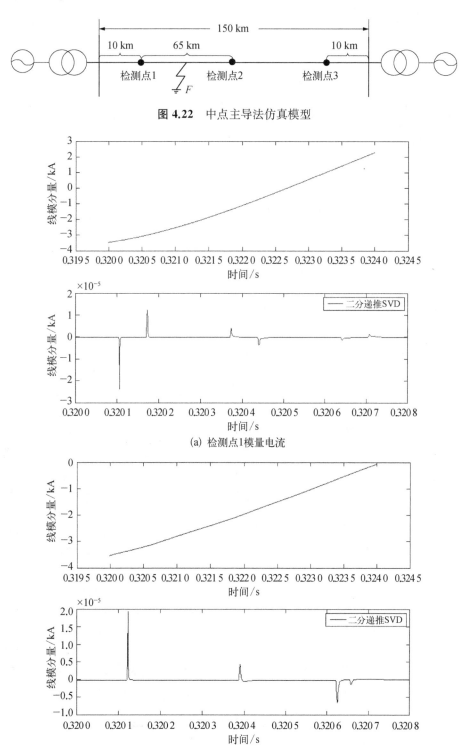

图 4.22　中点主导法仿真模型

(a) 检测点1模量电流

(b) 检测点2模量电流

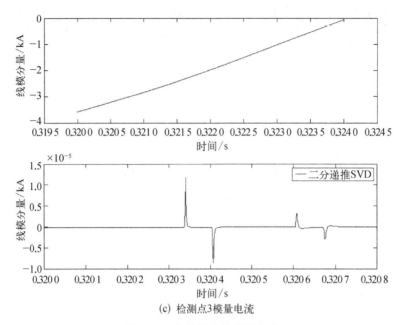

(c) 检测点3模量电流

图 4.23   各检测点的模量电流

分别验证中点主导法对各种故障的检测结果如表 4.6 所示。

表 4.6   中点主导法测距结果

故障角 /(°)	故障电阻/Ω	故障类型	故障位置 /km	时间差/μs			结果/m	误差/m
				Δt_{11}	Δt_{21}	Δt_{31}		
90	10	AG	5	32	33	33	4 793.75	−206.25
	50	ABG	5	33	33	33	4 867.5	−132.5
	500	AB	5	33	33	33	4 867.5	−132.5
	1 000	ABCG	5	33	33	33	4 867.5	−132.5
0	10	AG	40	67	267	60	39 850.75	−149.25
	50	ABG	40	66	266	60	40 303.03	303.03
	500	AB	40	66	266	59	40 303.03	151.52
	1 000	ABCG	40	66	266	59	40 303.03	303.03
90	10	AG	110	66	267	60	109 950	−50
	50	ABG	110	66	266	60	110 100	100
	500	AB	110	66	266	60	110 100	100
	1 000	ABCG	110	66	266	60	110 100	100
0	10	AG	145	33	33	33	145 132.5	132.5
	50	ABG	145	34	34	33	145 058.8	58.75
	500	AB	145	34	34	33	145 058.8	58.75
	1 000	ABCG	145	34	34	33	145 058.8	58.75

由表 4.6 可知,中点主导法和两端对称法一样,可对不同位置不同类型的故障进行有

效的检测,并且最大测距误差为 303.3 m,满足工程需要。

4.5.3 四点联合法

尽管中点主导法降低了对安装点的要求,但要求在线路中点安装一组检测点,但线路中点所在区域依然可能为不适宜安装检测点区域,所以对安装点的要求还需进一步弱化。为此四点联合法是在线路上安装 4 组检测点,通过检测点之间的故障电流信息来确定故障点距离,其突出特点是对检测点的安装位置只有安装区域的要求,在实际工程应用时具有较大的适应性。

由 4.5.2 小节分析可知故障点 L_X,及其镜像 $L-L_X$,将线路分为三段,在线路首末两段的检测点都为有效检测点。当故障发生在 $[L_1, L_2]$ 时,则有效检测点的区间为

$$
\begin{cases}
0 < L_Y < L - L_2 \\
L - L_1 < L_Y < L
\end{cases} \tag{4.48}
$$

利用式(4.48)提出 4 个检测点的安装位置要求如式(4.49)所示。

$$
\begin{cases}
0 < L_{Y_1} < L - L_{Y_3} \\
L_{Y_1} < L_{Y_2} < L/2 < L_{Y_3} < L_{Y_4} \\
L - L_{Y_2} < L_{Y_4} < L
\end{cases} \tag{4.49}
$$

如图 4.24 所示,四点联合法故障定位安装位置示意图中,输电线路被 4 个检测点分成 1、2、3、4、5 五个区间。检测点 Y_1、Y_2、Y_3、Y_4 处检测到的行波到达时差为 $\Delta t_{Y_{1i}}$、$\Delta t_{Y_{2i}}$、$\Delta t_{Y_{3i}}$、$\Delta t_{Y_{4i}}(i=1, 2)$,则当线路在不同区间故障时,各个检测点的时间差满足不同的规律。

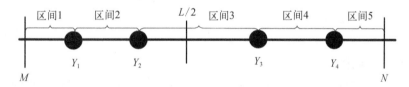

图 4.24 四点联合法故障定位安装位置示意图

当故障发生在区间 1 时,有效检测点为 Y_1 和 Y_2,此时 Y_1 和 Y_2 的前两个行波的顺序可确定,此时对应的测距方程为

$$
\begin{cases}
\Delta t_{Y_{11}} = 2L_X/v \\
\Delta t_{Y_{21}} = 2L_X/v
\end{cases} \tag{4.50}
$$

当故障发生在区间 2 时,有 $L_{Y_1} < L_X < L/2$,因此 Y_1 为有效检测点,此时测距方程可表示为

$$
\begin{cases}
\Delta t_{Y_{11}} = 2L_{Y_1}/v \\
\Delta t_{Y_{12}} = 2L_X/v
\end{cases} \tag{4.51}
$$

当故障发生在区间 3 时,存在两种情况,当故障发生在线路中点上游时,测距方程可表示为

$$
\begin{cases}
\Delta t_{Y_{11}} = 2L_{Y_1}/v \\
\Delta t_{Y_{12}} = 2L_X/v \\
\Delta t_{Y_{21}} = 2L_{Y_2}/v \\
\Delta t_{Y_{22}} = 2L_X/v
\end{cases}
\tag{4.52}
$$

当故障发生在线路中点下游时,测距方程可表示为

$$
\begin{cases}
\Delta t_{Y_{31}} = 2(L - L_{Y_3})/v \\
\Delta t_{Y_{32}} = 2(L - L_X)/v \\
\Delta t_{Y_{41}} = 2(L - L_{Y_4})/v \\
\Delta t_{Y_{42}} = 2(L - L_X)/v
\end{cases}
\tag{4.53}
$$

当故障发生在区间 4 时,有 $L/2 < L_X < L_{Y_1}$,因此 Y_4 为有效检测点,此时测距方程可表示为

$$
\begin{cases}
\Delta t_{Y_{41}} = 2(L - L_{Y_4})/v \\
\Delta t_{Y_{42}} = 2(L - L_X)/v
\end{cases}
\tag{4.54}
$$

当故障发生在区间 5 时,有效检测点为 Y_3 和 Y_4,此时 Y_3 和 Y_4 的前两个行波的顺序可确定,此时对应的测距方程为

$$
\begin{cases}
\Delta t_{Y_{31}} = 2(L - L_X)/v \\
\Delta t_{Y_{41}} = 2(L - L_X)/v
\end{cases}
\tag{4.55}
$$

1) 测距方程确定

由式(4.49)~式(4.55),除区间 3,其他区间内测距方程可唯一确定,而区间 3 中两个方程分别对应故障点在线路中点的上游侧和下游侧两种情况,需要对故障点位置大致作出判断,由式(4.33)可知,检测点得到的模量时差大小与故障点到检测点的距离成正比,设检测点 Y_2 和 Y_3 之间的距离为 L_{23},检测点 Y_i 的模量时差为 Δt_i,由式(4.33)可得到故障点距检测点 Y_2 的大致距离 L_{x2} 为

$$
L_{x2} = \frac{L_{23}\Delta t_2}{\Delta t_2 + \Delta t_3}
\tag{4.56}
$$

通过比较两个检测点之间的模量时差可确定故障点的大致位置,因此在四点联合法中,当故障发生在检测点 Y_2 和 Y_3 之间时,可通过比较检测点 Y_2 和 Y_3 之间的模量时差来确定故障点的大致位置,进一步判断选用式(4.51)或式(4.52)来对故障点精确测距。根据上述分析可知四点联合法的最终测距方程可表示为

$$
L_X = \begin{cases}
\dfrac{(\Delta t_{Y11} + \Delta t_{Y21})v}{4}, & L_X < L_{Y1} \\[3mm]
\Delta t_{Y12} \times L_{Y1}/\Delta t_{Y11}, & L_{Y1} < L_X \leqslant L_{Y2} \\[3mm]
\dfrac{1}{2}\left[\dfrac{\Delta t_{Y12}}{\Delta t_{Y11}}L_{Y1} + \dfrac{\Delta t_{Y42}}{\Delta t_{Y41}}(L - L_{Y4})\right], & L_{Y2} < L_X \leqslant L/2 \\[3mm]
L - \dfrac{1}{2}\left[\dfrac{\Delta t_{Y12}}{\Delta t_{Y11}}L_{Y1} + \dfrac{\Delta t_{Y42}}{\Delta t_{Y41}}(L - L_{Y4})\right], & L/2 < L_X \leqslant L_{Y3} \\[3mm]
L - \dfrac{\Delta t_{Y42}}{\Delta t_{Y41}}(L - L_{Y4}), & L_{Y3} < L_X \leqslant L_{Y4} \\[3mm]
L - \dfrac{(\Delta t_{Y31} + \Delta t_{Y41})v}{4}, & L_{Y4} < L_X
\end{cases}
\tag{4.57}
$$

由上述分析可得到四点联合测距算法的具体步骤如下。

（1）在全长为 L 的给定线路 MN 上，对称设置四个检测点 Y_1、Y_2、Y_3 和 Y_4，并且有 $L_{Y1} \leqslant 10\ \text{km}$，$L_{Y4} \leqslant 10\ \text{km}$。

（2）运用模量时差法或者综合故障电流法判断故障所在区间，当故障在 Y_2 和 Y_3 之间时，利用式（4.56）计算出故障点的大致位置，从而判断故障点在线路中点的上游还是下游。

（3）根据故障所在区间和对应检测点前三个行波之间的时间差，代入式（4.57）即可计算出故障点位置。

2）仿真验证

为验证四点联合法的实际应用效果，在 PSCAD 中搭建仿真模型如图 4.25 所示。

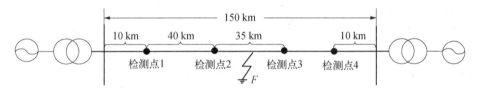

图 4.25　四点联合法仿真模型

图 4.25 中，检测点分别设置在 10 km、50 km、85 km 和 140 km 处，且仿真步长设为 0.1 μs。其余设置和图 4.19 相同。四点联合法中，当故障在检测点 2 和检测点 3 之间时，存在故障区间进一步判断的问题，因此设定输电线路在 65 km 处发生 A 相接地短路，且短路电阻为 50 Ω 时，四个检测点 A 相电流之间的偏离度分别为 0.007 0、0.022 4 和 0.006 2，根据式（4.30）可判定故障点在检测点 2 和检测点 3 之间，同时由式（4.56）初步得到故障点位置为 65 km 左右，此时选用式（4.57）的第三、第四式计算故障点位置。将 Y_1 和 Y_4 检测点的暂态电流信号分别作二分递推 SVD 得到两个检测点前三个电流行波的时差分别为 66.7 μs，434 μs 和 66.8 μs，434 μs，将上述时差代入式（4.57）的第三、第四式计算结果为 65 011.27 m，误差为 11.27 m。按照上述步骤依次计算在不同故障情况下，四点联合法的计算结果如表 4.7 所示。

表 4.7　四点联合法测距结果

故障角/(°)	故障电阻/Ω	故障类型	故障位置/km	时 间 差/μs						结果/m	误差/m
				Δt_{11}	Δt_{12}	Δt_{21}	Δt_{31}	Δt_{41}	Δt_{42}		
90	10	AG	5	33.4	66.8	33.4	33.4	33.4	66.8	4 926.5	−73.500
	50	ABG	5	33.4	66.8	33.4	33.4	33.4	66.8	4 926.5	−73.500
	500	AB	5	33.4	66.8	33.4	33.4	33.4	66.8	4 926.5	−73.500
	1 000	ABC	5	33.4	66.8	33.4	33.4	33.4	66.8	4 926.5	−73.500
0	10	AG	30	66.8	200	200	200	66.8	200	30 000	0
	50	ABG	30	66.7	200	200	200	66.7	200	30 014.9	14.992
	500	AB	30	66.7	200	200	200	66.7	200	30 014.9	14.992
	1 000	ABC	30	66.7	200	200	200	66.7	200	30 014.9	14.992
90	10	AG	65	66.7	434	334	434	66.8	434	65 052.4	52.47
	50	ABG	65	66.7	434	334	434	66.8	434	65 052.4	52.47
	500	AB	65	66.7	434	334	434	66.8	434	*	*
	1 000	ABC	65	66.7	434	334	434	66.8	434	*	*
90	10	AG	120	66.7	200	200	200	66.7	200	119 985.0	−14.992
	50	ABG	120	66.7	200	200	200	66.7	200	119 985.0	−14.992
	500	AB	120	66.7	200	200	200	66.7	200	119 985.0	−14.992
	1 000	ABC	120	66.7	200	200	200	66.7	200	119 985.0	−14.992
0	10	AG	145	33.3	66.8	33.3	33.4	33.4	103	145 073.5	73.500
	50	ABG	145	33.4	66.8	33.4	33.4	33.3	103	145 080	80.87
	500	AB	145	33.4	66.8	33.4	33.4	33.3	103	145 080	80.87
	1 000	ABC	145	33.4	66.8	33.4	33.4	33.3	103	145 080	80.87

注：* 为存在伪根。

　　由表 4.7 可知,四点联合法在大大降低对故障检测点的安装要求的同时,还可保证绝大部分故障情况下的测距精度。对于 Y_2、Y_3 检测点之间故障,可通过模量时差法大致确定在单相接地和两相接地情况下的故障点位置,然后再选用对应的测距方程进行精确测距,而对于 Y_2、Y_3 检测点之间的相间短路和三相短路,四点联合法计算结果将存在两种可能。

　　同样由表 4.7 可知,当 PSCAD 中仿真步长减小时,检测内区段的整体测距误差同样减小,两端对称法和中点主导法中仿真步长为 1 μs 时,计算测距误差约在 300 m 左右,而当仿真步长设为 0.1 μs 时,计算测距误差仅为 15 m 左右,因此故障定位装置应有较高的采样率以保证测距精度。

4.5.4　多点绝对时差法

　　上述三种定位方法对检测装置的安装位置有明确的要求,限制了其在工程上的大量应用。由 3.1 节分析可知当输电线路发生故障后故障行波会沿线路传播,若知道故障电流行波到达各个检测点的精确时间和检测点的位置,通过各个检测点的时间信息,计算出故障点位置。同时还可以避免某一个检测点失效而引起的定位失败,以提高整体的可靠性。此时的系统结构如图 4.26 所示。

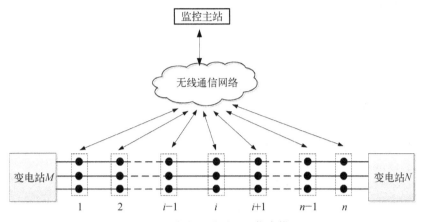

图 4.26　多点绝对时差法仿真模型

基于多点绝对时差法的故障定位流程如下。

(1) 数据预处理。读取检测点的三相数据,若三相均无数据,则该检测点为无效检测点;使用三次样条小波对检测点各相的数据进行小波变换,并提取行波波头信息,包括行波波头极性及其到达时刻;若检测点只有一相是有效数据,则该相数据计算出的行波到达时刻即该检测点的行波到达时刻,若检测点有效数据超过一相,则以各相计算出的行波到达时刻的平均值作为该检测点的行波到达时刻。

(2) 去除三相均无数据的无效检测点,根据行波波头信息,确定故障区间。去除三相均无数据的无效点以后,根据各检测点检测到的行波到达时刻以及行波极性,判断故障区间。设图 4.26 是去除无效点以后的线路图,在变电站 M 和 N 之间的线路上,有 n 组有效的行波电流检测装置。根据该 n 组电流行波检测装置检测出的行波波头信息,选出行波到达时刻最早的检测点,设其为电流行波检测点 i。

当 $i=1$ 时,若所有检测点行波波头极性一样,即 $p_1=p_2=\cdots=p_n$,则故障发生在变电站 M 与检测点 1 之间;若检测点 1 和检测点 2 的有效相行波极性相反,即 $p_1 \neq p_2 = p_3 = \cdots = p_n$,则故障发生在检测点 1 和检测点 2 之间。

当 $i=n$ 时,若所有检测点行波波头极性一样,即 $p_1=p_2=\cdots=p_n$,则故障发生在变电站 N 与检测点 n 之间;若检测点 n 和检测点 $n-1$ 的有效相行波极性相反,即 $p_1 = p_2 = \cdots = p_{n-1} \neq p_n$,则故障发生在检测点 n 和检测点 $n-1$ 之间。

当 $1<i<n$ 时,若检测点 i 和检测点 $i-1$ 的有效相行波极性相反,$p_1=\cdots=p_{i-1} \neq p_i=\cdots=p_n$,则故障发生在检测点 i 和检测点 $i-1$ 之间;若检测点 i 和检测点 $i+1$ 的有效相行波极性相反,$p_1=\cdots=p_i \neq p_{i+1}=\cdots=p_n$,则故障发生在检测点 i 和检测点 $i+1$ 之间。

综上所述,根据故障点可能发生的不同位置,将其分为两种情况:检测点之间和检测点外侧。检测点外侧包括变电站 M 与检测点 1 之间和变电站 N 与检测点 n 之间,其余情况均为检测点之间。当故障点在检测点之间时,故障区间为极性相反的相邻两个检测点之间;当故障点在检测点外侧时,故障发生在行波波头到达时刻最早的检测点的外侧。

(3) 根据相应的故障区间选取合适的故障定位公式进行测距。

设故障发生在检测点 (L_i, L_j) 之间,检测点 L_i、L_k 在故障的同一侧,其检测到故障

行波波头的时间为 t_i、t_k,则行波波速可以通过式(4.58)计算得出:

$$v = \frac{L_i - L_k}{t_i - t_k} \tag{4.58}$$

若故障点两侧都只有一个检测点或者没有检测点,在故障点任意一侧都找不出两个有效检测点,则无法实时计算行波波速,可以根据输电线路参数及其运行情况,人为设定行波波速。

设检测点 L_i、L_j 检测到故障行波波头的时间为 t_i、t_j。结合检测点的安装位置以及行波波速 v,可得故障点位置为

$$X = L_i + \frac{L_j - L_i}{2} + \frac{v(t_i - t_j)}{2} \tag{4.59}$$

当故障发生在检测点外侧时,若故障发生在首端(即变电站 M 与检测点 1 之间),则通过三次样条小波检测首个检测点处的头两个故障行波波头,算出其波头时间差 Δt,则故障位置为

$$X = \frac{v\Delta t}{2} \tag{4.60}$$

若故障发生在末端(即变电站 N 与检测点 n 之间),则通过三次样条小波检测最后一个检测点处的头两个故障行波波头,算出其波头时间差 $\Delta t'$,则故障位置为

$$X = L - \frac{v\Delta t'}{2} \tag{4.61}$$

式中,L 为线路总长度。

4.6   基于故障电流行波时域特征的雷击类型辨识方法

输电线路在运行的过程中极易受到雷击干扰,据统计,雷击跳闸占线路跳闸次数的40%左右。此时故障测距装置如何实现对干扰信号的有效辨识是故障测距系统可靠运行的前提。当雷击引起线路绝缘闪络时,对雷击类型进行有效识别,从而为后续检修工作提供指导性意见。本节分析了线路在反击、绕击及线路故障情况下,三相电流行波极性的对应关系,提出根据三相电流行波极性的异同来识别反击故障,同时根据雷电行波的时域特征提出输电线路绕击和故障情况下的区分方法[36,41]。

4.6.1   基于行波极性差异的反击识别方法

输电线路的非正常运行状态都可认为是线路受到干扰而引起的,由于输电线路三相之间存在相互耦合关系,当干扰从不同地方注入时,其 ABC 三相线路上感应的暂态电流行波信号存在一定的规律,本节将分析输电线路在不同干扰类型下,其 ABC 三相

线路上暂态行波极性、故障能量持续时间等规律,从而对反击、绕击和线路故障进行识别。

若把输电线路 ABC 三相看成一个整体,则可将干扰信号分为从外部注入和内部注入两类,其示意图如图 4.27 所示。第一类为干扰从内部注入,如图 4.27 中①号标记点所示,此类干扰影响输电线路一相或者几相,如线路绕击、开关操作等。另一类为干扰从外部注入,如图 4.27 中②号标记点所示,此类干扰先影响输电线路周围大地或者避雷线,由于电磁感应是在输电线路上引起的干扰,如反击、雷击避雷线档距中央等。为了分析输电线路非故障暂态信号与输电线路故障暂态信号的差异,本书将输电线路故障同样归入干扰从内部注入,系统单相接地故障表示为①号标记点,相间故障表示为③号标记点。系统其他故障,例如,多相接地和多相短路可由上述表示方法组合而成。

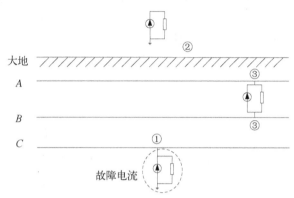

图 4.27　输电线路干扰注入示意图

当干扰从线路外部注入时,有反击和雷击避雷线档距中央两种情况,此时 ABC 三相线路上的暂态电流行波都通过导线之间的电磁耦合产生。

1. 线路反击时行波极性分析

当线路反击时,由高电压基本理论可知,线路上感应电压可表示为

$$U_{gd} = ah_d(1-k) \qquad (4.62)$$

式中,a 为感应过电压系数(kV/m);h_d 为导线平均高度;k 为导线与避雷线之间耦合系数 $(0 < k < 1)$。

当雷击避雷线中央时,设雷击点 K 的电压为 U_K,在线路上的感应电压 U 可表示为

$$U = (1-k)U_K \qquad (4.63)$$

由式(4.62)和式(4.63)可知,无论线路反击还是雷击避雷线中央,ABC 三相输电线路上的感应电压极性相同,即暂态电压行波和暂态电流行波的极性相同。

2. 绕击及故障时行波极性分析

当干扰从线路内部注入时,有线路故障和线路绕击两种情况,线路绕击从本质上来说也是线路故障,因此只需要对线路故障作出分析即可。

由于输电线路三相之间存在耦合,在分析其关系时通常采用相模变化将其变为 3 个独立的模量来分析,采用 Karenbauer 变换可得到暂态电流行波的零模分量 I_0、一模分量 I_1、二模分量 I_2。由于各行波模量在沿线传播的过程中各自衰减情况不一样,其中地模衰减较快,而线模衰减较慢,若设故障电流行波经故障点传播至某一检测点 Y 时,地模分量的衰减系数为 α_1,线模分量的衰减系数为 α_2,则有 $0 < \alpha_1 < \alpha_2 < 1$。此时由 Karenbauer 反变换可得到 ABC 三相电流的表达式为

$$\begin{bmatrix} I_{YA} \\ I_{YB} \\ I_{YC} \end{bmatrix} = \begin{bmatrix} 1 & 1 & 1 \\ 1 & -2 & 1 \\ 1 & 1 & -2 \end{bmatrix} \begin{bmatrix} \alpha_1 I_0 \\ \alpha_2 I_1 \\ \alpha_2 I_2 \end{bmatrix} \tag{4.64}$$

输电线路故障分为单相接地故障、相间短路、两相接地故障和三相短路故障四种情况,由故障边界条件可求得故障时暂态电流行波的零模分量 I_0、一模分量 I_1、二模分量 I_2 的值,并由式(4.64)可求出检测点 Y 处 ABC 三相线路上的暂态电流值为 I_{YA}、I_{YB} 和 I_{YC}。

1) 单相接地故障(A 相)

A 相接地故障时,其电流边界条件为

$$\begin{cases} I_A \neq 0 \\ I_B = 0 \\ I_C = 0 \end{cases} \tag{4.65}$$

由 Karenbauer 变换可得到零模分量 I_0、一模分量 I_1、二模分量 I_2 的对应关系:

$$I_0 = I_1 = I_2 = I_A/3 \tag{4.66}$$

将式(4.66)代入式(4.64)可得在检测点 Y 处三相线路上的暂态电流:

$$\begin{cases} I_{YA} = \dfrac{I_A}{3}(\alpha_1 + 2\alpha_2) \\[2mm] I_{YB} = \dfrac{I_A}{3}(\alpha_1 - \alpha_2) \\[2mm] I_{YC} = \dfrac{I_A}{3}(\alpha_1 - \alpha_2) \end{cases} \tag{4.67}$$

因为 $\alpha_1 < \alpha_2$,所以 I_{YB} 和 I_{YC} 同号,且 I_{YB} 和 I_{YA} 异号。

2) 相间短路(AB 相)

AB 相间短路时,其电流边界条件为

$$\begin{cases} I_A = -I_B \\ I_C = 0 \end{cases} \tag{4.68}$$

由 Karenbauer 变换可得到零模分量 I_0、一模分量 I_1、二模分量 I_2 的对应关系:

$$\begin{cases} I_0 = 0 \\ I_1 = 2I_A/3 \\ I_2 = I_A/3 \end{cases} \tag{4.69}$$

将式(4.69)代入式(4.64)可得在检测点 Y 处三相线路上的暂态电流为

$$\begin{cases} I_{YA} = I_A \\ I_{YB} = -I_A \\ I_{YC} = 0 \end{cases} \tag{4.70}$$

由式(4.70)可知,I_{YB} 和 I_{YA} 异号。

3）两相接地故障(AB 相)

AB 两相接地故障时,其电流边界条件为

$$I_C = 0 \tag{4.71}$$

由 Karenbauer 变换可得到零模分量 I_0、一模分量 I_1、二模分量 I_2 的对应关系为

$$\begin{cases} I_0 = \dfrac{I_A + I_B}{3} \\[2mm] I_1 = \dfrac{I_A - I_B}{3} \\[2mm] I_2 = I_A / 3 \end{cases} \tag{4.72}$$

将式(4.72)代入式(4.64)可得在检测点 Y 处三相线路上的暂态电流为

$$\begin{cases} I_{YA} = \dfrac{I_A(\alpha_1 + 2\alpha_2) + I_B(\alpha_1 - \alpha_2)}{3} \\[3mm] I_{YB} = \dfrac{I_A(\alpha_1 - \alpha_2) + I_B(\alpha_1 + 2\alpha_2)}{3} \\[3mm] I_{YC} = \dfrac{(I_A + I_B)(\alpha_1 - \alpha_2)}{3} \end{cases} \tag{4.73}$$

式(4.73)中将 I_{YA}、I_{YB}、I_{YC} 三者相加有

$$I_{YA} + I_{YB} + I_{YC} = \alpha_1(I_A + I_B) \tag{4.74}$$

对比式(4.73)和式(4.74)可知,I_{YC} 与三者之和符号相反,因此由式(4.74)可判定 I_{YA}、I_{YB} 中必定有一个与 I_{YC} 异号。

4）三相短路故障

三相接地故障时,其电流边界条件为

$$\dot{E}_A = \dot{U}_A, \quad \dot{E}_B = \dot{U}_B, \quad \dot{E}_C = \dot{U}_C \tag{4.75}$$

由于故障前三相电压向量和为零,因此故障后叠加故障分量之间向量和也为零,由 Karenbauer 变换可得到零模分量 I_0、一模分量 I_1、二模分量 I_2 电流的对应关系为

$$\begin{cases} I_0 = 0 \\[2mm] I_1 = \dfrac{I_A - I_B}{3} \\[2mm] I_2 = \dfrac{I_A - I_C}{3} \end{cases} \tag{4.76}$$

将式(4.76)代入式(4.64)可得在检测点 Y 处三相线路上的暂态电流为

$$\begin{cases} I_{YA} = \dfrac{\alpha_2(2I_A - I_B - I_C)}{3} \\[2mm] I_{YB} = \dfrac{\alpha_2(2I_B - I_A - I_C)}{3} \\[2mm] I_{YC} = \dfrac{\alpha_2(2I_C - I_B - I_A)}{3} \end{cases} \qquad (4.77)$$

式(4.77)中 I_{YA}、I_{YB}、I_{YC} 三者相加有

$$I_{YA} + I_{YB} + I_{YC} = 0 \qquad (4.78)$$

由式(4.78)可知 I_{YA}、I_{YB}、I_{YC} 三者必定有一个与另外两个符号相反。

因此,当输电线路内部故障时,ABC 三相线路上的暂态电流行波极性必定有一相与另外两相相反,并且在线路上任意位置的检测点都有同样的结论。

由以上分析可知,当输电线路反击或者雷击避雷线档距中央时,线路上三相暂态电流行波极性相同,当线路内部故障时,线路上三相暂态电流行波极性必定有一个与另外两个相反。因此可根据三相暂态电流行波极性的一致性来判断线路是否发生绕击或雷击避雷线档距中央。

3. 仿真分析

为验证输电线路在雷击和故障情况下,各相电流行波极性对应关系,在 PSCAD 中分别搭建输电线路故障模型,输电线路反击模型和输电线路绕击模型,如图 4.28 所示。

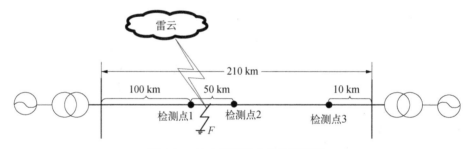

图 4.28　输电线路雷击和故障模型

图 4.28 中双电源系统线路长度为 210 km,在线路 100 km、150 km 和 200 km 处分别设置 3 个检测点,输电线路模型采用频依模型,雷电模型采用双指数模型,线路绝缘子采用伏秒积模型,线路杆塔采用多模阻抗模型,在 120 km 处分别设置线路发生反击、绕击和不同类型故障,分别将线路在反击、绕击和 A 相接地情况下,各个检测点三相电流除去工频分量后得到的行波如图 4.29~图 4.31 所示。

由图 4.29~图 4.31 可知,当线路发生反击时,各个检测点三相电流行波极性相同,而在绕击和 A 相接地故障时,各个检测点的三相电流行波必有一个与另外两个相反。

为检测线路在不同故障情况及不同极性雷击情况下,三相电流行波极性的对应情况,将所有情况下各个检测点三相电流行波极性如表 4.8 所示。

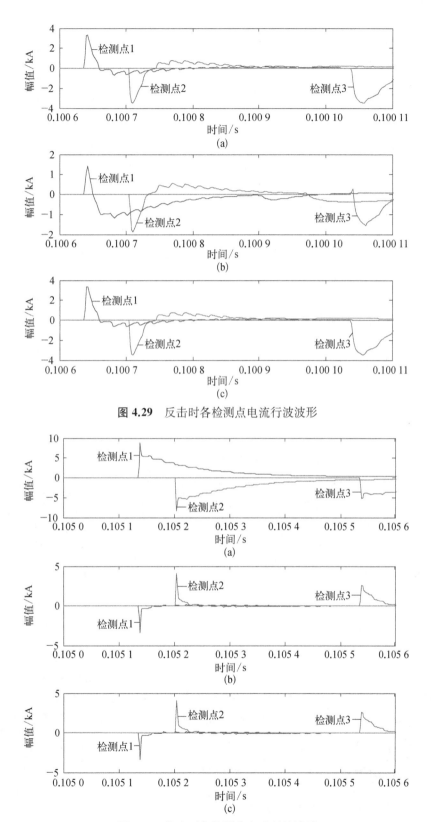

图 4.29　反击时各检测点电流行波波形

图 4.30　绕击时各检测点电流行波波形

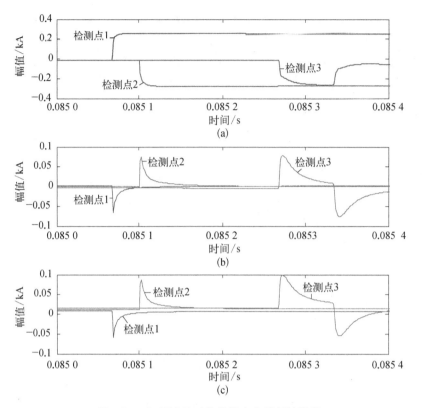

图 4.31　A 相接地时各检测点电流行波波形

表 4.8　不同故障时电流行波极性对比表

故障类型	检测点 1			检测点 2			检测点 3		
	A 相	B 相	C 相	A 相	B 相	C 相	A 相	B 相	C 相
正极性雷反击	负	负	负	正	正	正	正	正	正
负极性雷反击	正	正	正	负	负	负	负	负	负
正极性雷绕击	负	正	正	正	负	负	正	负	负
负极性雷绕击	正	负	负	负	正	正	负	正	正
AG	正	负	负	负	正	正	负	正	正
ABG	正	负	负	负	正	正	负	正	正
BC	零	正	负	零	负	正	零	负	正
ABC	正	负	负	负	正	正	负	正	正

由表 4.8 可知,反击时,无论雷电流极性如何,线路上各个检测点测得三相电流行波极性相同,而对于反击和线路故障时,线路上各个检测点测得三相电流行波中必定有一个与另外两个相反,与理论分析一致。因此,线路故障后可根据三相检测点首个电流行波极性的异同来识别反击。

4.6.2　基于行波时域特征的输电线路绕击识别方法

1. 不同故障情况下行波幅值分析

设输电线路 A 单相接地时,故障过渡电阻为 R_{fltA},附加网络其边界条件为

$$\begin{cases} u_{\text{fltA}} + i_{\text{fltA}} R_{\text{fltA}} = -U_{\text{over}} \\ i_{\text{fltB}} = i_{\text{fltC}} = 0 \end{cases} \tag{4.79}$$

式中，U_{over} 为线路故障前瞬间线路电压；i_{fltA}、i_{fltB}、i_{fltC} 分别为三相故障电流行波；u_{fltA} 为虚拟电源叠加到线路上的故障电压；R_{fltA} 为故障点过渡电阻。

由式(4.79)可得

$$i_0 = i_1 = i_2 = i_{\text{fltA}}/3 \tag{4.80}$$

由图 4.32 可知，故障电流行波的表达式为

$$I_{\text{trnsA}} = -\frac{3U_{\text{over}}}{Z_{\text{mod}0} + Z_{\text{mod}1} + Z_{\text{mod}2} + 6R_{\text{fltA}}} \tag{4.81}$$

表 4.9 表明，500 kV 输电线路线模波阻抗范围为 189.9～271.5 Ω，而地模波阻抗为 562.8～651.2 Ω，假定故障过渡电阻 R_{fltA} 为 0，选取波阻抗最小的紧凑型同塔双回线路作为故障对象，则500 kV 线路单相接地故障时最大故障电压幅值为

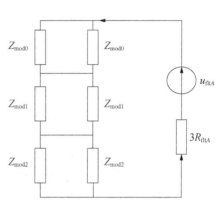

图 4.32　单相接地故障等效模型

408.2 kV，由式(4.81)可知故障电流行波最大幅值为 1 299.2 A。

表 4.9　不同塔形波阻抗对比表　　　　　　　　　（单位：Ω）

塔　型	波　阻　抗	
	地模分量	线模分量
ZB1	637.7	248.3
SZT3	627.5	235.9
DFZ1	651.2	271.5
ZBII	633.8	250.9
ZBIII	636.8	253.8
ZBIV	642.8	261.7
紧凑型同塔双回	562.8	189.9

输电线路绕击闪络实际上是因为输电线路遭受雷击后绝缘子两端电压超过了绝缘子的最大承受电压 V_{max}，V_{max} 通常为线路工作电压的数倍，如 500 kV 线路，绝缘子的极限承受电压分别为 1 425 kV、1 550 kV 和 1 675 kV。当输电线路发生绕击时，故障电流行波幅值 V_{trvl} 由 V_{max} 和故障时刻的工频电压瞬时值 V_f 共同确定，如果在绕击时刻工频电压 V_f 与雷电电流极性相同，则 V_{trvl} 等于 V_{max} 和 V_f 之和，反之，V_{trvl} 等于 V_{max} 和 V_f 之差，如图 4.33 所示。

假定 V_f 达到峰值时线路发生闪络，若 V_f 与雷电电流极性相反，则故障电流行波幅值最小，此时 V_{max} 最小为 1 425 kV，对应的 V_{trvl} 为 1 016.8 kV。输电线路闪络时线路等效图如图 4.34 所示。

图 4.34 中，I_l 为雷电电流，Z 为雷电通道波阻抗，I_{trns} 为雷击点电流行波，当输电线路发生绕击闪络时，I_{trns} 可由式(4.82)计算得到。

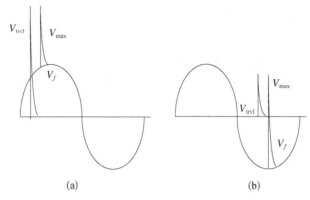

图 4.33 不同雷击闪络时电压 V_{trvl} 波形

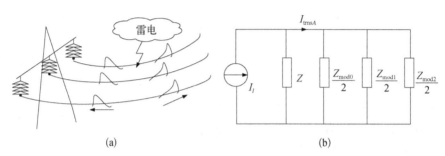

图 4.34 绕击闪络时等效模型

$$I_{trns} = \frac{6V_{trl}}{Z_{mod0} + Z_{mod1} + Z_{mod2}} \tag{4.82}$$

如果输电线路波阻抗取最大值,则由式(4.82)可得到 I_{trns} 最小为 5 109.5 A,同时 I_{trns} 将分成前向行波和反向行波,所以检测点能检测到的最小的绕击闪络行波电流幅值为 2 554.78 A。

2. 不同故障条件下半波长度差异

当输电线路发生单相接地故障时,故障后的一小段时间内,可将故障电流行波看成一个阶跃信号,如图 4.35 所示。

对于检测电路来讲,行波检测传感器和信号调理电路可看成一个带通滤波器,其下限截止频率远大于50 Hz,此时,工频分量将被滤掉,检测电路的输出信号可表示为

$$i_s(t) = Ce^{-t/a_d} \tag{4.83}$$

式中,C 为放大倍数;a_d 为时间常数。

式(4.83)表明,当输电线路发生单相接地故障时,检测电路输出信号的输出将会是一个指数衰减信号,其衰减常数将由传感器和信号调理电路决定。

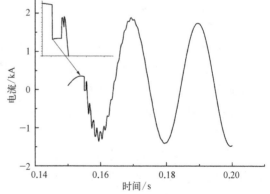

图 4.35 故障电流特性

当输电线路发生绕击闪络时,故障电流的半波长度将远小于标准的雷电电流波形。

与雷电截波类似,标准的雷电截波的半波长度为 6 μs,因此输电线路绕击闪络时故障电流行波的半波长度只有几个 μs,小于 10 μs。

3. 输电线路绕击闪络识别方法

输电线路绕击时一般只引起单相故障,因此输电线路绕击的识别主要考虑其和线路单相接地故障的识别。从前面的分析可知,雷击闪络时最小的 V_{trvl} 为 2 554.78 A,而输电线路单相接地故障时,最大的 V_{trvl} 为 1 299.2 A,同时绕击闪络时故障行波的半波长度不超过 10 μs,单相接地时故障电流行波的半波长度由检测电路确定。因此可根据故障电流行波的幅值和半波长度来区分单相接地故障和绕击闪络故障。

定义行波电流变化率 Rate 为

$$\text{Rate} = |\max[i(s)]| / t_w \qquad (4.84)$$

式中,$i(s)$ 为首个电流行波;t_w 为首个电流行波的半波长度。

如果将行波采集电路的下限截止频率设为 1 KHz,则 a_d 为 3.6×10^{-5},此时对应的半波长度为 25 μs,因此单相接地故障时最大的 Rate 为 51.9 A/μs,考虑输电线路运行时电压波动 10%,取安全系数为 1.1,此时最大 Rate 修正为 57.09 A/μs。而绕击闪络时,最小的 Rate 为 255.5 A/μs。

由于输电线路单相接地和绕击闪络时,线模分量和地模分量相等,可以直接获取故障行波的线模分量,以消除地模分量的非线性衰减产生的影响。此时线模分量可表示为

$$I_{YA} - (I_{YA} + I_{YB} + I_{YC})/3 = 2I_A \alpha_2/3 \qquad (4.85)$$

式中,α_2 在故障点取 1。

综上,可将绕击闪络和单相接地故障的判断标准设为 80 A/μs,超过 80 A/μs 为绕击闪络故障,否则为单相接地故障。

对于 110 kV 线路和 220 kV 线路,由于其线路设计绝缘水平不一样,GB/T 311.1—2012 绝缘配合标准中 110 kV 雷电过电压为 450 kV,220 kV 雷电过电压为 750 kV,对于 110 kV 线路故障时最大 Rate 约为 270 kV/400/25=27 A/μs,雷击时 450 kV/400/10=112.5 A/μs,阀值取 50,对于 220 kV 线路故障时最大 Rate 约为 540 kV/400/25=54 A/μs,雷击时 750 kV/400/10=182.5 A/μs,阀值取 60。

4.7　分布式故障定位与雷击类型辨识案例

本方法投入运行以来已经多次准确定位故障点同时对雷击类型进行辨识,特选取三个典型的故障案例对定位和辨识原理进行阐述。

4.7.1　单相金属性接地故障

1. 线路基本情况

某 500 kV 同塔双回线,线路全长 186.642 km,线路导线采用 4×ACSR/AS‐720/50型,架空地线采用 OPGW‐136(48 芯左)、LBGJ‐120‐40AC(右)型。在线路首端

74.852 km 处♯161 号杆塔、95.503 km 处♯204 号杆塔、125.37 km 处♯267 号杆塔以及 175.953 km 处♯352 号杆塔上均安装有故障电流检测装置。

2. 故障过程

某年 12 月 30 日 06 h 08 min 56 s 500 kV 某乙线 B 相故障,保护动作开关 B 相跳闸, 461 ms 后 C 相故障,三相跳闸。

06 h 15 min 12 s,500 kV 某甲线 A 相故障,保护动作开关 A 相跳闸,重合闸成功, 1 178 ms 后保护动作跳闸。

06 h 34 min 40 s,500 kV 某乙线合上 5023 开关强送不成功。

06 h 38 min,500 kV 某甲线,5013、5011 开关强送电不成功。

3. 诊断过程

检测系统乙线上♯161 号、♯204 号杆塔,♯267 号和♯352 号杆塔装置均检测到故障 行波电流,而甲线上仅有♯204 号、♯267 号杆塔数据成功回传,如图 4.36 所示。

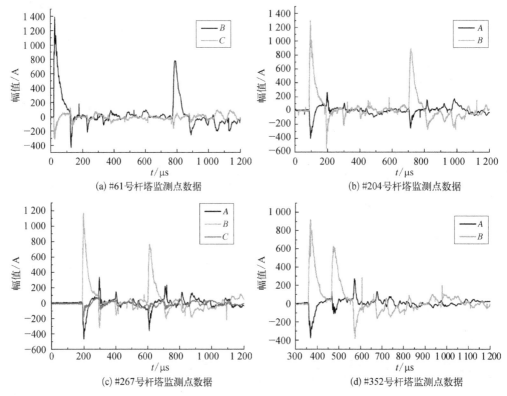

(a) #61号杆塔监测点数据

(b) #204号杆塔监测点数据

(c) #267号杆塔监测点数据

(d) #352号杆塔监测点数据

图 4.36　检测装置故障电流波形

图 4.36 中各检测点首个行波的信息如表 4.10 所示。

表 4.10　各检测点行波波头信息

检测点	相　位	极　性	行波幅值/A	半波长度/μs
♯161	A	*	*	*
	B	+	1 391	24.5
	C	−	317.5	10

检测点	相　　位	极　　性	行波幅值/A	半波长度/μs
♯204	A	−	500.8	23.4
	B	+	1 294	23
	C	*	*	*
♯267	A	−	470.1	25
	B	+	1 166	25
	C	−	225.6	25
♯352	A	−	375.1	23
	B	+	920	28
	C	*	*	*

注：* 数据丢失。

由表 4.10 可知,四个检测点中 B 相数据为完整数据,且极性相同,♯161 号幅值最大,可初步判定为线路首端到♯161 号杆塔之间发生故障。

经过小波变换对故障电流行波处理后可知,行波到达♯161 号杆塔的具体时间为 6 h 15 min 12 s 120 ms 26 μs,第二个行波波头到达的具体时刻为 6 h 15 min 12 s 120 ms 127 μs。设行波波速为 $2.96×10^8$ m/s,则故障点距离线路首端的距离为

$$X = 0.5 × 2.96 × (121 - 18) × 10^2 = 15\,244\ \text{m}$$

由输电线路 GIS 信息可知故障发生在♯35 号杆塔附近。

从♯267 号杆塔 ABC 三相电流行波数据看 B 相极性与 AC 相反,可初步确定线路为绕击或者线路故障,同时继电保护显示 B 相故障,因此 Rate 需要进一步核实,♯267 号杆塔检测的三相行波幅值分别为 -470 A、-225.6 A 和 1 155 A,因此线模分量的幅值为 931.7 A,同时电流行波的半波长度为 25 μs,因此 Rate 的计算值为 37.2 A/μs,远小于 80 A/μs,可判定最后的故障为单相接地,而非绕击。

同时,甲线上的故障电流检测装置也捕获到故障行波电流,如图 4.37 所示。

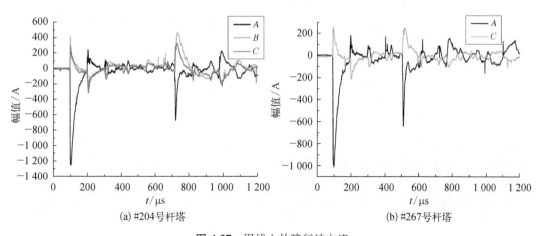

(a) #204号杆塔　　　　　　(b) #267号杆塔

图 4.37　甲线上故障行波电流

综合分析各个行波的波头信息,其极性和幅值如表 4.11 所示。

表 4.11　各检测点行波波头信息

检 测 点	相 位	极 性	行波幅值/A	半波长度/μs
♯204	A	−	1 254	26
	B	+	409.2	4
	C	+	299.2	12
♯267	A	−	1 011	26.1
	B	*	*	*
	C	+	261	10.7

注: * 数据不全。

由表 4.11 可知,两个有效检测点中 A 和 C 为完整数据,且极性相反,♯204 号行波幅值大于 ♯267 号,可初步判定为线路首端到 ♯204 号杆塔之间发生故障,通过小波变换对故障行波进行处理后可得到行波到达 ♯204 号杆塔的时间为 06 h 15 min 12 s 120 ms 95 μs,第二个行波波头到达的具体时间为 06 h 15 min 12 s 120 ms 199 μs。设行波波速为 2.96×10^8 m/s,则故障点距离线路首端的距离为

$$X = 0.5 \times 2.96 \times (199 - 95) \times 10^2 = 15\ 392 \text{ m}$$

由输电线路 GIS 信息可知故障发生在 ♯35 号杆塔附近。

从 ♯204 号杆塔 ABC 三相电流行波数据看,A 相极性与 B、C 相反,可初步确定线路为绕击或者线路故障,♯204 号杆塔的行波电流分别为 −1 254 A、409.2 A 和 299.2 A,因此线模分量的幅值为 1 072 A,同时半波长度为 26 μs,因此 Rate 的计算值为 41.23 A/μs,远小于 80 A/μs,因此可判定最后的故障为单相接地,而非绕击。

4. 巡线结果

经巡检后发现:500 kV 甲线 N35 - N36 右地线断落,断落地线一端(N36)挂于 500 kV 乙线导线并下垂至地面,长度约 100 m;另一端(N35)挂于被跨越的另一线路的地线上,长度约 730 m。线路故障现场照片如图 4.38 所示。

(a)　　　　　　　　　　　　(b)

图 4.38　现场巡检结果

甲线的相序自上而下是 A、B、C, 乙线的相序自上而下是 B、C、A; 乙线跳闸时应是甲线侧 N36 塔端断落地线被风吹后先碰触 B 相, 后挂于 C 相; 甲线跳闸应是 N35 塔端断落地线碰触 A 相导线所致。

4.7.2 反击闪络

1. 线路基本情况

500 kV 某乙线线路全长 137.089 km。该线路全线单回架设, 导线采用 6×LGJ-300/40 型, 架空地线采用 LBGJ-100-40AC。悬垂串和跳线串使用 FXBW4-500/240 型合成绝缘子, 耐张串使用 FC400/205 型玻璃绝缘子。在距离线路首端 70.4 km 处 #172 号杆塔以及 121.82 km 处 #267 号杆塔均安装有故障检测装置。

2. 故障过程

某年 8 月 16 日 16 h 12 min 18 s, 500 kV 某乙线主一主二保护动作跳闸, B 相接地故障, 重合闸成功。

3. 诊断过程

#172 号杆塔和 #267 号杆塔均检测到故障电流行波, 如图 4.39 所示。

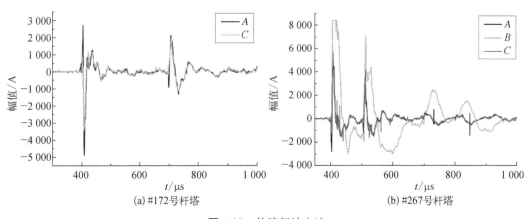

图 4.39 故障行波电流

由于 #172 号杆塔和 #267 号杆塔对应的首个电流行波极性相反, 可判断雷击点发生在 #172 号和 #267 号杆塔之间, 采用 3 次 B 样条小波对 #172 号杆塔和 #267 号杆塔的故障电流波形进行处理可得到首个模极大值到达的具体时刻分别为 16 h 12 min 18 s 013 ms 413 μs 和 16 h 12 min 18 s 013 ms 413.6 μs, 取行波波速为 2.96×10^8 m/s 得知故障点距离 #172 号杆塔距离为 22.047 km, 为 #214 号杆塔附近。

图 4.39 中 #267 号杆塔 A、B、C 三相电流行波极性相同, 可判断为线路反击。

4. 巡线结果

对 500 kV 某乙线 #214、#215 进行登塔检查, 发现 500 kV 某乙线 #214 号杆塔 B 相玻璃绝缘子串和跳线合成绝缘子的压环均有烧伤痕迹。故障现场照片如图 4.40 和图 4.41 所示。

#214 号杆塔为 JJ11-21 型, 如图 4.42 所示, A、C 相线路的保护角都为 0°, 而 B 相的保护角为负, 因此 B 相为绕击的可能性不大。

从雷电定位系统来看,在 16 h 12 min 18 s,线路♯214 号杆塔附近存在以大小为 —308.6 kA 的雷电流,而♯214 号杆塔的耐雷水平为 213.74 kA,综合上述信息可认为此次故障为反击故障,与本判断方法相符。

图 4.40　耐张玻璃绝缘子闪络照片

图 4.41　跳线串合成绝缘子闪络照片

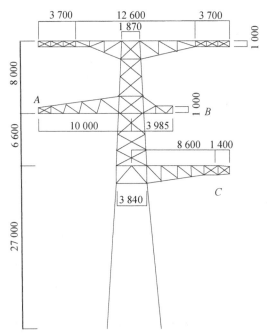

图 4.42　故障杆塔结构图(单位:mm)

4.7.3　绕击闪络

1. 线路基本情况

500 kV 某乙线线路全长 148.440 km。该线路悬垂串和跳线串使用 LXY4 - 160 型玻璃绝缘子或 FXBW4 - 500/180 型复合绝缘子,耐张串使用 LXY4 - 300 型玻璃绝缘子。四组检测点分别安装在距离线路首端 13.616 km 处的♯36 号杆塔、42.624 km 处的♯98 号杆塔、82.165 km 处的♯189 号杆塔以及 105.065 km 处的♯240号杆塔。

2. 故障信息

某年 5 月 28 日 17 h 28 min 28 s,500 kV 某乙线两侧站主一、主二保护动作跳闸,曲江站距离 I 段保护动作跳闸。A 相故障,重合成功。

3. 诊断过程

有三组检测点在 17 h 28 min 28 s 61 ms 均检测到故障电流行波,采样率为 2 MHz,采样长度为 1 200 μs。

根据极性信息,可知♯36 号杆塔与♯189 号杆塔极性相反,可认为故障发生在♯36 号和♯189 号杆塔之间,通过对各检测点 A 相行波波头到达时刻进行分析可得,行波到达♯36 号杆塔的具体时刻为 17 h 28 min 28 s 061 ms 187.5 μs,行波到达♯189 号杆塔的具体时刻为 17 h 28 min 28 s 061 ms 105.5 μs,行波到达♯240 号杆塔的具体时刻为 17 h 28 min 28 s 061 ms 183 μs。

各检测点的故障行波电流如图 4.43 所示,波头信息如表 4.12 所示。根据♯189 号杆塔和♯240 号杆塔的行波时间,可以计算的行波波速为

$$v = [(105.065 - 82.165)/(183 - 105.5)] \times 10^9 = 2.96 \times 10^8 \text{ m/s}$$

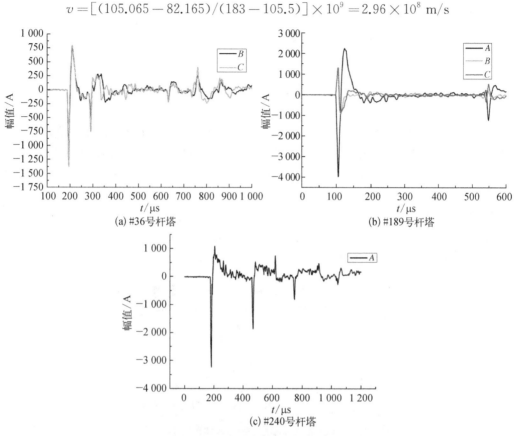

图 4.43　各检测点故障行波电流

表 4.12　各检测点行波波头信息

检测点	相位	极性	行波幅值/A	半波长度/us
♯36	A	*	*	*
	B	−	1 056	9.5
	C	−	1 375	9.9
♯189	A	−	3 969	10.5
	B	+	1 298	8.9
	C	+	1 309	8.9
♯240	A	−	3 234	9.56
	B	*	*	*
	C	*	*	*

注：* 表示数据缺失。

设行波到达♯98 号杆塔所需时间为 t_1(μs),行波到达♯189 号杆塔所需时间为 t_2(μs),则根据行波波速和检测点间的距离,可以得出以下方程:

$$\begin{cases} t_1 + t_2 = (46\ 554/2.96) \times 10^{-2}\ \mu\text{s} \\ t_1 - t_2 = 97.5 - 105.5\ \mu\text{s} \end{cases}$$

由上式可以计算得出

$$\begin{cases} t_1 = 74.64\ \mu\text{s} \\ t_2 = 82.64\ \mu\text{s} \end{cases}$$

结合行波波速可以得知故障点距离♯98号杆塔距离为22 093 m，为♯156 号杆塔附近。

由于♯189 号杆塔处 A 相行波极性与 B、C 相相反，所以可初步判断为绕击或线路故障，同时行波电流幅值分别为3 969 A、1 208 A 和 1 309 A，因此行波线模分量的幅值为3 515 A，半波长度为10.5 μs，此时 Rate 为 334.7 A/μs 远大于 80 A/μs，可判定为线路绕击。

4. 故障查找

查线人员现场发现 500 kV 某乙线♯156 号塔 A 相导线及均压屏蔽环有闪络放电痕迹，不影响线路继续运行。现场缺陷图片如图 4.44 所示。

图 4.44　♯156 号塔 A 相绝缘子外侧子导线闪络痕迹

参考文献

［1］　胡毅.输电线路运行故障分析与防治［M］.北京：中国电力出版社，2007.

［2］　刘振亚.特高压交流输电线路维护与检测［M］.1 版.北京：中国电力出版社，2008.

［3］　钟庭剑.基于行波法输电线路故障测距的研究及其实现方案［D］.南昌：南昌大学，2007.

［4］　施世鸿.高压输电线路故障测距研究［D］.杭州：浙江大学，2008.

［5］　胡毅.输电线路运行故障的分析与防治［J］.高电压技术，2007，33(3)：1-8.

［6］　葛耀中.新型继电保护和故障测距的原理与技术［M］.2 版.西安：西安交通出版社，2007.

［7］　高淑萍，宋国兵，焦在滨，等.双端电流时域故障定位法［J］.西安交通大学学报，2009，43(4)：101-105.

［8］　索南加乐，王树刚，吴亚萍，等.基于反序网的同杆双回线跨线故障准确测距原理［J］.西安交通大学学报，2005，39(6)：611-615.

［9］　董新洲,葛耀中.一种使用两端电气量的高压输电线路故障测距算法[J].电力系统自动化,1995,
　　　19(8)：47－53.

［10］　索南加乐,张怿宁,齐军,等.基于参数识别的时域法双端故障测距原理[J].电网技术,2006,30
　　　(8)：65－70.

［11］　高淑萍,索南加乐,宋国兵,等.基于分布参数模型的直流输电线路故障测距方法[J].中国电机工
　　　程学报,2010,30(13)：75－80.

［12］　Song G B, Suonan J L, Xu Q Q, et al. Parallel transmission lines fault location algorithm based on
　　　differential component net[J]. IEEE Trans on Power Delivery, 2005, 20(4)：2396－3406.

［13］　覃剑,葛维春,邱金辉,等.输电线路单端行波测距法和双端行波测距法的对比[J].电力系统自动
　　　化,2006,30(6)：92－95.

［14］　邬林勇.利用故障行波固有频率的单端行波故障测距法[D].成都：西南交通大学,2009.

［15］　郑秀玉,丁坚勇,黄娜.输电线路单端故障定位的阻抗-行波组合算法[J].电力系统保护与控制,
　　　2010(6)：18－21.

［16］　Bo Z Q, Weller G, Jiang F, et al. Application of GPS based fault location scheme for distribution
　　　system[A]. 1998 International Conference on Power System Technology Proceedings. Beijing,
　　　China：IEEE, 1998：53－57.

［17］　Gale P F, Talor P V, Hitchin C, et al. Traveling wave fault locator experience on Eskom's
　　　transmission network[C]. Developments in Power System Protection, 2001, Seventh International
　　　Conference on (IEEE). Amsterdam Netherlands：IEEE, 2001：327－330.

［18］　覃剑,葛维春,邱金辉,等.影响输电线路行波故障测距精度的主要因素分析[J].电网技术,2007,
　　　31(2)：28－35.

［19］　曾祥君,尹项根,林福昌,等.基于行波传感器的输电线路故障定位方法研究[J].中国电机工程学
　　　报,2002,22(6)：42－46.

［20］　邬林勇,何正友,钱清泉.利用电容式电压互感器二次信号的单端行波故障测距[J].电力系统自动
　　　化,2008,32(8)：73－77.

［21］　王绍部,舒乃秋,龚庆武,等.计及 TA 传变特性的输电线路行波故障定位研究[J].中国电机工程
　　　学报,2006(2)：88－92.

［22］　李扬,黄映,成乐祥.考虑故障时刻与波速选取相配合的行波测距[J].电力自动化设备,2010,30
　　　(11)：44－47,52.

［23］　黄雄,王志华,尹项根,等.高压输电线路行波测距的行波波速确定方法[J].电网技术,2004,28
　　　(19)：34－37.

［24］　Stephane G. Mallat. A theory for multiresolution signal decomposition：the wavelet representation
　　　[J]. IEEE Transactions on Pattern Analysis and Machine Intelligence, 1989, 11(7)：674－693.

［25］　Daubechies. The wavelet transform time-frequency location and signal analysis [J]. IEEE
　　　Transactions Information Theory, 1990, 36(5)：961－983.

［26］　Magnago F H, Abur A. Fault Location Using Wavelets[J]. IEEE Transactions on Power
　　　Deilvery, 1998, 13(4)：1475－1480.

［27］　曾祥君,张小丽,马洪江,等.基于小波包能量谱的电网故障行波定位方法[J].高电压技术,2008,
　　　34(11)：2311－2316.

［28］　成乐祥,李扬,唐瑜.基于改进形态 Haar 小波在输电线路故障测距中的应用研究[J].电力系统保
　　　护与控制,2010,38(6)：30－34.

［29］　张小丽,曾祥君,马洪江,等.基于 Hilbert－Huang 变换的电网故障行波定位方法[J].电力系统自
　　　动化,2008,32(8)：64－68.

[30] 李泽文,曾祥君,姚建刚,等.不受波速影响的输电线路双端行波故障测距算法[J].长沙理工大学学报(自然科学版),2006,3(4):68-71.

[31] 陈玥云,覃剑,刘巍,等.影响输电线路长度的主要因素分析[J].电网技术,2007,31(14):41-44.

[32] 郑州,吕艳萍,王杰,等.基于小波变换的双端行波测距新方法[J].电网技术,2010,34(1):203-207.

[33] Gale P F, Taylor P V, Naidoo P, et al. Travelling wave fault locator experience on Eskom's transmission network[A]. Seventh International Conference on Developments in Power System Protection, 2001: 327-330.

[34] 董新洲,葛耀中.新型输电线路故障测距装置的研制[J].电网技术,1998,22(1):17-21.

[35] 陈平,徐丙垠,李京,等.现代行波故障测距装置及其运行经验[J].电力系统自动化,2003,27(6):66-69.

[36] 刘亚东,盛戈皞,孙岳,等.基于故障电流信息综合分析的分布式单相接地故障测距方法研究[J].电网技术,2012,36(8):87-94.

[37] 刘亚东,盛戈皞,孙旭日,等.考虑输电线路实际运行状态的故障测距补偿方法[J].电力系统自动化,2012,36(13):92-96.

[38] 刘亚东,盛戈皞,王蔡,等.输电线路分布式综合故障定位方法及其仿真分析[J].高电压技术,2011,37(4):923-929.

[39] 刘亚东.输电线路分布式故障测距理论与关键技术研究[D].上海:上海交通大学,2012.

[40] Liu Y, Sheng G, Hu Y, et al. Identification of lightning strike on 500 kV transmission line based on the time-domain parameters of a traveling wave[J]. IEEE Access, 2016, 4: 7241-7250.

[41] 代杰杰,刘亚东,姜文娟,等.基于雷电行波时域特征的输电线路雷击类型辨识方法[J].电工技术学报,2016,31(6):242-250.

第 5 章

输电线路健康状态多维度差异化评价

5.1 概述

输电线路健康状态评价是线路智能运维和优化调度的基础。对于运行中的输电线路，外界环境条件和内部性能在不断变化，其整体运行状态也是不断变化的，全面和准确地对输电线路进行状态评价，及时发现输电线路存在的缺陷及安全隐患，才能为状态检修决策提供依据，确保电网的安全稳定运行。

常用的电力设备健康状态评价方法主要基于单一部件、单一或少数状态参量的阈值进行分析和诊断[1-6]。考虑到设备的状态信息量众多，要对设备状态进行全面和准确的评价，必须结合设备当前状态和历史状态变化情况进行综合分析。近年来，考虑多参量的设备状态综合评价方法的研究受到较多的关注，主要利用巡检试验、带电检测、在线监测信息及电网运行和气象环境等其他相关信息，结合缺陷记录、家族质量等信息对设备整体健康状态进行综合分析。采用的方法主要包括累积扣分法、几何平均法、健康指数法等简单数学方法以及模糊理论、贝叶斯网络、证据推理、物元理论、层次分析等智能评价方法[7-14]。我国电力公司目前应用的输电线路健康状态整体评价主要基于累积扣分法[15]，将输电线路分为基础、杆塔、导地线、绝缘子、金具、接地装置、附属设施、通道环境等单元，对每个单元给定线路巡视、例行试验、运行工况、在线监测等各类状态信息，各个状态信息根据其表现出来的不同劣化程度和对线路运行可靠性的不同影响程度赋予其不同的基本扣分值和权重，最终根据线路状态参量得分来判断输电线路运行状态。这种方法将状态评价参数量化为分值，优点在于打破了只有合格和超标两种状态，满足状态检修对状态的细分要求，便于数字化管理和推广应用，但是该方法对状态量模糊性、不确定性以及不同设备的差异性的考虑不足。

输电线路健康状态评价的难点在于各类状态参数评价等级和参数权重的确定，目前普遍采用基于理论分析、计算仿真、实验测试等手段建立的物理模型以及统一的评价标准，参数状态评价阈值和权重的确定主要基于大量实验数据的统计分析与专家经验。然而设备故障机理的复杂性、运行环境的多样性和设备制造工艺、运行工况等存在差异,统一标准的固定阈值判定方法难以保证对不同设备的适用性,需要融合输电线路状态信息、电网运行信息及环境状态信息等多源信息,结合输电线路的历史、当前和未来状态的预测进行综合分析实现设备状态的多维度、差异化评价。

为了确保输电线路状态评价的全面性和可扩展性,结合输电线路部件多、距离长、检测参数针对性强等特点,建立面向部件的输电线路分层信息模型架构如图 5.1 所示。该信息模型共划分基础参量和交互参量两类,核心状态量划分为设备部件层、状态信息层、传感数据层三个层次,是线路状态评价和诊断的主要依据。交互参量为应用交互层参量,包括调度运行参数、气象数据、空间位置信息、雷击数据等几类,是状态评价的参考信息。

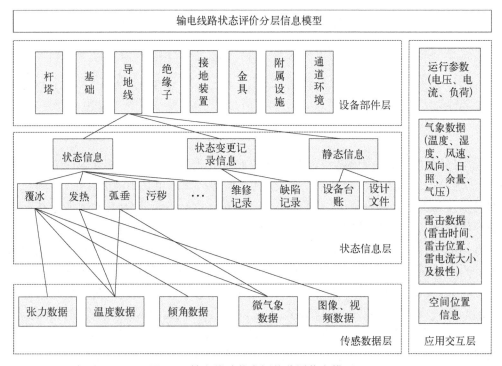

图 5.1   输电线路状态评价分层信息模型

设备部件层结合输电线路状态评价的原理,将输电线路的状态评价参数体系分为基础、杆塔、导地线、绝缘子、金具、接地装置、附属设施、通道环境等单元。

状态信息层包含各部件状态评价所对应的状态量,每个部件的评价涉及多个状态监测级参量,这些状态监测级参量都能够反映该部件特定方面的状态。状态信息参量可分为实时变化的状态数据、静态数据和状态变更记录信息三大类。检测数据通过一定的数学方法和模型融合分析实现自评估诊断,获得用以表征该状态监测级参量的状态评价结果信息。根据上述状态量的数据更新速度可分为实时数据、准实时数据和静态数据。

传感数据层是获取状态信息参数所必须采集的检测原始数据,针对状态量的性质分为两大类:一类是在线监测、带电检测和试验数据,该类是有量纲的数据,包括历史记录数据和当前采集的数据;另一类是日常巡视部分,该类是无量纲的数据,通过运维人员的日常巡视获得,在状态评价时需要进行量化。

5.2　基于关联规则和主成分分析的输电线路状态评价关键参数提取

　　输电线路状态评价首先要建立全面准确的状态评价参数体系,而由于输电线路分布点多面广、设备分散,导致评价参量的种类数量极为繁多、评价参数体系复杂。由于输电线路的参量大多数从巡视得来,对所有参量进行评估不仅会降低巡视效率,而且由于巡视方式没有统一化、规范化会造成参量巡视结果的差异,所以有必要选取最具代表性且能够反映输电线路工况的关键参量。

　　关键参数提取需要通过对输电线路缺陷、异常、故障等情况进行调研、数据收集和梳理,从设备状态监测信息、试验测试信息、电网运行信息及环境状态信息等多源海量全景状态信息中挖掘表征输电线路服役全过程运行状态的特征信息,从设备各单元各部件关键状态信息中析取状态评估应用的状态属性和属性数据,以建立包含静态属性、准实时状态属性、实时状态属性的输电线路关键参数体系。总体思路为在综合输电线路各类状态信息的基础上,运用数学模型提取关键参量,去除和故障缺陷相关性不大的参量,保留相关性强的参量,从而构建状态评价的关键参数体系,以消除输电线路状态信息间的不确定性和模糊性,实现对输电线路运行状态有效、准确的评估[16,17]。

　　本节描述利用关联规则挖掘和主成分分析构建输电线路状态评价的关键参数体系的方法,其目的是利用大量实际数据和记录提炼影响状态评价的关键参数,提高评价的效率和准确性具体流程如图 5.2 所示。首先,通过从生产管理系统、状态监测系统、气象信息系统、电网 GIS、雷电定位系统等电力系统信息平台获取电网运行、设备状态、环境等相关数据,综合各类规程、标准、导则等文件建立参量较为全面的基础参数体系。其次,结合历年故障、缺陷统计和电网公司缺陷库,通过关联规则中的置信度将参数体系中各部件的基础参量量化。将参量的量化结果作为主成分分析模型的输入,通过奇异值分解、主成分加

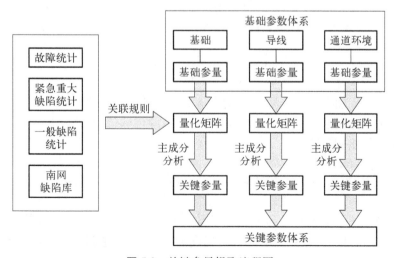

图 5.2　关键参量提取流程图

权综合等步骤计算出各参量对主成分的权重,以此作为依据提取关键参量。模型的核心思想是利用正交变换提取参量中的相关信息,计算各参量对主成分的贡献率,以此作为关键参量提取依据。最后,将输变电设备的静态、准实时、实时信息中提取的关键参量融合,形成面向部件的输电线路状态评价关键参数体系。

5.2.1　基于关联规则分析的基础参量量化模型

基于输电线路状态评价分层信息模型建立起输电线路的基础参数体系,基础参数体系共分为两层,分别为设备部件层和状态信息层。其中设备部件层包括基础、杆塔、导地线、绝缘子、金具、接地装置、附属设施、通道环境等 8 个单元,状态信息层则反映输电线路本体发生劣化的相关参量,是对输电线路进行状态评价、故障诊断等的基础参量。基础参量共有 145 个,其选取依据是国家标准、行业标准、规范文件、电网公司作业表单等,所选取的基础参量与输电线路本体各个部件建立对应关系。

为了体现各基础参量间的相关关系,需要将各参量进行量化,以作为关键参量选取数学模型的输入。考虑到输电线路运行历史记录与理论规程,将某电网公司所辖 220～1 000 kV 线路的历年故障统计、历年紧急/重大缺陷统计、历年一般缺陷统计、某电力公司生产管理系统缺陷库作为参量量化的四大依据,在选取关键参数时将基础参数体系的每一个参量进行量化。采用关联规则将每个参量与输电线路实际运行情况相结合,通过置信度的计算方法将每个参量量化为一个四维数组,从而在整体上构成可作为数学模型输入量的多维矩阵。

关联规则是寻找同一个事件中出现的不同项之间的相关性,即找出事件中频繁发生的项或属性的所有子集,以及它们之间的相互关联性。设 X 和 Y 都是事务数据库 I 的子集,则一条关联规则是一个形如 $X \rightarrow Y$ 的形式,其中 $X \subseteq I$,$Y \subseteq I$,且 $X \cap Y = \varnothing$。X 称为关联规则的前项,Y 称为关联规则的后项,关联规则体现为两组变量对应的项集 X 和项集 Y 之间因果依存的可能性。在事务数据库 I 中,其所包含某特定项集 A 的事务的个数称为项集 A 的支持度计数,记为 $\sigma(A)$,在概率学中可以表示为 $\sigma(A) = |\{\delta_i \mid A \subseteq \delta_i, \delta_i \subseteq I\}|$,$\delta$ 为包含项集 A 的事务。

衡量关联规则有两个基本度量:支持度和置信度。支持度 S 定义为 X 与 Y 同时出现在一次事务中的可能性,由 X 项和 Y 项在事务数据库 I 中同时出现的事务数占总事务的比例估计,反映 X 与 Y 同时出现的可能性,即

$$S(X \rightarrow Y) = \frac{|T(X \cup Y)|}{|T|} \tag{5.1}$$

式中,$T(X \cup Y)$ 为同时包含 X 和 Y 的事务数;$|T|$ 为总事务数。

置信度 C 用于度量规则中的后项 Y 对前项 X 的依赖程度,由在出现项目 X 的事务中出现项目 Y 的比例估计,即

$$C(X \rightarrow Y) = \frac{|T(X \cup Y)|}{|T(X)|} \tag{5.2}$$

式中,$T(X \cup Y)$ 为同时包含 X 和 Y 的事务数;$|T(X)|$ 为包含 X 的事务数。关联规则的置信度是一个相对指标,是对关联规则准确度的衡量,其值越高表示规则 Y 依赖于 X 的可能性比较高。

置信度可以用来量化各基础参量与线路运行情况的相关性,置信度越高表示参量与实际运行的相关性越强。以依据历年故障统计对导地线的基础参量进行量化为例,可记:

(1) 事务数据库 I ＝｛输电线路出现跳闸故障｝。

(2) 项集 $X_{i,j}$ ＝｛第 i 个部件第 j 个参量出现劣化｝。

(3) 项集 Y_i ＝｛第 i 个部件发生故障｝。

由式(5.1),首先计算各参量的支持度,计算式如下:

$$S(X_{i,j} \rightarrow Y_i) = P(X_{i,j} \bigcup Y_i) = \frac{\sigma(X_{i,j} \bigcup Y_i)}{|I|} \times 100\% \qquad (5.3)$$

式中,$S(X_{i,j} \rightarrow Y_i)$ 为 $X_{i,j}$ 和 Y_i 同时发生的支持度;$P(X_{i,j} \bigcup Y_i)$ 为 I 中同时包含 $X_{i,j}$ 和 Y_i 的条件概率;$\sigma(X_{i,j} \bigcup Y_i)$ 为 $X_{i,j}$ 和 Y_i 的支持度计数。在支持度的基础上根据式(5.1)、式(5.2)得到各参量的置信度,计算式如下:

$$C(X_{i,j} \rightarrow Y_i) = \frac{P(X_{i,j} \bigcup Y_i)}{P(X_{i,j})}$$
$$= \frac{\sigma(X_{i,j} \bigcup Y_i)/|I|}{\sigma(X_{i,j})/|I|} = \frac{\sigma(X_{i,j} \bigcup Y_i)}{\sigma(X_{i,j})} \times 100\% \qquad (5.4)$$

式中,$C(X_{i,j} \rightarrow Y_i)$ 为 $X_{i,j}$ 和 Y_i 同时发生的置信度;$P(X_{i,j})$ 为 I 中包含 $X_{i,j}$ 的概率;$(X_{i,j})$ 为 $X_{i,j}$ 的支持度计数;其余含义与式(5.3)相同。

以导地线的前 3 个基础参量(导地线闪络烧伤、导地线舞动、导地线覆冰)为例,线路跳闸故障总记录记为 I,3 个参量分别记为 $X_{2,1}$,$X_{2,2}$,$X_{2,3}$,发生导线故障记为 Y_2。本书梳理了某电网公司近十年的 491 例线路故障跳闸记录,导地线闪络烧伤、导地线舞动、导地线覆冰这 3 个参量严重劣化的总次数分别为 342 例、169 例、202 例。其中导线故障有 230 例,在这 230 例故障中,导地线闪络烧伤、导地线舞动、导地线覆冰这 3 个参量严重劣化的次数分别为 97 例、17 例、30 例。

根据式(5.1)计算求得 $|Y_2|=230$,$\sigma(X_{2,1})=342$,$\sigma(X_{2,2})=169$,$\sigma(X_{2,3})=202$,$\sigma(X_{2,1} \bigcup Y_2)=97$,$\sigma(X_{2,2} \bigcup Y_2)=17$,$\sigma(X_{2,3} \bigcup Y_2)=30$。

根据式(5.4)可以计算导线闪络烧伤这一参量的置信度为

$$C_{2,1} = \frac{P(X_{2,1} \bigcup Y_2)}{P(X_{2,1})} \times 100\% = \frac{97/491}{342/491} = 28.36\%$$

同样可得导地线舞动、导地线覆冰的置信度分别为 $C_{2,2}=10.45\%$,$C_{2,3}=14.93\%$。

同理,分别依据故障、紧急重大缺陷、一般缺陷的统计和生产管理系统缺陷库计算出导地线基础参量的置信度,如表 5.1 所示,最终得到导地线的基础参量矩阵。

表 5.1　导地线的基础参量矩阵　　　　　　　　(单位:%)

导　地　线	故　障	紧　急	一　般	缺陷库
导地线闪络烧伤	28.36	17.80	10.32	21.20
导地线异常振动	2.10	0	0	5.22
导地线舞动	10.45	2.78	0	0

导　地　线	故　障	紧　急	一　般	缺陷库
导地线覆冰	14.93	8.90	2.49	1.35
导地线弧垂	1.01	0	14.60	16.48
分裂导线间距发生变化	0	0	0	11.63
分裂导线有鞭击扭绞等现象	0	0	0	0
导地线风偏	7.78	0	1.12	11.34
导地线异物悬挂	18.54	2.05	23.52	5.56
导地线在线夹内滑移	4.00	33.43	14.61	0
导地线脱冰跳跃	3.12	1.03	0.32	0
各类连接管、补修管有弯曲变形现象	0	17.35	0	11.34
各类预绞丝缺股、散股	0	0	1.01	1.67
悬垂线夹出口处导地线存在明显弯曲而无预绞丝护线条	0	0	0	1.55
跳线断股、扭曲、变形、烧伤、损伤	10.65	0	23.10	5.08
分裂跳线扭绞、存在摩擦点	0	0	0	1.32
经双挂点改造的跳线松弛	0	0	0	5.08
OPGW 表面有金钩、磨损、断股、漏油等现象	0.91	17.12	18.04	11.34
OPGW 的金具或夹具磨损、损坏或螺栓松动	0	17.69	0	0
OPGW 接头引下线与带电部分的距离不满足要求	0	0	0	0
OPGW 接头箱锈蚀	0	0	0	0
OPGW 余缆脱离余缆架	0	0	0	0
跳线风偏	1.32	0	0	0
重要交跨接头存在	0	0	0	0

5.2.2　主成分分析法提取输电线路状态评价关键参数

为了适用于基础参数体系的量化矩阵,引入基于主成分分析的关键参量提取模型,该方法的物理意义在于将所有基础参量投影到以综合评价为轴的坐标系中,根据各基础参量在综合评价中权重的大小依次排列,并将权重作为关键参量选取依据。

基于主成分分析法提取关键参量的实现按照以下流程。

(1) 按照主成分分析法的定义,得到一个 $p \times n$ 阶的数据矩阵 $\boldsymbol{X} = (X_1, X_2, \cdots, X_p)^{\mathrm{T}}$,其中 n 表示样本个数,p 表示基础参量个数,$X_1, X_2, \cdots, X_p$ 表示 p 个基础参量对应的样本。

$$\boldsymbol{X} = \begin{bmatrix} X_1 \\ X_2 \\ \vdots \\ X_p \end{bmatrix} = \begin{bmatrix} x_{11} & x_{12} & \cdots & x_{1n} \\ x_{21} & x_{22} & \cdots & x_{2n} \\ \vdots & \vdots & & \vdots \\ x_{p1} & x_{p2} & \cdots & x_{pn} \end{bmatrix} \tag{5.5}$$

(2) 对该数据矩阵进行标准化、正交化,得到相关系数矩阵 $\boldsymbol{R}$:

$$\boldsymbol{R} = \boldsymbol{X} \cdot \boldsymbol{X}^{\mathrm{T}} = \begin{bmatrix} r_{11} & r_{12} & \cdots & r_{1n} \\ r_{21} & r_{22} & \cdots & r_{2n} \\ \vdots & \vdots & & \vdots \\ r_{n1} & r_{n2} & \cdots & r_{nn} \end{bmatrix} \tag{5.6}$$

（3）对相关矩阵进行奇异值分解，得到 $\boldsymbol{R}$ 的特征值和特征向量，其中 $\lambda_1 \geqslant \lambda_2 \geqslant \cdots \geqslant \lambda_p \geqslant 0$ 表示按大小顺序排列的 p 个特征值，$\boldsymbol{\alpha}_1$，$\boldsymbol{\alpha}_2$，$\cdots$，$\boldsymbol{\alpha}_p$ 为特征值对应的特征向量。

（4）确定主成分的个数及计算公式。

贡献率：

$$\frac{\lambda_i}{\sum_{k=1}^{p} \lambda_k}, \quad i=1,2,\cdots,n \tag{5.7}$$

累计贡献率：

$$\frac{\sum_{k=1}^{i} \lambda_k}{\sum_{k=1}^{p} \lambda_k}, \quad i=1,2,\cdots,n \tag{5.8}$$

λ_1，λ_2，$\cdots$，λ_m 的累计贡献率属于 $85\% \sim 95\%$ 的置信区间，则确定有 m 个主成分能够用来表征原始的 p 个基础参量信息（$m \leqslant p$），记为 $\boldsymbol{F} = (F_1, F_2, \cdots, F_m)^{\mathrm{T}}$，算法中定义主成分的计算公式如下：

$$\boldsymbol{F} = \boldsymbol{A}\boldsymbol{X} = (\sqrt{\lambda_1}\boldsymbol{\alpha}_1, \sqrt{\lambda_2}\boldsymbol{\alpha}_2, \cdots, \sqrt{\lambda_m}\boldsymbol{\alpha}_m)^{\mathrm{T}} \cdot (X_1, X_2, \cdots, X_p)^{\mathrm{T}} \tag{5.9}$$

式中，$\boldsymbol{A} = (\sqrt{\lambda_1}\boldsymbol{\alpha}_1, \sqrt{\lambda_2}\boldsymbol{\alpha}_2, \cdots, \sqrt{\lambda_m}\boldsymbol{\alpha}_m)^{\mathrm{T}}$ 为因子载荷矩阵，其第 i 行所有元素的平方和 $S_i = \sum_{j=1}^{p} a_{ij}^2$ 为第 i 个主成分的方差贡献，其中 $i=1,2,\cdots,m$。在这种情况下，第 i 个主成分的方差贡献为 $S_i = (\sqrt{\lambda_i}\boldsymbol{\alpha}_i)^{\mathrm{T}}(\sqrt{\lambda_i}\boldsymbol{\alpha}_i) = \lambda_i$。

（5）计算主成分综合得分。

对 m 个主成分进行加权，计算出主成分的综合得分 $\hat{F}$，以利用综合得分对各基础参量进行排名和评价，公式如下：

$$\hat{F} = \omega_1 F_1 + \omega_2 F_2 + \cdots + \omega_m F_m = c_1 X_1 + c_2 X_2 + \cdots + c_p X_p \tag{5.10}$$

式中，$\omega = (\omega_1, \omega_2, \cdots, \omega_m)$ 为主成分对综合得分的权重；$c = (c_1, c_2, \cdots, c_p)$ 为基础参量对综合得分的权重，可作为关键参量筛选的依据。

（6）推导综合得分 $\hat{F}$ 的权重。

由于 m 个主成分的总方差能够反映原始 p 个基础参量的主要信息，所以 m 个主成分的加权综合得分 $\hat{F}$ 也应该具有相同的功能，$\hat{F}$ 的方差应当与 m 个主成分的方差贡献之和一致，即 $\mathrm{Var}(\hat{F}) = \sum_{i=1}^{m} S_i = \sum_{i=1}^{m} \lambda_i$。

根据因子分析中的 Thomson 方法，可以推导出因子载荷矩阵 $\boldsymbol{A}$ 可以近似用 $\boldsymbol{AR}^{-1}$ 来表示，因此推导出 $\hat{F}$ 的方差为

$$
\begin{aligned}
\mathrm{Var}(\hat{F}) &= \mathrm{Var}(\omega F) = \mathrm{Var}(\omega \boldsymbol{AR}^{-1}\boldsymbol{X}) \\
&= \omega \mathrm{Cov}(\boldsymbol{AR}^{-1}\boldsymbol{X},\ \boldsymbol{X}^{\mathrm{T}}\boldsymbol{R}^{-1}\boldsymbol{A}^{\mathrm{T}})\omega^{\mathrm{T}} \\
&= \omega \boldsymbol{AR}^{-1}\mathrm{Cov}(\boldsymbol{X},\ \boldsymbol{X}^{\mathrm{T}})\boldsymbol{R}^{-1}\boldsymbol{A}^{\mathrm{T}}\omega^{\mathrm{T}}
\end{aligned} \tag{5.11}
$$

根据相关矩阵 $\boldsymbol{R}$ 的定义，有

$$
\mathrm{Cov}(\boldsymbol{X},\ \boldsymbol{X}^{\mathrm{T}}) = \boldsymbol{R},\quad \boldsymbol{R}^{-1} = \sum_{i=1}^{p} \frac{1}{\lambda_i}\boldsymbol{\alpha}_i\boldsymbol{\alpha}_i^{\mathrm{T}} \tag{5.12}
$$

从而得到 $\hat{F}$ 的方差如下：

$$
\begin{aligned}
\mathrm{Var}(\hat{F}) &= \omega(\sqrt{\lambda_1}\,\boldsymbol{\alpha}_1,\ \sqrt{\lambda_2}\,\boldsymbol{\alpha}_2,\ \cdots,\ \sqrt{\lambda_m}\,\boldsymbol{\alpha}_m)^{\mathrm{T}} \\
&\quad \times \sum_{i=1}^{p} \frac{1}{\lambda_i}\boldsymbol{\alpha}_i\boldsymbol{\alpha}_i^{\mathrm{T}}(\sqrt{\lambda_1}\,\boldsymbol{\alpha}_1,\ \sqrt{\lambda_2}\,\boldsymbol{\alpha}_2,\ \cdots,\ \sqrt{\lambda_m}\,\boldsymbol{\alpha}_m)\omega^{\mathrm{T}} \\
&= \omega_1^2 + \omega_2^2 + \cdots + \omega_m^2
\end{aligned} \tag{5.13}
$$

因此，权重 ω_i 的取值为 $\sqrt{\lambda_i}$。

(7) 计算各参量对综合得分的权重，作为关键参量提取的依据。将综合得分 $\hat{F}$ 用基础参量表示：

$$
\begin{aligned}
\hat{F} = \omega F = \omega \boldsymbol{AX} &= (\sqrt{\lambda_1},\ \sqrt{\lambda_2},\ \cdots,\ \sqrt{\lambda_m}) \\
&\quad \times (\sqrt{\lambda_1}\,\boldsymbol{\alpha}_1,\ \sqrt{\lambda_2}\,\boldsymbol{\alpha}_2,\ \cdots,\ \sqrt{\lambda_m}\,\boldsymbol{\alpha}_m)^{\mathrm{T}}(X_1,\ X_2,\ \cdots,\ X_p)^{\mathrm{T}} \\
&= (\lambda_1\boldsymbol{\alpha}_1 + \lambda_2\boldsymbol{\alpha}_2 + \cdots + \lambda_m\boldsymbol{\alpha}_m)^{\mathrm{T}}(X_1,\ X_2,\ \cdots,\ X_p)^{\mathrm{T}}
\end{aligned} \tag{5.14}
$$

因此，可以得到基础参量对综合得分的权重向量 $\boldsymbol{C}$ 为

$$
\boldsymbol{C} = (c_1,\ c_2,\ \cdots,\ c_p) = (\lambda_1\boldsymbol{\alpha}_1 + \lambda_2\boldsymbol{\alpha}_2 + \cdots + \lambda_m\boldsymbol{\alpha}_m)^{\mathrm{T}} \tag{5.15}
$$

(8) 将基础参量的权重向量 $\boldsymbol{C}$ 归一化至 $[0,1]$，得到关键参量提取方法：权重越大表明相关性越强，该基础参量越具有代表性，因此以权重作为关键参量提取依据，将权重在 0.5 以上的基础参量选为关键参量。

以导线为例，其基础数据矩阵如表 5.1 所示，对其进行标准化、正交化、奇异值分解后，得到的特征值如下：

$$
\lambda_1 = 4.696\ 1,\quad \lambda_2 = 9.775\ 9,\quad \lambda_3 = 1.227\ 9
$$
$$
\lambda_4 = 0.000\ 2,\quad \lambda_5,\ \cdots,\ \lambda_{24} = 0
$$

根据式(5.7)第 1～4 个主成分的贡献率分别为 62.27%，29.91%，7.82%，0.001%。进而计算可以得到第 1、第 2 个主成分的累计贡献率为 92.18%，属于算法所要求的 85%～95% 的置信区间，因此特征值 λ_1、λ_2 对应的特征向量可以用来计算各参量对综合得分的权重。

根据步骤(7)、(8)计算得到导线所有基础参量对综合得分的权重，如图 5.3 所示。

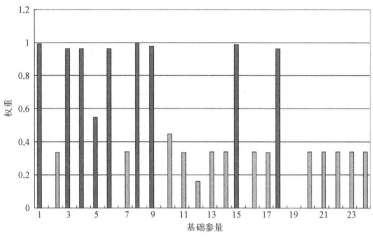

图 5.3　基础参量权重

图 5.3 中深灰色对应权重较大的基础参量,浅灰色对应权重较小的基础参量。根据图 5.3 将权重大于 0.5 对应的 9 个基础参量选为导地线的关键参量,结果如表 5.2 所示。

表 5.2　选取的导地线关键参量

基础参量序号	关　键　参　量
1	导地线闪络烧伤
2	导地线舞动
3	导地线覆冰
4	导地线弧垂
5	分裂导线间距发生变化
6	导地线风偏
7	导地线异物悬挂
8	跳线断股、扭曲、变形、烧伤、损伤
9	OPGW 表面有金钩、磨损、断股、漏油等现象

5.2.3　输电线路状态评价关键参数体系的建立

将主成分分析法应用到整个输电线路基础参数体系中,对每个单元提取关键参量,形成关键参数体系,最终在 145 个基础参量中筛选出 56 个关键参量,如表 5.3 所示。

表 5.3　关键参数体系构建结果

基础参数体系		关键参数体系	
单　元	基础参数个数	单　元	关键参数个数
基础	14	基础	8
杆塔	19	杆塔	9
导地线	24	导地线	10
绝缘子	22	绝缘子	8
金具	20	金具	6
接地装置	9	接地装置	5
附属设施	10	附属设施	4
通道环境	17	通道环境	7

输电线路各单元关键参量如表5.4所示。

表5.4　各线路部件关键参量

单元	序号	状态量
基础	1	杆塔基础位移、沉降、上拔
	2	杆塔基础表面水泥脱落、酥化或钢筋外露
	3	杆塔基础保护范围内有被取土的现象
	4	拉线基础埋深不足
	5	拉线棒锈蚀
	6	底座、枕条、立柱等出现歪斜、变形
	7	防碰撞设施
	8	基础护坡及防洪设施
	9	拉线基础外力破坏
杆塔	10	杆塔倾斜度
	11	塔头间隙
	12	铁塔、钢管塔主材弯曲度
	13	杆塔横担歪斜、弯曲度
	14	铁塔和钢管塔构件缺失、松动
	15	混凝土杆裂纹
	16	靠近地面侧拉线部件未采取防盗措施或防盗设施损坏
	17	拉线棒锈蚀
导地线	18	导地线存在腐蚀、断股、损伤和闪络烧伤
	19	导地线舞动
	20	导地线弧垂
	21	分裂导线间距发生变化
	22	导地线风偏
	23	导地线异物
	24	悬挂导地线覆冰
	25	跳线断股、扭曲、变形、烧伤、损伤
	26	OPGW表面有金钩、磨损、断股、漏油等现象
绝缘子	27	瓷或玻璃绝缘子外观破损、裂纹、闪络烧伤
	28	复合绝缘子外观破损、粉化、龟裂
	29	绝缘子串爬电
	30	瓷绝缘子零值和玻璃绝缘子自爆情况
	31	绝缘子串倾斜情况
	32	锁紧销缺失、锈蚀、松动
	33	防污涂层龟裂、粉化和脱落
	34	绝缘子盐密和灰密
金具	35	金具变形、裂纹、闪络烧伤
	36	金具锈蚀、磨损
	37	开口销及弹簧销缺损或脱出
	38	接续金具过热变色或连接螺栓松动(接续金具发热)
	39	接续金具紫外探伤发现金具内严重烧伤、断股或压接不实
	40	防振锤锈蚀、脱落

续　表

单　元	序　号	状　态　量
接地装置	41	接地装置外露或被腐蚀
	42	接地电阻值
	43	接地体埋设深度
	44	接地体与接地引下线连接情况
	45	接地引下线断开或接地连接螺栓松动
附属设施	46	杆号牌、相序牌及警告牌等标志损坏、丢失、翻转
	47	避雷器外观
	48	防鸟设施锈蚀、损坏、断针、固定螺栓松动
	49	在线监测装置运行情况
通道环境	50	开山采石、施工爆破
	51	杆塔位于采空区,在杆塔周围山体有裂缝、断层、塌陷等
	52	树木、建筑净空距离不足
	53	线路周围有塑料大棚
	54	在杆塔上筑有危及线路安全的鸟巢及有藤蔓类植物附生
	55	防鸟装置的安装和运行管理
	56	通道附近放风筝

5.2.4　关键参数的有效性验证

结合某电网公司某条 500 kV 线路的巡视、预防性实验记录与该条线路的运行记录,将基础参数体系、关键参数体系根据累计扣分法的状态评价结果与线路实际运行情况对比,以验证提取的关键参数体系的有效性。

以某年 12 月为状态评价时段,该段输电线路的部分实验和巡视记录如表 5.5 所示。

表 5.5　部分实验和巡视记录

实验类记录	实测值	注意值	警示值
覆冰厚度/mm	15	10	20
导线温度/℃	46	50	80
弧垂偏差/%	2.8	1.5	3
跳线风偏角度/(°)	10	11	66
复合绝缘子憎水性	HC3	HC3	HC6
绝缘子盐密值与控制值的比值	0.4	0.5	0.7
日常巡视类记录	导地线存在轻微的断股现象; 导地线表面存在一定厚度覆冰; 导地线无异物悬挂; 导地线存在轻微舞动及风偏情况,环境风速大; A 相绝缘子自爆两片; 绝缘子存在轻微的积污现象; 接续金具及跳线均正常		

使用累计扣分法作为输电线路的状态评价方法,设备运行状态满分为 100 分,0 分表

示设备需要立即检修,100 分则表示设备运行正常,无须检修。针对线路的巡视及预试记录,按照国家电网评价导则参数、南方电网评价导则参数、本节提取的关键参数对该线路进行状态评价,其扣分状态量及扣分结果如表 5.6 所示。

表 5.6   导地线和绝缘子的扣分表

状 态 量	国家电网评价导则		南方电网评价导则		关键参数评价
	基本扣分	应扣分值	基本扣分	应扣分值	应扣分值
导地线断股、烧伤	5	20	4	16	20
导地线弧垂	5	20	4	16	20
导地线异常振动、舞动、覆冰情况	10	40	10	40	40
导地线总扣分	80		72		80
复合绝缘子憎水性	2	6	4	12	—
零值绝缘子自爆	5	20	4	16	20
绝缘子盐密、灰密	1	4	8	32	32
绝缘子总扣分值	30		60		52

根据导则对线路总体评价的规定,可以得到线路整体得分 P 的计算公式如下:

$$P = 100 - \sum_{i=1}^{8} w_i S_i \tag{5.16}$$

式中,w_i 为各分部件的权重;S_i 为各分部件的扣分值;因此根据各部件的扣分值可以计算出线路得分如表 5.7 所示。

表 5.7   线路得分和评价表

	线 路 得 分	线 路 评 价	实 际 情 况
国家电网评价导则	83.5	异常	
南方电网评价导则	80.2	异常	异常
关键参数体系	80.2	异常	

该段输电线路的实际情况为:当时处于冬季的大雪天气,输电线路上覆冰厚度已接近设计值,由于覆冰的影响导线的弧垂已偏离正常值,导线存在异常振动;维修记录显示该段导线之前已进行过有关接续金具和修复导线断股的维修。综合以上实际情况,可以判断该段输电线路运行状态正处于"异常"状态,整体工作性能欠佳,应密切注意其后续状态发展,尽快安排维修。

同理,根据该线路这一年的运维记录按月对线路作状态评价,得到结果如图 5.4 所示。

根据表 5.7 和图 5.4 的评价结果和线路实际运行记录,可以看出关键参数体系和国家电网、南方电网评价导则的评价结果稍有差异,但基本符合线路实际运行情况。这说明基础参数体系中的参量综合了各类评价导则、技术规范,能够更全面、准确地对输电线路进行状态评价;关键参数体系从基础参数体系中提取,在确保状态评价结果准确的同时降低了参数体系的复杂性,更有利于状态检修的具体实施。

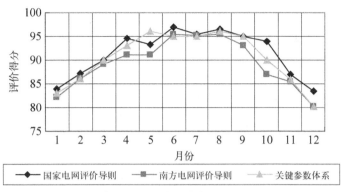

图 5.4　状态评价参数体系的结果对比

5.3　基于组合赋权和模糊评判的输电线路健康状态综合评价

输电线路健康状态评价的累计扣分法计算过程是结合设备历年的运行情况、例行试验、巡检、运行工况、在线监测等各类信息,描述设备各参量在不同劣化程度下的扣分权重和扣分值,进而计算出设备整体的扣分值并参照分值表评价出设备运行状态,该方法对状态量模糊性和不确定性考虑不足。基于组合赋权法和模糊评判的输电线路状态评价方法综合考虑输电线路各类状态信息,有效地结合当前数据和历史数据进行状态等级和权重变化调整,避免了固定权重带来的个别指标严重异常时对整体状态影响较小的问题。其主要思路基于模糊评判矩阵确定各参数评估的状态等级,然后在综合层次分析法得到的主观权重和熵权法得到的客观权重的基础上,采用变权综合理论,根据数据偏离正常值的大小及评判因素的均衡性对综合权重进行调整;最后用模糊综合评判方法对输电线路各部件状态和整体健康状态进行评价。

5.3.1　各层状态量的模糊评判矩阵

1. 基本原理

模糊综合评判是应用模糊关系合成原理,基于模糊集合论,对评估中的各种模糊信息作出贴近的量化处理,从而对事物隶属等级进行综合评估的一种方法。其基本思想是表征评估指标的属性和表征评估结果的评语之间具有模糊隶属关系,把指标体系中的每个指标的值经过模糊评判矩阵,与评语结合起来。如果已知各因素的权重集和模糊评判矩阵,可求出隶属度模糊向量,从而由隶属度模糊向量中各元素的大小,判断出线路的运行状态。模糊综合评判的目的就是在综合考虑所有影响因素的基础上,从评语集合中得出最接近即最佳的评判结果[18-20]。

设状态评价对象输电线路的影响因素(即状态量)集合为

$$U = \{u_1, u_2, \cdots, u_n\} \tag{5.17}$$

输电线路按照其运行工况,通常将其运行健康状态分为正常、注意、异常、严重四种。表征输电线路运行状态的评语集合为

$$V = \{v_1, v_2, v_3, v_4\} \tag{5.18}$$

状态量集合 U 和评语集合 V 之间的模糊评判矩阵为

$$\boldsymbol{R} = \begin{bmatrix} R_1 \\ R_2 \\ \vdots \\ R_m \end{bmatrix} = \begin{bmatrix} r_{11} & r_{12} & r_{13} & r_{14} \\ r_{21} & r_{22} & r_{23} & r_{24} \\ \vdots & \vdots & \vdots & \vdots \\ r_{m1} & r_{m2} & r_{m3} & r_{m4} \end{bmatrix} \tag{5.19}$$

式中，$r_{ij}(0 \leqslant r_{ij} \leqslant 1)$ 为因素 u_i 对评语 v_j 的隶属关系。

　　输电线路的状态评价具有指标繁多、结构复杂、不确定因素作用显著等特点，因此输电线路的状态评价都必须要对指标的相对重要度做出正确的估计，即评价状态量相对重要性的估测，也称为权重。所谓权重，就是表征评价状态量之间相对重要性大小的表征度量值。对各状态量相对重要性进行估测，得到权重集，设为

$$W = (w_1, w_2, \cdots, w_n), \quad 0 \leqslant w_i \leqslant 1; \sum_{i=1}^{n} w_i = 1 \tag{5.20}$$

式中，w_i 为状态量 u_i 的权重值。

　　综合模糊评判矩阵 $\boldsymbol{R}$ 和权重集 W 后，对输电线路运行状态的最终评价，应用模糊评判矩阵的复合运算，可得模糊综合评判的数学模型：

$$\boldsymbol{B} = \boldsymbol{W} \circ \boldsymbol{R} = (b_1, b_2, b_3, b_4) \tag{5.21}$$

式中，B 为模糊综合评判的结果，b_j 为第 j 种状态 v_j 对设备状态的隶属度，"$\circ$" 为模糊运算符，可对模糊运算符进行不同的定义，对应不同的模糊综合评判模型。本书选取矩阵的乘法运算符 "·" 来表示 "$\circ$"，这样就将所有评判状态量对评判结果的影响都考虑在内，并且没有遗失任一状态量的信息。

　　2. 状态量归一化

　　在输电线路状态评价中，由于各状态量的数量级和量纲不同，容易导致得到的隶属度不符合每一个状态量的实际情况。因此在确定隶属函数之前，需要将各项评价状态量值进行归一化处理，对各状态量的量化数据采用相对劣化度的方法进行归一化处理，这样可以准确地描述输电线路状态偏离正常工作状态的严重程度。采用越小越优型和越大越优型标准化方法得到各评价状态的参数特征值，具体方法如下。

　　对极大型状态量，其数值越大状态越优，其计算公式为

$$f(x_i) = \begin{cases} 0, & x_i \geqslant a \\ \left(\dfrac{a - x_i}{a - b} \right)^k, & b \leqslant x_i \leqslant a \\ 1, & x_i \leqslant b \end{cases} \tag{5.22}$$

　　对极小型状态量，其数值越小状态越优，其计算公式为

$$f(x_i) = \begin{cases} 1, & x_i \geqslant b \\ \left(\dfrac{x_i - a}{b - a} \right)^k, & a < x_i < b \\ 0, & x_i \leqslant a \end{cases} \tag{5.23}$$

式中，$f(x_i)$ 为状态信息 i 的相对劣化度，x_i 为状态指标的实测值；a 为状态信息 i 的额定值，b 为状态信息 i 的注意值，其值的确定参考《电力设备预防性试验规程》和《架空输电线路状态评价导则》[15]；k 为劣化速度指数，对于比例劣化 k 取 1，加速劣化 k 取 0.5，一般可取 $k=1$。

对直接观察的定性数据，如基础数据中的巡检、维修和缺陷记录等，采用专家打分法。根据输电线路的巡检记录，结合《架空输电线路状态评价导则》和《架空输电线路状态检修导则》由专家按经验评分。和相对劣化度对应，打分范围为 $[0,1]$，且指标反映输电线路状态越好，分值越接近 1。

3. 确定隶属度函数

隶属度函数的确定是层次分析法中重要的一步。为了确定各状态量的隶属度函数，本书先按照归一化处理，将各个状态量的监测值转化为 0~1 的数值，再计算劣化度对于评判集中的四种工作状态的隶属度，二者之间的对应关系如表 5.8 所示。

表 5.8　输电线路状态隶属度说明

劣化度取值范围	输电线路状态描述
0~0.2	状态良好，可以继续运行
0.2~0.4	轻微劣化，但仍然正常运行
0.4~0.7	劣化中等，偏离正常状态，有轻微故障
0.7~1	故障状态，有严重故障出现

岭形分布具有主值区间宽、过渡带平缓的特点，能较好地反映输电线路各状态量的特征值和状态评价集间的模糊关系。本书采用岭形的隶属函数来计算评价状态的参数特征值 x_i 对应各运行状态的隶属度，如图 5.5 所示，由岭形分布函数描述评判等级间的模糊性。

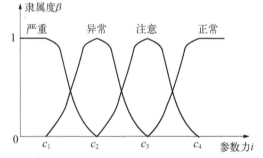

图 5.5　输电线路状态评价的模糊隶属函数分布图

"严重"状态等级的隶属函数为

$$\beta_1(x_i) = \begin{cases} 1, & c_1 \geqslant x_i \\ \dfrac{1}{2} - \dfrac{1}{2}\sin\dfrac{\pi}{c_2-c_1}\left(x_i - \dfrac{c_1+c_2}{2}\right), & c_1 < x_i \leqslant c_2 \\ 0, & c_2 < x_i \end{cases} \tag{5.24}$$

"异常"状态等级的隶属函数为

$$\beta_2(x_i) = \begin{cases} 0, & c_1 \geqslant x_i \\ \dfrac{1}{2} + \dfrac{1}{2}\sin\dfrac{\pi}{c_2-c_1}\left(x_i - \dfrac{c_1+c_2}{2}\right), & c_1 < x_i \leqslant c_2 \\ \dfrac{1}{2} - \dfrac{1}{2}\sin\dfrac{\pi}{c_3-c_2}\left(x_i - \dfrac{c_2+c_3}{2}\right), & c_2 < x_i \leqslant c_3 \\ 0, & c_3 < x_i \end{cases} \tag{5.25}$$

"注意"状态等级的隶属函数为

$$\beta_3(x_i)=\begin{cases}0, & c_2\geqslant x_i\\ \dfrac{1}{2}+\dfrac{1}{2}\sin\dfrac{\pi}{c_3-c_2}\left(x_i-\dfrac{c_2+c_3}{2}\right), & c_2<x_i\leqslant c_3\\ \dfrac{1}{2}-\dfrac{1}{2}\sin\dfrac{\pi}{c_4-c_3}\left(x_i-\dfrac{c_3+c_4}{2}\right), & c_3<x_i\leqslant c_4\\ 0, & c_4<x_i\end{cases} \quad (5.26)$$

"正常"状态等级的隶属函数为

$$\beta_4(x_i)=\begin{cases}0, & c_3\geqslant x_i\\ \dfrac{1}{2}+\dfrac{1}{2}\sin\dfrac{\pi}{c_4-c_3}\left(x_i-\dfrac{c_3+c_4}{2}\right), & c_3<x_i\leqslant c_4\\ 1, & c_4<x_i\end{cases} \quad (5.27)$$

式中，$c_i(i=1,2,3,4)$ 根据状态量 u_i 对 4 种状态等级的模糊分界区间选定，不同的状态量取不同的值，按有关规程与专家经验确定；x_i 为状态信息进行归一化后的值。

4. 建立模糊评判矩阵

输电线路底层各状态量集合为 $U=\{u_1,u_2,\cdots,u_n\}$，评语集合为 $V=\{v_1,v_2,v_3,v_4\}$。将各状态量的实测值进行归一化后代入隶属度函数，计算出各状态量对应于 4 种状态等级的隶属度值，由式(5.19)得到模糊评判矩阵。

5.3.2 基于层次分析法和熵权法的组合赋权

根据模糊综合评判的数学模型：

$$\boldsymbol{B}=\boldsymbol{W}\circ\boldsymbol{R}=(b_1,b_2,b_3,b_4) \quad (5.28)$$

指标权重的确定对模糊综合评判的重要性毋庸置疑。针对电力设备状态评价指标权重的确定方法主要有两种，分别是主观赋权法和客观赋权法。主观赋权法是根据决策者对各指标的主观重视程度而赋权的方法，主要包括专家评分法、层次分析法等，客观赋权法则是根据指标所反映的客观信息来确定权重，主要包括主成分分析法、综合指数法、熵权法。本节将重点讨论基于层次分析法的指标主观权重的确定和基于熵权法的指标客观权重的确定，最后将二者综合起来，并采用变权理论提高权重值随状态参数变化的准确性。

1. 层次分析法确定主观权重

层次分析法(analytic hierarchy process，AHP)是美国运筹学家、匹兹堡大学的 A.L. Saaty 教授于 20 世纪 70 年代提出的一种将定性和定量相结合的系统分析方法。它是主观赋权法的一种，常用于系统工程中对非定量事件做定量分析，是对人们的主观判断作客观描述的一种有效方法。应用 AHP 做系统分析时，首先应将问题层次化，即充分利用人的经验和判断将各个因素分成层次予以量化，然后对决策方案的优劣进行排序。

层次分析法的具体做法是根据问题的性质和预期的总体目标将问题分解为不同的组

成因素,并按照因素间的相互关联度及隶属关系将因素按不同层次聚集组合,形成一个多层次的分析结构模型,最终将系统分析归结为最底层相对于最高层的重要性权值的确定过程[21]。

设底层各状态量集合为 $U=\{u_1, u_2, \cdots, u_n\}$,根据专家经验得到 A-U 判断矩阵 W。对判断矩阵进行一致性检验,通过一致性检验公式:

$$CR = CI/RI \tag{5.29}$$

式中,CR 为判断矩阵的随机一致性比率;CI 为判断矩阵的一般一致性指标,由式(5.30)给出:

$$CI = \frac{1}{n-1}(\lambda_{max} - n) \tag{5.30}$$

RI 为判断矩阵的一般一致性指标,随着判断矩阵的阶数取固定数值。

当 CR < 0.1 时,即认为判断矩阵具有满意的一致性,说明权数分配的合理性;否则需要调整判断矩阵,直到通过一致性检验。

当判断矩阵通过检验后,求出矩阵 W 的最大特征根所对应的特征向量 $C=\{c_1, c_2, \cdots, c_n\}$,所求特征向量即各状态量重要性排序,也就是各状态量的主观权重值。

2. 熵权法确定客观权重

熵权法根据各因素所提供的信息量来计算相应的权重系数,通过计算熵值来判断某个因素的离散程度。利用信息熵根据各因素对评语集中各状态的隶属度来计算各因素的权重。以模糊评判矩阵 R 为研究对象,首先计算因素 u_i 的熵值:

$$H_i = -k \sum_{j=1}^{4} r_{ij} \ln r_{ij} \tag{5.31}$$

式中,$k = \ln 4 (k > 0)$,r_{ij} 满足 $\sum_{j=1}^{4} r_{ij} = 1$,且当 $r_{ij} = 0$ 时,$H_i = 0$。

然后计算因素 u_i 的差异系数:

$$g_i = 1 - H_i \tag{5.32}$$

最后计算因素 u_i 的熵权值:

$$e_i = \frac{g_i}{\sum_{i=1}^{n} g_i} \tag{5.33}$$

得到基于熵的权重向量,也就是各状态量的客观权重:$E = \{e_1, e_2, \cdots, e_n\}$。

3. 基于变权综合理论的组合赋权

组合赋权是指把各状态量的主、客观权重进行综合,用以综合反映评价指标的客观信息与评价者的主观判断。客观熵权权重与主观 AHP 权重相结合,计算得到综合权重 $A = (a_1, a_2, \cdots, a_m)$。

$$a_i = \frac{e_i c_i}{\sum_{i=1}^{m} e_i c_i} \tag{5.34}$$

该综合权重虽然综合了 AHP 主观权重和熵权客观权重,但是忽略了各因素之间的均衡性。因为即使是影响最轻微的因素,严重偏离正常值时,对状态的影响也会显著增大,应该重新考虑其权重,因此引入变权综合理论。变权综合理论通过加大客观权重对综合权重的影响,充分考虑状态量变化幅度对指标权重的影响,对指标的综合权重加以修正。在输电线路的模糊评判中采用基于变权综合理论的组合赋权法来综合主观与客观权重,得到的权重能够客观地反映各参数发生变化时对设备运行状态的影响。

组合赋权的计算公式为

$$w_i = \frac{c_i e_i^{\alpha}}{\sum c_i e_i^{\alpha}} \tag{5.35}$$

式中,c_i 为第 i 个评价因素的主观权重;e_i 为该因素对应的客观权重;w_i 为组合赋权后的综合权重;α 为变权系数。一般情况下,当不多考虑各状态特征参数的均衡问题时,取 $\alpha > 1/2$;当不能容忍某些参数严重偏离时,取 $\alpha < 1/2$;当 $\alpha = 1$ 时,等同于常权模式。对电力设备的状态评价而言,考虑到关键参数的严重偏离将影响整个设备的安全性,选取 $\alpha = 0.1$。

5.3.3　模糊综合评判

根据建立的输电线路状态评价参数体系,在得到体系中各状态量的模糊综合矩阵和综合权重后,进行各层的模糊综合评判,最后得到输电线路各部件的状态和整体状态。

1. 各部件的状态评价

输电线路每个部件都有相应的状态信息层和传感层数据,因此部件的最终状态需要使用模糊综合评判方法进行逐层的状态评价。

首先根据传感层的实测数据得到状态信息层中各状态量的模糊综合矩阵与权重,然后通过模糊综合评判方法得到状态信息层中状态检测数据类、直接观察记录类等的状态矩阵,逐层往上得到检测数据和基础的状态矩阵,最后得到部件的状态矩阵。

以导地线的状态信息层为例,评价因素集 $U = \{u_1, u_2, \cdots, u_n\}$,$u_i$ 代表了覆冰、微风振动、舞动等 n 个状态量。根据模糊评判矩阵 $\boldsymbol{R}$ 和权重矩阵 $\boldsymbol{W}$,如式(5.36)计算得到状态矩阵 $\boldsymbol{B} = \{b_1, b_2, b_3, b_4\}$。其中 b_1、b_2、b_3、b_4 分别代表状态检测类状态量隶属于正常、注意、异常、严重的隶属度。

$$\boldsymbol{B} = \boldsymbol{W} \circ \boldsymbol{R} = \{w_1, w_2, \cdots, w_n\} \circ \begin{bmatrix} r_{11} & r_{12} & r_{13} & r_{14} \\ r_{21} & r_{22} & r_{23} & r_{24} \\ \vdots & \vdots & \vdots & \vdots \\ r_{n1} & r_{n2} & r_{n3} & r_{n4} \end{bmatrix}$$
$$= \{b_1, b_2, b_3, b_4\} \tag{5.36}$$

2. 输电线路整体的状态评价

根据各部件的状态评价结果,对输电线路整体进行状态评价的公式如下:

$$B_{整体}=W_{部件}\circ B_{部件}=\{W_1,W_2,\cdots,W_8\}\circ\left\{\begin{array}{c}B_1\\B_2\\\vdots\\B_8\end{array}\right\}=\{b_1,b_2,b_3,b_4\} \quad (5.37)$$

式中，$B_1\sim B_8$ 为基础、杆塔、导地线、绝缘子、金具、接地装置、附属设施、通道环境这 8 个单元的状态矩阵；$W_1\sim W_8$ 为这 8 个单元反映输电线路综合状态能力的权重集。b_1、b_2、b_3、b_4 表示输电线路整体属于状态"正常、注意、异常、严重"的状态矩阵。

进行模糊综合评判后得到对各评语的隶属度 b_j，通常按最大隶属度原则选取与评判结果的最大值相对应的评语集元素作为综合的输电线路状态。但是输电线路的状态评价是按运行状态划分的，最大隶属度原则掩盖了介于两个隶属度间的差别，严重时可能会导致判断偏差过大，因此需要对状态等级分别赋予分值 1、2、3、4，然后根据评判结果对 4 种状态的隶属度加权平均，得出状态因子的值：

$$f=\sum_{j=1}^{4}b_j^k h\Big/\sum_{j=1}^{4}b_j^k \quad (5.38)$$

式中，f 为状态因子；h 为 4 个状态等级的分值；k 为待定系数（一般可取 $k=1$）。

5.3.4　实例验证

依照上述的模糊评判方法，对某条 500 kV 输电线路的健康状态进行模糊综合评判，并结合实际运行情况对模糊综合评判的结果进行验证，其状态评语集为 $V=\{$正常，注意，异常，严重$\}$。

以输电线路的部件导地线为例，该段输电线路导地线状态检测数据类和直接观察记录类状态量如表 5.9 所示。表 5.9 中含有根据相关标准、规程和专家意见给出的状态量额定值和注意值。

表 5.9　状态检测和日常巡视类记录

项　　目		实际测量值	注意值	警示值
状态检测类	覆冰厚度/mm	15	10	20
	导线温度/℃	46	50	80
	弧垂偏差/%	2.8	1.5	3
	微风振动动弯应力/N	122	100	150
	风偏角度/(°)	10	11	66
	导线断股截面情况/%	5	7	25
直接观察类		导地线存在轻微的断股现象； 导地线表面存在一定厚度的覆冰，但无异物悬挂； 导地线存在轻微的异常振动及舞动情况； 重要交跨接头正常； 接续金具及跳线均正常		

根据以上信息,对导地线及输电线路整体的状态评价如下。

(1) 建立状态检测类和直接观察类的模糊评判矩阵,分别为

$$
\boldsymbol{R}_1 = \begin{bmatrix} 0 & 0.45 & 0.55 & 0 \\ 0.12 & 0.88 & 0 & 0 \\ 0 & 0.65 & 0.35 & 0 \\ 0 & 0.5 & 0.5 & 0 \\ 0.44 & 0.56 & 0 & 0 \\ 0.6 & 0.4 & 0 & 0 \end{bmatrix}, \quad \boldsymbol{R}_2 = \begin{bmatrix} 0 & 0.16 & 0.84 & 0 \\ 0 & 0.54 & 0.46 & 0 \\ 0 & 0.63 & 0.37 & 0 \\ 0.9 & 0.1 & 0 & 0 \\ 0.9 & 0.1 & 0 & 0 \end{bmatrix}
$$

(2) 以状态检测类状态量为例,根据专家经验,使用层次分析法得到其主观权重为

$$
C_1 = (0.179, 0.107, 0.230, 0.172, 0.110, 0.202)
$$

根据(1)中的模糊评判矩阵,得到其客观权重为

$$
E_1 = (0.058, 0.618, 0.129, 0.049, 0.062, 0.084)
$$

根据组合赋权法,得到的综合权重为

$$
W_1 = (0.135, 0.102, 0.187, 0.127, 0.083, 0.158)
$$

同理可得直接观察类状态量的综合权重为

$$
W_2 = (0.235, 0.143, 0.162, 0.210, 0.250)
$$

(3) 对状态检测类状态量,计算其变权的模糊综合评判结果:

$$
B_1 = W_1 \circ R_1 = (0.146, 0.446, 0.203, 0)
$$

同理可得直接观察类评判结果:

$$
B_2 = (0.414, 0.263, 0.323, 0)
$$

(4) 对检测数据,计算其状态矩阵:

$$
\boldsymbol{B}_{检测} = (w_1, w_2) \circ \begin{pmatrix} B_1 \\ B_2 \end{pmatrix} = (0.225, 0.391, 0.239, 0)
$$

式中,w_1、w_2 为状态检测类和直接观察类状态量的权重,其数值为 0.7 和 0.3。

同理可到基础数据的状态矩阵为

$$
\boldsymbol{B}_{基础} = (0.140, 0.320, 0.420, 0.120)
$$

(5) 对导线这一部件,计算其状态矩阵和状态因子 f_1:

$$
\boldsymbol{B}_{导线} = (w_{检测}, w_{基础}) \circ \begin{pmatrix} B_{检测} \\ B_{基础} \end{pmatrix} = (0.199, 0.369, 0.293, 0.036)
$$

式中,$w_{检测}$、$w_{基础}$ 为检测数据和基础数据的权重,其数值分别为 0.7 和 0.3。

由式(5.38)可得状态因子:$f_1 = 2.185$。

(6) 根据(1)~(5)对导地线状态的评价,同理可得所有单元的状态矩阵和各单元相

对于输电线路整体的权重,如表 5.10 所示。

表 5.10　各单元相对于输电线路整体的权重

单元名称	权　重	正　常	注　意	异　常	严　重
杆塔	0.125	0.175	0.341	0.384	0.100
金具	0.225	0.231	0.353	0.414	0.003
绝缘子	0.275	0.16	0.620	0.280	0.003
导地线	0.225	0.199	0.369	0.293	0.036
基础	0.05	0.370	0.620	0.010	0.001
附属设施	0.025	0.830	0.170	0.000	0.000
通道环境	0.025	0.500	0.500	0.000	0.000
接地装置	0.05	0.150	0.500	0.350	0.000

(7) 根据表 5.10,可得到输电线路整体的模糊综合评判结果,其状态矩阵为

$$\boldsymbol{B}_{整体} = W_{整体} \circ R_{整体} = (0.221, 0.448, 0.302, 0.022)$$

可得输电线路整体的状态因子 $f = 2.152$。

根据导地线的状态因子和输电线路整体的状态因子,说明导地线和输电线路的状态正由"注意"往"异常"发展,这表示线路已经有部分重要状态量接近或略微超过注意值,应监视运行,并需要尽快安排检修。

该段输电线路的实际情况为:当时处于冬季的大雪天气,输电线路上覆冰厚度已接近设计值,由于覆冰的影响,导地线的弧垂已偏离正常值,导地线存在异常振动;维修记录显示该段导地线之前已进行过有关接续金具和修复导线断股的维修。综合以上实际情况,可以判断该段输电线路的状态量已经轻微劣化,运行状态整体工作性能欠佳,应密切注意其后续状态发展,尽快安排维修。这与本节评估方法得出的结论一致。

若仅考虑主观权重,而不使用变权方法,得到输电线路整体的模糊评判结果为

$$B'_{整体} = (0.321, 0.407, 0.261, 0.020)$$

由式(5.38)可得状态因子 $f' = 1.979$。 这表明输电线路的状态正由"正常"往"注意"发展,与实际情况不符。通过对比,用变权方法比常权方法更能客观反映输电线路某些参数偏离正常值给整体状态带来的影响,其评价结果会更接近实际运行状态。

5.4　考虑时间和空间信息的输电线路差异化状态评价

5.4.1　考虑时间和空间信息的输电线路差异化评价模型

本节从状态量等级和评分、评价时段和评价区段等方面对输出线路健康状态进行多维度差异化评价,提出一种综合了状态、时间、空间这三个维度的输电线路状态评价方法。首先,建立具有多层架构的输电线路状态评价模型,确立特殊评价时段和特殊线路区段。然后,将 5.3 节描述的模糊评判法或电网公司输电线路评价导则采用的累计扣分法作为

评价模型中各参量的基本评价方法,结合评价时段和评价区段给出各参量实际权重和实际状态等级和分值。最后,根据参量状态分值依次计算出输电线路各单元、塔位段、整体线路的状态分值,并结合评价时段和评价区段这两个维度综合评判输电线路的整体状态。

　　基于输电线路状态评价全面性和可扩展性的原则,建立如图 5.6 所示的具有多层架构的状态评价模型。状态评价模型共分为输电线路各单元、塔位段、整体线路三个评价层。输电线路部件层各单元的评价参量如表 5.2 所示;塔位段层是由各基塔位段的评价组成的,相邻塔位段中各分部件的状态相互影响;整体线路层是指对整条输电线路的评价,其结合了各单元、塔位段的状态信息和评价时段、区段等多维度信息,最终实现线路的差异化综合评价。

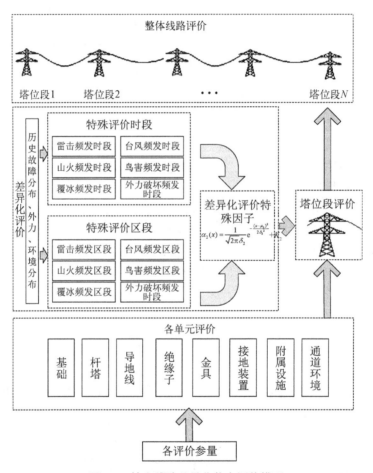

图 5.6　输电线路差异化状态评价模型

　　差异化评价模型的关键是根据线路的故障分布、外力、环境分布等信息的统计分析确立线路的特殊评价时段和特殊线路区段,同时将评价的时间、空间信息转化为系数因子对各参量的权重进行调整,结合实际评价时段和评价区段确立各参量实际权重。

5.4.2　考虑时间和空间信息的状态评价权重差异化调整

　　输电线路的故障与状态参量之间存在密切的联系[22,23]。首先,通过状态参量的变化,可以预知输电线路的异常运行情况,从而及时预防有可能造成的输电线路故障;同时,输电线路的故障会导致对应的状态参量的变化,通过对这些参量进行分析,可以得出输电线路的故障类型和位置等一系列的结论,这有利于对故障进行及时的清除、治理,使输电线路更加安全、可靠地运行。通过分析具体故障类型与状态参量之间的关系,可以确定输电线路的不同故障对应的状态参量,在此基础上结合缺陷和故障的统计分析,完成对应参量权重的差异化调整。

1. 确立各参量的基本权重

根据实际应用和专家经验,将线路状态参量对输电线路安全运行的影响程度,线路状态参数的权重分为四级,表示影响从小到大,权重设置分别为 1、2、3、4。

2. 确立输电线路状态评价的特殊时段和特殊区段

输电线路在运行过程中由于其分布面积广,所受的外力、自然环境影响复杂多变,所以在评价时应当考虑时间和空间位置的影响。通过对线路历年故障分布、外力、环境分布的统计分析,确立输电线路的特殊评价时段和特殊线路区段。

特殊评价时段包括雷击频发时段、山火频发时段、覆冰频发时段、台风频发时段、鸟害频发时段、外力破坏频发时段等。特殊评价区段包括雷击频发区段、山火频发区段、覆冰频发区段、台风频发区段、鸟害频发区段、外力破坏频发区段。特殊评价区段根据评价线路的不同而呈现不同的地理位置。

3. 计算各参量的实际权重

正常时段、区段下,以国家标准、行业标准、电网公司的状态评价导则为依据,得到各参量的权重划分,在特殊时段或特殊区段下各参量进行差异化权重划分。

1) 特殊评价时段

当参量处于特殊评价时段时,扣分标准与正常时段、区段中一致,但参量的权重应该在正常时段的基础上乘以特殊因子。

具体公式如下:

$$\lambda_2 = \alpha_1 \lambda_1 \tag{5.39}$$

式中,λ_1 为正常时段下状态量权重;λ_2 为特殊时段下状态量权重;α_1 为特殊时段的系数因子。

系数因子 α 的分布函数通过历年线路故障、缺陷每月发生次数的统计得出,不同特殊时段对应不同的分布函数。

根据历年故障频发时间的统计可以得出,故障发生概率随时间的变化呈正态分布,如图 5.7 所示。因此参照故障概率的分布,确定系数因子 α_1 服从正态分布 $N(\mu_1, \delta_1^2)$,公式如下:

$$\alpha_1(x) = \frac{1}{\sqrt{2\pi}\delta_1} e^{-\frac{(x-\mu_1)^2}{2\delta_1^2}} + K_1 \tag{5.40}$$

式中,x 为评价时间(以月为单位);μ_1 为 α_1 的均值;δ_1^2 为 α_1 的方差;K_1 为正态分布偏移值。

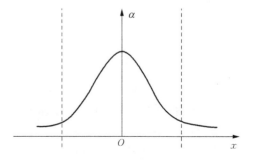

图 5.7　系数因子的正态分布图

对于各类评价特殊时段,均有确定了参数 μ_1、δ_1^2 和 K_1 的正态分布函数与之对应。

a. 覆冰频发时段

输电线路的覆冰主要发生在 11 月～次年 2 月,尤其在入冬和倒春寒时覆冰发生的频率最高。1 月和 12 月几乎是所有重覆冰地区平均气温最低的月份,但湿度相对较小,因此线路覆冰相对 11 月、2 月较轻。

通过统计分析,系数因子 α 服从 $N(12,2^2)$ 的正态分布,公式为

$$\alpha_1(x) = \frac{1}{2\sqrt{2\pi}} e^{-\frac{(x-12)^2}{8}} \tag{5.41}$$

式中,x 为月份(次年 1 月份,$x=13$)。其取值如图 5.8 所示,可以根据状态评价的时段得出系数因子 α 的值,从而计算出特殊时段下状态量的权重和扣分值。由于状态评价时考虑特殊时段的影响,所以 11 月～次年 2 月的 α 值从图中得出,其他月份 α 值取 1。

b. 雷电频发时段

我国雷电多发生在夏季、春末夏初、夏末秋初(5～9 月),但也不排除其他季节雷电频发的可能性,只要地面水汽充沛,冷暖空气交汇多,气流抬升运动明显,就易产生雷电等强对流天气。

通过统计分析,系数因子 α 服从 $t(3)$ 的 t 分布,公式为

$$\alpha_1(x) = \frac{\Gamma(2)}{\Gamma(1.5)\sqrt{3\pi}} \times \frac{1}{(1+x^2/3)^2} \tag{5.42}$$

其取值如图 5.9 所示,由于评价时只考虑特殊时段的影响,所以 5～9 月的 α 值从图中得出,其他月份的 α 值取 1。

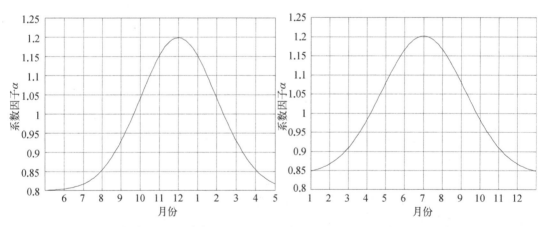

图 5.8　系数因子的正态分布图　　　图 5.9　系数因子的 t 分布图

c. 山火频发时段

山火发生的环境条件与线路通道内的植被情况、周边环境、地形地势以及人员活动情况密切相关。秋季和初冬季(9 月～次年 1 月)都是山火频发时段,这是因为天气干燥、多风,此时农民烧荒易导致山火高发。通过统计分析,系数因子 α 服从 $Weib(1,1.2)$ 的 Weibull 分布,公式为

$$\alpha_1(x) = 1.2\,(x-11)^{0.2}\exp\left[-(x-11)^{1.2}\right] \tag{5.43}$$

α 取值如图 5.10 所示,由于评价时只考虑特殊时段的影响,所以 9 月~次年 1 月的 α 值从图中得出,其他月份的 α 值取 1。

d. 台风频发时段

北半球台风多发生在 6~10 月。系数因子 α 服从 Beta(2,5)的 Beta 分布,x 表示月份,公式为

$$\alpha(x) = \frac{\left(\dfrac{x-6}{5}\right)\left(1-\dfrac{x-6}{5}\right)^4}{\displaystyle\int_0^1 u\,(1-u)^4\mathrm{d}u} \tag{5.44}$$

通过统计分析其取值如图 5.11 所示,由于评价时只考虑特殊时段的影响,所以 6~10 月的 α 值从图中得出,其他月份的 α 值取 1。

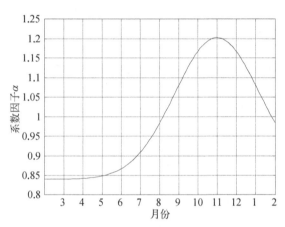

图 5.10　系数因子的 Weibull 分布图　　　　图 5.11　系数因子的 Beta 分布图

e. 鸟害和外力频发时段

通过统计分析,鸟害和外力频发时段都是 9~11 月。系数因子 α 服从 Cauchy(8,1)的分布:

$$\alpha(x) = \frac{1}{1.2\pi}\left[\frac{1}{(x-8)^2+1}\right] + 0.934 \tag{5.45}$$

α 取值如图 5.12 所示,由于评价时只考虑特殊时段的影响,所以 9~11 月的 α 值从图中得出,其他月份的 α 值取 1。

2) 特殊评价区段

当参量处于特殊评价区段时,扣分标准与正常时段、区段中一致,但参量的权重及扣分值应该在正常时段的基础上乘以特殊因子。

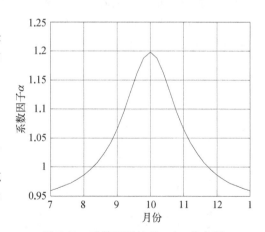

图 5.12　系数因子的 Cauchy 分布图

状态量权重的具体公式为

$$\lambda_3 = \alpha_2 \lambda_1 \qquad\qquad (5.46)$$

式中,λ_1 为正常时段下状态量权重;λ_3 为特殊区段下状态量权重;特殊区段的系数因子为 α_2。

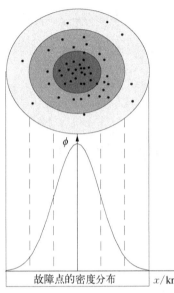

图 5.13　故障点密度的统计分析图

系数因子 α_2 的取值由故障频发区域中故障点密度的统计分析得出。根据故障频发区域中历年故障的地理位置的统计(图 5.13 中点为故障点),以故障频发区域中心为密度中心 O,得出以 O 为中心的故障点密度函数 ϕ,ϕ 为正态分布函数,记为 $\phi \sim N(\mu_2, \delta_2^2)$。

该密度函数 ϕ 表明,离密度中心越远,故障点的分布越稀疏,线路发生故障的概率越小。因此参照密度函数 ϕ,确定系数因子 α_1 也服从正态分布 $N(\mu_2, \delta_2^2)$,具体公式如下:

$$\alpha_2(x) = \frac{1}{\sqrt{2\pi}\delta_2} e^{-\frac{(x-\mu_2)^2}{2\delta_2^2}} + K_2 \qquad (5.47)$$

式中,x 为待评价参量所在地理位置与特殊区段中心的距离(单位为 km);μ_2 为 α_2 的均值;δ_2^2 为 α_2 的方差;K_2 为正态分布偏移值。

a. 覆冰频发区段

经统计分析,覆冰频发区段系数因子 α 服从 $N(0, 1.63^2)$ 的正态分布,公式为

$$\alpha_2(x) = \begin{cases} \dfrac{1}{1.63\sqrt{2\pi}} e^{-\frac{(x/10)^2}{5.31}} + 0.955, & 0 < x < 30 \\ 1, & x \geqslant 30 \end{cases} \qquad (5.48)$$

式中,x 为待评价参量所在地理位置与特殊区段中心的距离(单位为 km)。α 取值如图 5.14 所示,由于评价时只考虑特殊时段的影响,所以当 x 处于 $0\sim30$ km 的 α 值从图中得出,当 x 大于 30 km 时的 α 值取 1。

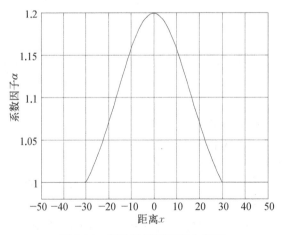

图 5.14　系数因子的正态分布图

b. 雷击频发区段

经统计分析,雷击频发区段系数因子 α 服从指数分布,公式为

$$\alpha_2(x) = \begin{cases} \exp(-x/4)/4 + 0.95, & x > 0 \\ 0, & x \leqslant 0 \end{cases} \tag{5.49}$$

式中,x 为待评价参量所在地理位置与特殊区段中心的距离(单位为 km)。α 取值如图 5.15 所示,随着 x 的增大,α 的值逐渐趋向于 1。

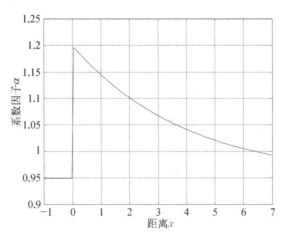

图 5.15　系数因子的指数分布图

c. 山火频发区段

经统计分析,山火频发区系数因子 α 服从 $F(2,5)$ 的 F 分布,公式为

$$\alpha_2(x) = \frac{\Gamma(3.5)}{\Gamma(1)\,\Gamma(2.5)} \times \left(\frac{2}{5}\right)^1 \times \frac{x}{(1+2x/5)^{3.5}}, \quad x > 0 \tag{5.50}$$

式中,x 为待评价参量所在地理位置与特殊区段中心的距离(单位为 km)。α 取值如图 5.16 所示,随着 x 的增大,α 的值逐渐趋向于 1。

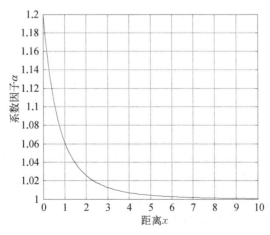

图 5.16　系数因子的 F 分布图

d. 台风频发区段

经统计分析,台风频发区段系数因子 α 服从 Gamma(1,2)的 Gamma 分布,公式为

$$\alpha_2(x)=\begin{cases}\dfrac{\exp(-x/2)}{\Gamma(1)\times 2}, & 0<x<10\\1, & x\geqslant 10\end{cases}\tag{5.51}$$

式中,x 为待评价参量所在地理位置与特殊区段中心的距离(单位为 km)。α 取值如图 5.17 所示,随着 x 的增大,α 的值逐渐趋向于 1。

e. 鸟害、外力破坏频发区段

山火频发区段中系数因子 α 服从 $\chi^2(4)$ 的卡方分布,公式为

$$\alpha(x)=\frac{(1/2)^2}{\Gamma(2)}x\mathrm{e}^{-x/2}\tag{5.52}$$

式中,x 为待评价参量所在地理位置与特殊区段中心的距离(单位为 km)。α 取值如图 5.18 所示,随着 x 的增大,α 的值逐渐趋向于 1。

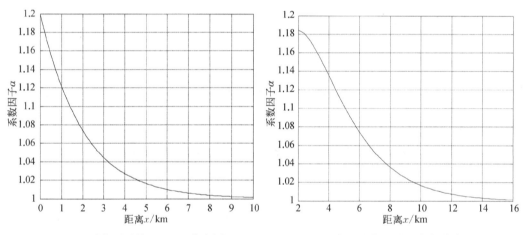

图 5.17　系数因子的 Gamma 分布图　　图 5.18　系数因子的卡方分布图

3) 待评价参量同时处于特殊时段和特殊区段

当待评价参量同时处于特殊时段或特殊区段时,分别求出其对应于特殊时段和特殊区段的系数因子 α_1 和 α_2:

$$\alpha=\alpha_1\alpha_2\tag{5.53}$$

将 α_1 和 α_2 的乘积作为实际系数因子 α,从而计算出实际权重。

5.4.3　实现步骤

以累计扣分法为例,输电线路状态差异化评价的基本步骤是根据参量得分值依次计算出输电线路各分部件、塔位段、整体的得分值,并结合评价时段和评价区段这两个维度综合评判输电线路的整体状态,具体描述如下。

1. 计算每基塔位段各分部件的得分值

每基塔位段的每个分部件总分为 100 分,各分部件总扣分上限为 100 分。根据各参

量的评价方法和扣分标准,每基塔位段各分部件的得分值计算过程如下。

单个参量的扣分值:

$$B = KZ \tag{5.54}$$

式中,K 为状态量的基本扣分值;Z 为状态量的权重值。根据实际状态评价时间、评估线路选取对应的权重和扣分值,当处于正常时段、区段时,K 和 Z 根据扣分标准得出;当处于特殊评价时段或特殊评价区段时,K 和 Z 根据 5.4.2 节实际权重和实际基本扣分值的计算方法得出。

每基塔位段每个分部件的总扣分值:

$$Y = \sum_{i=0}^{X} B_i \tag{5.55}$$

式中,X 为每基塔位段每个分部件的扣分状态量项数;B 为各状态量的扣分值。

每基塔位段每个分部件的得分值:

$$Q = 100 - Y \tag{5.56}$$

2. 计算每基塔位段的得分值

塔位段评价由塔位段分部件评价构成,其评价步骤如下。

每基塔位段每个分部件的加权得分值:

$$R = QP \tag{5.57}$$

式中,Q 为计算得到的分部件得分值;P 为该分部件的权重。

塔位段的得分:

$$S = \sum_{i=1}^{8} R_i \tag{5.58}$$

式中,$R_1 \sim R_8$ 为每基塔位段中 8 个分部件的加权得分值。

3. 计算线路整体的得分值

线路分部件的总体得分:

$$O = \sum_{i=1}^{N} Q_i / N \tag{5.59}$$

式中,N 为该线路存在扣分的塔位段数量;Q_i 为该线路存在扣分的塔位段中对应分部件的得分值。

线路总得分:

$$T = \sum_{i=1}^{N} S_i / N \tag{5.60}$$

式中,N 为该线路存在扣分的塔位段数量;S_i 为该线路存在扣分的塔位段的得分值。

4. 评价输电线路整体状态

按照多维度评价准则,根据评价时段、线路地理区段、线路整体得分值这三个维度综

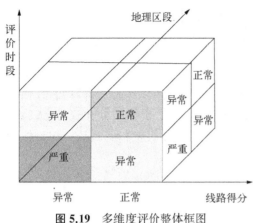

图 5.19 多维度评价整体框图

合判断线路的整体状态(图 5.19),评价原则如下。

(1)正常情况下根据线路评价状态分值表给出线路评价等级;根据计算出的线路总得分 T 和分值范围表,得到线路的整体状态。线路的各种评价状态的分值范围如表 5.11 所示。

(2)当线路的评价是处于特殊时段或特殊区段时,调整出现异常的状态量权重和扣分值,必要时将塔位段评价降低一个等级。

表 5.11　线路整体评价状态分值范围表

分　值	100～95	85～95(含)	75～85(含)	75(含)以下
评价状态	正常状态	注意状态	异常状态	严重状态

5.4.4　实例验证

依照输电线路多维度的评价方法,对 5.3.4 节所描述的某 500 kV 输电线路进行状态评价,并结合实际运行情况对该多维度状态评价的结果进行验证。该段输电线路的部分巡视记录如表 5.12 所示。

表 5.12　输电线路巡视记录

记录时间	记录地点	记　录　现　象
某年 12 月	♯230～♯231 塔位段	导线存在轻微的断股现象
		导线表面存在一定厚度的覆冰,但无异物悬挂
		导线存在一定的风偏情况,环境风速较大
		重要交跨接头正常
		接续金具及跳线均正常

该段输电线路的状态评价参数体系如表 5.4 所示,其状态评语集为 $V=\{$正常,注意,异常,严重$\}$,根据本书提出的状态评价方法对该输电线路的状态评价过程如下。

1. 计算分部件的得分值

根据巡视记录和导线的参量扣分标准,该巡视记录对应的导线劣化参量(断股、覆冰、风偏)在正常评价时段下应该扣的分值为 4 分、5 分和 5 分。

(1)由于 12 月处于覆冰频发时段,所以与覆冰有关的参量的权重及扣分值应该在正常时段的基础上乘以系数因子。覆冰频发时段对应的系数因子 α_1 服从 $N(12,2^2)$ 的分布,公式为

$$\alpha_1(x)=\frac{1}{2\sqrt{2\pi}}e^{-\frac{(x-12)^2}{8}} \tag{5.61}$$

式中,x 为月份(次年1月,$x=13$)。α_1 取值如图5.20所示,可以根据状态评价的时段得出系数因子 α 的值,从而计算出特殊时段下状态量的权重和扣分值。

由于状态评价时间为12月,所以从图5.20中可以得到系数因子 α_1 的值为1.2。

(2)♯230～♯231塔位段处于覆冰频发区段,因此与覆冰有关的参量的权重及扣分值应该在正常时段的基础上乘以系数因子。覆冰频发区段对应的系数因子 α_2 服从 $N(0, 1.63^2)$ 的分布,公式为

$$\alpha_2(x) = \begin{cases} \dfrac{1}{1.63\sqrt{2\pi}} e^{-\frac{(x/10)^2}{5.31}} + 0.955, & 0 < x < 30 \\ 1, & x \geqslant 30 \end{cases} \quad (5.62)$$

式中,x 表示待评价参量所在地理位置与特殊区段中心的距离(单位为 km)。α_2 的取值可以直接从图5.21中读出。系数因子 α_2 的分布表明离特殊区段中心越远,系数因子 $5-\alpha_2$ 的取值越接近1,当离特殊区段中心距离大于30 km时,α_2 的值都为1。

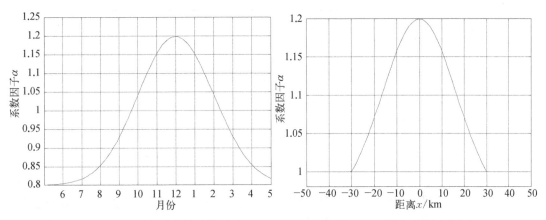

图 5.20　覆冰频发时段对应的系数因子　　　图 5.21　覆冰系数因子分布

由于♯230～♯231塔位段距覆冰区段中心位置为23 km,所以从图5.21中直接读出 α_2 的值为1.05。

(3)当出现劣化的参量同时处于特殊评价时段或特殊评价区段时,取数值较大的系数因子代入实际权重的计算公式中,因此实际系数因子 $\alpha=1.2$。计算出现劣化的三个参量的实际权重和实际基本扣分值,如表5.13所示。

表 5.13　参量扣分值

状态量名称	正常时段下权重	正常时段性基本扣分	实际权重	实际基本扣分	实际扣分值
腐蚀、断股、损伤和闪络烧伤	4	4	4.8	4.8	23.0
覆冰	4	5	4.8	6	28.8
风偏	4	5	4.8	6	28.8

计算得到导线的总扣分值为80.6,因此导线的得分为19.4。

根据巡视记录,其他部件不存在扣分现象,因此其他部件的得分为 100 分。

2. 计算塔位段的得分值

各单元的权重和得分,加权得到该基塔位段的总得分值,如表 5.14 所示。

表 5.14 各单元得分值

序　号	单　　元	单元权重(P)	单元得分	单元加权得分
1	基础	0.1	100	10
2	杆塔	0.1	100	10
3	导地线	0.2	19.4	3.88
4	绝缘子	0.15	100	15
5	金具	0.15	100	15
6	接地装置	0.1	100	10
7	附属设施	0.1	100	10
8	通道环境	0.1	100	10

因此该塔位段的得分为 $S=84$。

3. 计算线路整体的得分值

相邻的 4 基塔位段均出现类似的巡视现象,同理得到这 4 基塔位段的得分值均为 84 分。根据线路整体得分的计算公式,可以得到线路总得分为 $T=84$。

4. 综合判断输电线路整体状态

由于线路处于特殊评价时段(覆冰频发时段),且存在劣化现象的导线处于特殊评价区段(覆冰频发区段),所以考虑时间和空间信息进行差异化评价,基于线路状态、时间、空间这三个维度对输电线路整体进行状态评价,结合线路总得分 84 分和状态评分表,可以判断线路正处于"异常"状态,表示线路的状态量已经劣化,偏离正常状态,运行状态整体工作性能欠佳,应密切注意其后续状态发展,尽快安排维修。

按照传统的输电线路状态评价累积扣分法,该段输电线路的评价结果为"注意"。该段输电线路的实际情况为:当时处于冬季的大雪天气,输电线路上覆冰厚度已接近设计值,由于覆冰的影响导线的弧垂已严重偏离正常值,导线存在异常振动;维修记录显示该段导线之前已进行过有关接续金具和修复导线断股的维修。综合以上实际情况,可以判断该段输电线路已经有部分重要状态量接近或略微超过警示值,应密切监视运行,并需要尽快安排检修,与考虑时间和空间信息的差异化状态评价方法得出的结论一致。

参考文献

[1] 胡毅,刘凯.输电线路遥感巡检与监测技术[M].北京:中国电力出版社,2012.

[2] 文习山,蓝磊,蒋日坤.采用 Markoy 模型的输电线路及绝缘子运行风险评估[J].高电压技术,2011,37(8):1952-1960.

[3] 阳林,郝艳捧,李立涅,等.采用多变量模糊控制的输电线路覆冰状态评估[J].高电压技术,2010,36(12):2996-3001.

[4] Malhara S, Vittal V. Mechanical state estimation of overhead transmission lines using tilt sensors [J].IEEE Transactions on Power System, 2010, 25(3):1282-1290.

［5］ Li P, Li N, Cao M. Micrometeorology features extraction and status assessment for transmission line icing based on intelligent algorithms[J]. Journal of Information & Computational Science, 2010, 7(10): 2043-2052.

［6］ 白海峰,李宏男.输电线路杆塔疲劳可靠性研究[J].中国电机工程学报,2008,28(6):25-31.

［7］ 王凯,蔡炜,邓雨荣.输电线路在线监测系统应用和管理平台[J].高电压技术,2012,38(5):1274-1280.

［8］ 韩富春,周林伟,贾雷亮.基于灰色关联度的架空线路运行状态的评价[J].高电压技术,2009,35(2):399-402.

［9］ 蒋乐,刘俊勇,魏震波,等.基于 Bayesian 网络与复杂网络理论的特/超高压输电线路状态评估模型[J].高电压技术,2015,41(4):1278-1284.

［10］ 盛戈皞,江秀臣,曾奕.架空输电线路运行和故障综合监测评估系统[J].高电压技术,2007,33(8):183-186.

［11］ 赵联英.塞北地区 500 kV 输电线路状态评价及对策研究[D].北京:华北电力大学,2012.

［12］ 蒋乐,刘俊勇,魏震波,等.基于马尔可夫链模型的输电线路运行状态及其风险评估[J].电力系统自动化,2015(13):51-57.

［13］ 邹仁华,王毅超,邓元婧,等.基于变权综合理论和模糊综合评价的多结果输出输电线路运行状态评价方法[J].高电压技术,2017,43(4):1289-1295.

［14］ 纪航,刘新平.基于模糊综合评价的超高压输电线路状态评估方法思考[J].华东电力,2009,37(7):1123-1126.

［15］ 国家电网公司企业标准.架空输电线路状态评价导则:Q/GDW 173—2008[S].北京:中国电力出版社,2008.

［16］ 严英杰,盛戈皞,陈玉峰,等.基于关联规则和主成分分析的输电线路状态评价关键参数体系构建[J].高电压技术,2015,41(7):2308-2314.

［17］ 李黎,张登,谢龙君.采用关联规则综合分析和变权重系数的电力变压器状态评估方法[J].中国电机工程学报,2013,33(24):152-159.

［18］ 彭祖赠.模糊数学及其应用[M].武汉:武汉大学出版社,2007:90-95.

［19］ 杜凤青.智能变压器综合监测和自评估方法研究[D].上海:上海交通大学,2012.

［20］ 骆思佳,廖瑞金.带变权的电力变压器状态模糊综合评判[J].高电压技术,2007,33(8):106-110.

［21］ 赵霞,赵成勇,贾秀芳,等.基于可变权重的电能质量模糊综合评价[J].电网技术,2005,29(6):11-16.

［22］ 刘珂宏.基于输电线路全工况信息的风险评估方法[D].上海:上海交通大学,2015.

［23］ 王建,熊小伏,梁允,等.地理气象相关的输电线路风险差异评价方法及指标[J].中国电机工程学报,2016,36(5):1252-1259.

第 6 章

输电线路智能监测装置共性关键技术

6.1 概述

　　输电线路智能监测装置的实现和应用涉及传感检测、数据通信、信息处理等多个学科交叉,其共性关键技术主要包括传感器技术、野外装置的供电技术和高效安全的通信技术。近年来,输电线路监测装置的广泛应用提高了输电线路的信息化和智能化水平,也暴露出一些问题,主要表现为装置的可靠性和使用寿命、传感器的准确性和稳定性以及通信系统的安全性和稳定性等方面有待提高。为了提高监测装置的应用性能,作者近年来在这些共性关键技术方面开展了相关的方法研究和技术开发工作,本章主要描述了宽带信号传感技术、监测装置可靠供电技术以及监测数据安全传输技术的原理和实现。

6.2 基于差分绕线 PCB 线圈的暂态电流传感器

　　实现对输电线路电流暂态过程高频分量的准确测量和分析对输电线路故障的判别、快速定位故障点有重大意义。对高压输电线路电气暂态高频分量的准确测量和采集一直是个难点[1,2]。目前电流测量装置主要有 CT[3]、霍尔元件[4]、光纤电流传感器[5]和罗氏线圈等。传统电磁式 CT 安培级别的额定输出电流难以与数字设备直接配合,且在流过大电流时,CT 的铁芯的饱和问题会导致波形严重畸变。磁滞的影响造成 CT 测量频带窄,动态响应性能差,因此不适合测量高频暂态分量。霍尔元件存在温漂,受环境影响大,稳定性不足,影响测量精度。新型的光纤电流传感器基于法拉第旋光效应,可以用于测量暂态电流,但成本高,结构复杂,实用性不好。因此目前高频信号的采集主要使用罗氏线圈。普通罗氏线圈价格较贵,很难做到线圈均匀绕制和每匝线圈横截面相等,而且有易断线及层间电容增大误差等缺点,在工业生产中参数一致性很难得到保证,从而影响罗氏线圈测量电流时的特性[6]。PCB 罗氏线圈具有准确度高、体积小、成本低、适合量产等优势,已经在如电子式电流互感器[6]等测量装置中得到了应用。

为了方便对输电线路的电流进行监测与采集,希望互感器能尽可能小型化、易安装,因此整个装置采用外套装于架空线的安装方式。同时,装置的安装与拆卸不可能断开线路进行操作,因此必须设计成可开启式结构。当前普遍使用的无论是绕线式还是 PCB 罗氏线圈均为封闭圆环,无法直接应用于开启式结构的装置中。而开启式结构意味着回线也必将存在切口,因此回线不完整,如何消除磁场干扰成为亟须解决的问题。因此,作者设计了一种应用于开启式结构的差分绕线 PCB 罗氏线圈[7,8],采用双半环拼接成整圈的结构设计,在每个半环内采用同线双股差分绕制的方式,可以很好地实现消除垂直方向磁场干扰,保证测量的准确度,同时可以方便地实现闭合与开启。

6.2.1　罗氏线圈基本理论

PCB 罗氏线圈主要由两部分组成,一部分是制定均匀的 PCB 骨架,由非导磁材料(磁导率可近似视为真空磁导率 μ_0)制成,另一部分为类似于螺线管缠绕在骨架上的线匝,如图 6.1 所示。测量时,线圈环绕于导线使得通有待测电流的导体从线圈中心垂直穿过,待测交变电流将在其周围产生交变磁场引起线圈磁通量的变化,因而罗氏线圈从变化的磁通中感应出交变电压信号,反映待测电流的变化。

作者所设计的罗氏线圈采用矩形截面。厚度为 h,内外半径差为 d。根据安培环路定律可知:

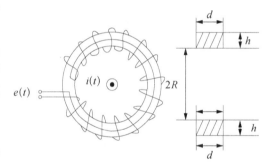

图 6.1　罗氏线圈工作原理图

$$\int B \cdot \mathrm{d}l = \mu_0 i(t) \tag{6.1}$$

罗氏线圈磁路及矩形截面示意图如图 6.2 所示,$\mathrm{d}l$ 为半径为 r 的圆周上一个线元,B 为磁感应强度,$i(t)$ 为待测电流。根据电磁感应定律可得出磁感应强度:

$$B(r) = \frac{\mu_0 i(t)}{2\pi r} \tag{6.2}$$

因此,单匝线圈穿过矩形截面的磁通为

$$\Phi(t) = \int_R^{R+d} B(r) \cdot h\,\mathrm{d}r = \int_R^{R+d} \mu_0 \frac{i(t)}{2\pi r} \cdot h\,\mathrm{d}r = \frac{\mu_0 h}{2\pi} \ln \frac{R+d}{R} i(t) \tag{6.3}$$

罗氏线圈两端的感应电动势为

$$e(t) = \frac{N\mathrm{d}\Phi(t)}{\mathrm{d}t} = N \frac{\mu_0 h}{2\pi} \ln \frac{R+d}{R} \frac{\mathrm{d}i(t)}{\mathrm{d}t} = M \frac{\mathrm{d}i(t)}{\mathrm{d}t} \tag{6.4}$$

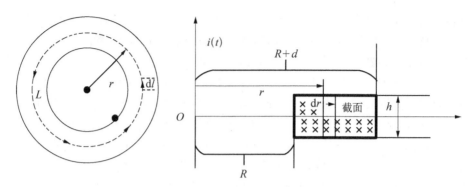

图 6.2   矩形截面罗氏线圈示意图

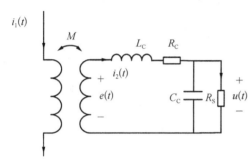

图 6.3   罗氏线圈等效电路

由式(6.4)可知,罗氏线圈两端的感应电动势正比于电流的微分,比例系数 M 为等效电流与线圈互感,则可用线圈模型表征罗氏线圈的集中参数等效电路,如图 6.3 所示。图中,M 为等效互感,L_c 为线圈等效自感,R_c 为等效电阻,C_c 为罗氏线圈等效匝间分布电容,R_s 为负载取样电阻。则由图 6.3 可知有如下电路方程:

$$e(t)=M\frac{\mathrm{d}i_1(t)}{\mathrm{d}t}=L_c\frac{\mathrm{d}i_2(t)}{\mathrm{d}t}+R_c i_2(t)+u(t) \tag{6.5}$$

$$i_2(t)=C_c\frac{\mathrm{d}u(t)}{\mathrm{d}t}+\frac{u(t)}{R_s} \tag{6.6}$$

整理式(6.7)和式(6.8)可得

$$M\frac{\mathrm{d}i_1(t)}{\mathrm{d}t}=L_c C_c\frac{\mathrm{d}^2 u(t)}{\mathrm{d}t^2}+\left(\frac{L_c}{R_s}+R_c C_c\right)\frac{\mathrm{d}u(t)}{\mathrm{d}t}+\left(1+\frac{R_c}{R_s}\right)u(t) \tag{6.7}$$

一般情况下,分布电容 C_c 的值相对较小,可以忽略,则罗氏线圈输出可化为

$$e(t)=L_c\frac{\mathrm{d}i_2(t)}{\mathrm{d}t}+(R_c+R_s)i_2(t) \tag{6.8}$$

罗氏线圈的工作方式分为自积分和外积分,取决于待测电流频率和取样电阻 R_s。

(1) 当 $L_c\dfrac{\mathrm{d}i_2(t)}{\mathrm{d}t}\gg(R_c+R_s)i_2(t)$ 时,即 $\omega L_c\gg R_c+R_s$,式(6.8)可化为

$$M\frac{\mathrm{d}i_1(t)}{\mathrm{d}t}\approx L_c\frac{\mathrm{d}i_2(t)}{\mathrm{d}t}\Rightarrow Mi_1(t)\approx L_c\frac{u(t)}{R_s} \tag{6.9}$$

则输出电压与输入电流的关系为

$$i_1(t) = \frac{L_c}{MR_s} u(t) \tag{6.10}$$

此时罗氏线圈工作于自积分模式,输出电压正比于输入电流,无须外接积分电路,适用于输入电流变化速度快、频率高、持续时间短的情况。

(2) 当 $L_c \dfrac{\mathrm{d}i_2(t)}{\mathrm{d}t} = (R_c + R_s)i_2(t)$ 时,即 $\omega L_c = R_c + R_s$,式(6.10)可化为

$$M \frac{\mathrm{d}i_1(t)}{\mathrm{d}t} \approx (R_c + R_s)i_2(t) \Rightarrow i_1(t) = \frac{(R_c + R_s)}{M} \int \frac{u(t)}{R_s} \mathrm{d}t \tag{6.11}$$

此时输入电流与输出电压成积分关系,罗氏线圈工作于外积分模式,需要外接积分电路,适用于电流频率较低,变化速度慢的情况。

6.2.2　罗氏线圈测量干扰分析

所设计的罗氏线圈实际使用时直接套接在架空线路上,处于一个比较复杂的电磁环境中,空间中存在着的电磁干扰有线路本身的工频磁场,通过装置连接线和分布电容耦合进线圈的电场干扰,以及由于故障、雷击、放电等因素产生的电磁干扰,最终都表现为对其罗氏线圈空间磁场产生影响。

图 6.4 为 5 种高压输电线路线下离地 1 m 处的工频磁场分布[9]。从图中可以看出,与线路中心越近,工频磁场强度值越大,同时两边有峰值来自邻相导线。因此可以得出结论,直接挂在线路上的罗氏线圈受到的干扰主要来自邻相导线。

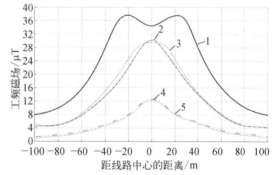

图 6.4　5 种特高压输电线路线下离地
1 m 处的工频磁场分布

1-邻相导线水平排列;2-邻相导线三角排列;3-同塔双回路;
4-紧凑型(10 分裂);5-紧凑型(12 分裂)

除邻相导线,空间中所存在的其他类型的电磁干扰可分解为垂直罗氏线圈平面的分量以及平行分量。垂直分量影响不可忽略,将产生较大干扰;平行分量的影响与邻相导线相同,可以忽略。此外,由于安装于室外受到风力等因素作用可能会发生导线偏心[9],但一次导线偏心不会对测量产生影响,可以忽略。

1. 邻相导线干扰分析

当需要测量 A 相电流时,不仅 A 相电流本身的磁场会在罗氏线圈中产生感应信号,邻相导线 B、C 相电流产生的磁场也会耦合进线圈并产生感应输出。因此线圈最终的输出电压为各相电流产生的磁场在罗氏线圈中感应出的电压之和。由于 A、B、C 三相线路平行,本章只需要讨论 B 相电流对 A 相的罗氏线圈测量的影响即可,C 相同理,如图 6.5 所示。

由安培环路定律可知,B 相导线在 Q 点产生的磁场垂直于 BQ 连线,但仅有 Q 点磁感应强度的切向分量在罗氏线圈中产生感应电动势,其切向分量为

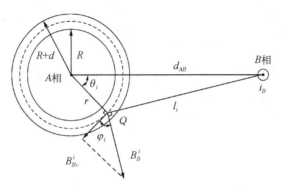

图 6.5 B 相磁场作用分析

$$B_{Bv}^i(t) = B_B^i(t)\cos\varphi_i = \frac{\mu_0 i_B(t)}{2\pi l_i}\cos\varphi_i \tag{6.12}$$

其中,根据余弦定理:

$$l_i = \sqrt{r^2 + d_{AB}^2 - 2rd_{AB}\cos\theta_i} \tag{6.13}$$

$$\cos\varphi_i = -\frac{r^2 + l_i^2 - d_{AB}^2}{2rl_i} \tag{6.14}$$

罗氏线圈总匝数为 N,若罗氏线圈均匀密绕,则第 i 匝线圈中由 B 相电流产生的磁通量为

$$\Phi_i = \int_R^{R+d} B_{Bv}^i(r,\ t)h\,\mathrm{d}r = -\mu_0 h\,\frac{i_B(t)}{4\pi}\ln\frac{(R+d)^2 + d_{AB}^2 - 2(R+d)d_{AB}\cos\varphi_i}{R^2 + d_{AB}^2 - 2Rd_{AB}\cos\varphi_i} \tag{6.15}$$

则产生的感应电动势为

$$e_i(t) = -\frac{\mathrm{d}\Phi_i}{\mathrm{d}t} = \frac{\mu_0 h}{4\pi}\ln\frac{(R+d)^2 + d_{AB}^2 - 2(R+d)d_{AB}\cos\varphi_i}{R^2 + d_{AB}^2 - 2Rd_{AB}\cos\varphi_i}\,\frac{\mathrm{d}i_B(t)}{\mathrm{d}t} \tag{6.16}$$

因此 B 相电流产生的总的感应电动势可化为式(6.17)的连续的积分形式:

$$e(t) = \sum_{i=1}^N e_i(t) = \sum_{i=1}^N \frac{\mu_0 h}{4\pi}\ln\frac{(R+d)^2 + d_{AB}^2 - 2(R+d)d_{AB}\cos\varphi_i}{R^2 + d_{AB}^2 - 2Rd_{AB}\cos\varphi_i}\,\frac{\mathrm{d}i_B(t)}{\mathrm{d}t} \tag{6.17}$$

对式(6.17)进行数值计算可得当 $d_{AB} > (R+d)$ 时,$e(t) \equiv 0$。可以得出结论,若罗氏线圈的绕线均匀,只要邻相导线不处于线圈内部,理论上 B 相产生的磁场对 A 相罗氏线圈影响为零,则 C 相的影响同理[10]。

2. 垂直方向外界磁场干扰分析

根据 6.1 节的结论,任何干扰磁场与线圈平面平行的分量与邻相导线的影响相同,积分结果为 0,可以忽略。垂直分量和每个线圈的小线匝平行,因而在小线匝中不会产生干扰。但由于线圈骨架成环状,密绕的小线匝形成了一个类似于环形螺线管的结构沿骨架的环形前进,环绕一周形成一个等效大线匝,如图 6.6 所示。

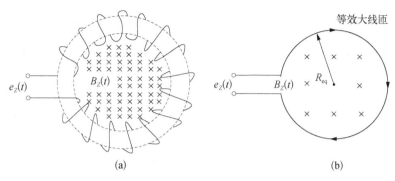

图 6.6　等效大线匝示意图

由于 B_Z 分量垂直于大线匝所在的平面,当 B_Z 以一定频率随时间变化时,穿过大线匝等效平面的磁通量 Ψ_Z 随之以同频率变化,在线圈回路内感应出电动势 e_Z。由于等效大线匝的面积比较大,会给测量结果带来显著的误差,所以罗氏线圈一般在实际使用中采用添加回线的方式来消除垂直方向磁场 B_Z 带来的误差。

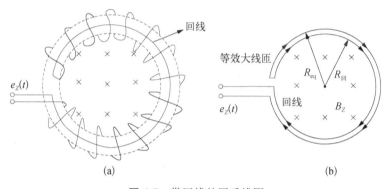

图 6.7　带回线的罗氏线圈

回线和原等效大线匝处于同一平面,均平行于 xOy 平面,因此 B_X、B_Y 并不产生感应电动势。记 B_Z 在回线中产生的感应电动势为 $e_{回}$,考虑回线中电流方向和原线匝电流方向相反,产生感应电动势方向也相反,因此最后输出的总的感应电动势 e'_Z 为原大线匝中产生的感应电动势 e_Z 与 $e_{回}$ 之差。若选取回线的等效半径 $R_{回}$ 和原大线匝的等效半径 R_{eq} 相等,那么 $e_{回}$ 与 e_Z 数值上大小相等,方向相反,相互抵消。因此添加回线后可以消除 B_Z 对罗氏线圈测量产生的影响。

6.2.3　差分绕线双半环 PCB 罗氏线圈设计

导线状态监测装置实际使用时由于安装的需要,需要设计成开启式结构,因此采用双半环拼接成整圈的设计方案,每个半环为半圆结构。采用两根信号线同向绕制差分绕线方式来代替回线的作用,则实现了 $R_{回}$ 和 $R_{去}$ 严格相等。

1. 差分绕线 PCB 罗氏线圈设计

根据理论分析,使用 PCB 制作工艺可以保证罗氏线圈截面积的一致和绕线的均匀,可以消除外界平行线圈平面非均匀磁场对线圈的干扰。由于装置具有带电安装的要求，罗氏线圈必须设计成开启式结构，采用双半环拼接整圈的设计方案，每个半圈中均采取了差分绕线方式，最后的效果与添加回线相同，如图6.8所示。每个半圈的布线方式为多排过孔，将同一根导线对折成两股在单个半环内双绞差分绕线，则从绕线方向上来看一股线圈为顺绕，另一股为回绕。两股线内流经电流一来一回，相位相反。这种设计方案可以消除垂直方向的磁场干扰。

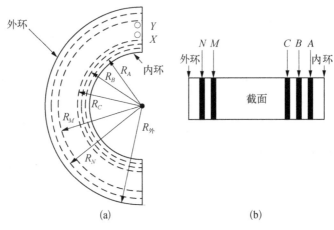

图 6.8　多排过孔结构示意图

在图6.8中的半环形的印制板上，其外侧设置两排过孔，内侧设置三排过孔，由内向外分别为 A 排、B 排、C 排、M 排、N 排。各排过孔的半径分别为 R_A、R_B、R_C、R_M、R_N。顶端为线匝的起点 X 和终点 Y。图6.9示意了本设计中多排过孔的连接。

图6.9中，正面的线匝用实线表示，背面的线匝用虚线表示，白色圆点表示顺绕过孔，黑色圆点表示回绕过孔。整个线圈左右半环完全相同，左半环翻转后即右半环，因此右半环的反面布线与左半环的正面布线相同，而不是互为镜像。实际应用时将用导线将左右半环的 X、X' 过孔连接，则 Y 和 Y' 为信号输出端，如图6.10所示。

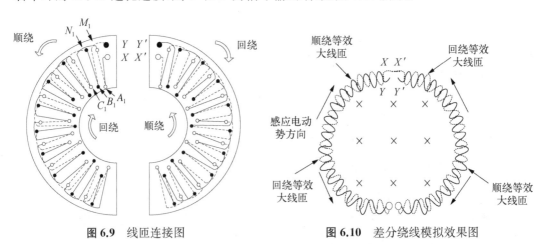

图 6.9　线匝连接图　　　　　　图 6.10　差分绕线模拟效果图

图6.10为差分绕线模拟示意图。由图6.10可知，由一根导线对折双绞组成了每半边的顺绕与回绕路径，两股信号线方向相反，差分绕线使等效半径相等，因此垂直方向

磁场在顺绕大线匝和回绕大线匝所产生的干扰感应电动势相互抵消。实际应用时将用导线将左右半环的 X、X' 过孔连接,则 Y 和 Y' 为信号输出端,采集效果与整圈相同。

2. PCB 罗氏线圈相关参数

图 6.11 为作者所设计的 PCB 罗氏线圈实物图,其几何参数如表 6.1 所示。

互感表示罗氏线圈的灵敏度,当导线从普通矩形截面罗氏线圈的线圈中心垂直穿过时,其互感的计算公式如下:

图 6.11　PCB 罗氏线圈实物图

$$M = N \frac{\mu_0 h}{2\pi} \ln \frac{R+d}{R} \qquad (6.18)$$

表 6.1　PCB 罗氏线圈几何参数　　（单位：mm）

线圈内半径	线圈外半径	厚度	R_A	R_B	R_C	R_M	R_N
24.0	39.0	3.0	25.5	26.5	27.5	36.5	38.0

由于采用多排过孔的设计,线圈的总互感 M 不能仅使用式(6.18)计算。靠外环两排过孔与靠内环的三排过孔顺次循环相连,因此该种连接方式共形成了 6 种规格的小线匝,具体参数如表 6.2 所示。

表 6.2　小线匝规格参数

线匝类型	1	2	3	4	5	6
外层排号	M	M	M	N	N	N
内层排号	A	B	C	A	B	C
匝数	38	38	40	38	38	40
内半径/mm	25.5	26.5	27.5	25.5	26.5	27.5
外半径/mm	36.5	36.5	36.5	38.0	38.0	38.0

因此线圈的总互感为不同类型的互感叠加,即

$$M = \sum_{i=1}^{6} M_i = \sum_{i=1}^{6} N_i \frac{\mu_0 h}{2\pi} \ln \frac{R_{Oi}}{R_{Ii}} \qquad (6.19)$$

式中,N_i 和 M_i 分别为第 i 种线匝的匝数和第 i 种线匝的互感;R_{Ii}、R_{Oi} 分别为第 i 种线匝的内外半径。多排过孔的设计方案实现了线圈的差分绕线,同时也有效地实现了印制板上空间的利用,满足电流传感器小型化设计的要求。

3. 罗氏线圈的积分电路与频率特性

导线状态监测装置的电流传感器不仅能测量正常工作的工频电流,也能准确测量故

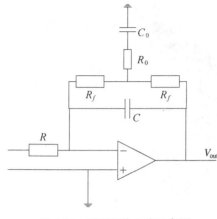

图 6.12 T 型积分电路示意图

障电流从而能反映故障信息,因此电流传感器的工作频带需要覆盖从 50 Hz 的基频到数 kHz 的高频。因此为 PCB 罗氏线圈设计了如图 6.12 所示的 T 型积分电路[11]。

可得综合的传递函数如下:

$$H(s) = \frac{V_{\text{out}}(s)}{I_1(s)}$$

$$= K_0 \cdot \frac{T_0 s + 1}{(Ts+1)^2} \cdot \frac{K_c Ms}{T_c^2 s^2 + 2\xi T_c s + 1} \tag{6.20}$$

$$K_0 = \frac{2R_f}{R}, \quad T_0 = \left(\frac{1}{2}R_f + R_0\right)C_0, \quad T = R_f C + \frac{1}{2}R_0 C_0, \quad K_c = \frac{R_s}{R_c + R_s}$$

$$T_c = \sqrt{K_c L_c C_c}, \quad \xi = \frac{L_c + R_c R_s C_c}{2\sqrt{R(R_c + R_s)L_c C_c}} \tag{6.21}$$

若选择合适的参数 R_f、R_s、R、C 和 C_0 即可获得理想的频响曲线。设计传感器工作频带为 30 Hz~1 MHz,则所选择的 PCB 罗氏线圈及积分器的参数如表 6.3 所示。相应的频响曲线如图 6.13 所示。

表 6.3 电流传感器参数选取

参 数	数 值	参 数	数 值	参 数	数 值
R_C	46.3 Ω	M	47.346 nH	R_0	2 MΩ
L_C	1.828 3 μH	R_s	20 MΩ	C_0	22 μF
C_C	20.12 pF	R_f	1 kΩ	C	1 μF

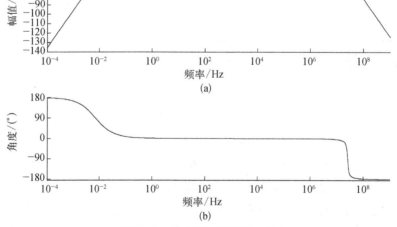

图 6.13 电流传感器频率响应

6.2.4　双半环 PCB 罗氏线圈性能测试

1. 高频线性度测试

为了测试所设计的罗氏线圈对高频信号测量的线性度,设定输入信号为 8/20 雷电流波形,测试输入输出线性度是否符合要求,搭建了如图 6.14 所示的实验电路。

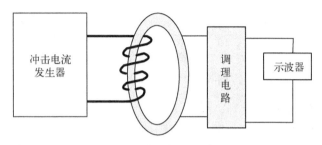

图 6.14　实验电路示意图

实验测试示意图如图 6.14 所示。电流源为冲击电流发生器,其能产生 8/20 雷电流波形,幅值不大于 2 500 A,此波形 90% 峰值上升时间为 8 μs。输出用一根导线短接,其耐压水平较高,并螺旋穿过 PCB 罗氏线圈。为获得准确的线性度测试结果,需要有较大的电流幅值范围,因此设计测量范围为 0~12 000 A,采用输出导线螺旋缠绕 5 圈的方法,等效于原边电流扩大 5 倍。输出信号连接到 S1 型高精密积分器组成的调理电路,由上海品研测控技术有限公司研发,并经锂电池供电,供电电压为 7.72 V。此调理电路能较好地恢复原波形。将 8/20 雷电流输入波形接到示波器的 CH1 通道,调理电路输出接到 CH2,利用示波器进行观察。

图 6.15 为等效电流幅值为 10 160 A 的输入、输出波形,由图可知,波形形状已知,罗氏线圈能很好地按比例恢复待测电流波形。

图 6.15 为所测得的等效输入为 0~12 000 A 电流范围内的等效输出换算数据。示波器通道所能读出的幅值为电压峰峰值,其和对应电流波形峰峰值 I(A)有如下线性对应关系:

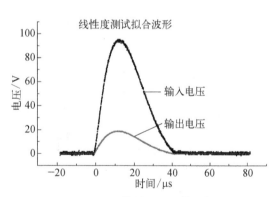

图 6.15　10 160 A 等效电流的输入输出波形

$$U = 0.047\ 3I + 1.266\ 9 \qquad (6.22)$$

对输入、输出等效电流进行拟合,可知具有很好的线性度,如图 6.16 所示(单位:A)。记输入等效电流为 I_1(A),输出等效电流为 I_2(A),拟合关系如下:

$$I_2 = 0.203\ 03I_1 - 178.579\ 08 \qquad (6.23)$$

由计算结果可知拟合的相关系数为 0.999 55,表明输出等效电流和输入等效电流有良好的线性相关性。其最大非线性误差计算为 $\dfrac{24.39}{2\ 087.24} = 1.17\%$,可见 PCB 罗氏线圈非

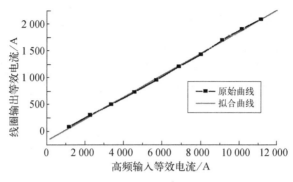

图 6.16   测量结果拟合图

线性误差小,在量程内线性度良好。

2. 邻相导线干扰影响测试

为了探究邻相导线对设计的 PCB 罗氏线圈的干扰影响情况,采用冲击电流发生器输出 8/20 冲击电流波形,幅值为 2 310 A。输出端导线拉直伸长以此模拟邻相导线。罗氏线圈中心为空,不接任何电流,输出经调理电路恢复波形后接示波器观察输出波形,实验电路如图 6.17 所示。设定导线与线圈的距离 d_{AB} 分别为 3 cm 和 6 cm,以及改变线圈相对导线的姿态,数据如表 6.4 所示。

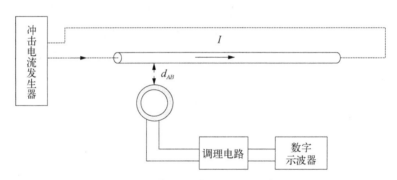

图 6.17   邻相导线干扰测试示意图

表 6.4   邻相导线干扰测试

通道一峰峰值/V	94.4	94.4	91.2	91.2	96	96
等效干扰电流/A	1 969	1 969	1 901	1 901	2 002	2 002
通道二峰峰值/mV	220	220	140	140	120	160
误差/%	0.233	0.233	0.153	0.153	0.125	0.167

图 6.17 的拟合波形为输入电流在通道一产生 96.0 V 的冲击电压,根据对应公式换算得到相当于冲击电流大小为 2 002 A,线圈平面与导线垂直且距离 3 cm 时的输入、输出波形。

由图 6.18 可知,即便邻相导线和罗氏线圈距离较近,冲击电流幅值较大,线圈的相对位置和磁场耦合时,输出极微弱,误差很小。

3. B_z 干扰测试

为了测试 B_z 对所设计的 PCB 罗氏线圈的影响,采用冲击电流发生器作为电流源产生干扰电流,输出端导线模拟螺线管方式在圆柱体上缠绕 5 圈加大垂直平面方向的磁场。线圈中心不含任何电流。输入冲击干扰电流幅值分别设定为 1 030 A、1 565 A、2 020 A,并分别将线圈摆放于垂直和平行于干扰磁场的位置,后接调理电路,输出接于示波器。测试结果如表 6.5 所示。

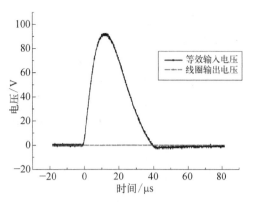

图 6.18　2 002 A、3 cm 的输入输出波形

表 6.5　B_z 干扰测试结果

摆放位置	垂 直			平 行		
设定电流/A	1 030	1 565	2 020	1 030	1 565	2 020
输入电压/V	48	64	94	52	64	94
输出电压/mV	420	480	450	300	450	430
误差/%	0.875	0.75	0.47	0.625	0.703	0.457

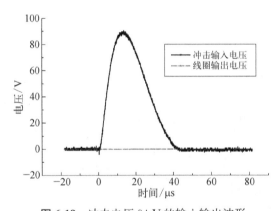

图 6.19　冲击电压 94 V 的输入输出波形

图 6.19 为峰峰值为 94 V 的冲击电压所等效的冲击电流产生的干扰磁场以及罗氏线圈平面和此干扰磁场垂直时的输出波形。

可以看出,无论线圈干扰电流多大、线圈相对位置如何,相应输出均接近零,可以认为:忽略高频量测量仪器固有误差,以及实际存在的微量耦合误差,差分绕线 PCB 罗氏线圈具有良好的抗外界磁场干扰性能。

4. 频响测试

为了测试 PCB 罗氏线圈的频率响应,选取了 50 Hz 工频,8/20 冲击电流源和 30/80 冲击电流源作为待测电流,其频率分量可以涵盖 50 Hz～43.75 kHz。调节积分电路使 PCB 罗氏线圈输入输出变比为 1 200∶1。其电流源及测量仪器参数如表 6.6 所示,测试结果如图 6.20 所示。不同输入下的 PCB 罗氏

表 6.6　电流源设备参数

参 数	电流源 1	电流源 2	电流源 3
电流参数	50 Hz	8/20(μs)	30/80(μs)
电流源模型	PY002	KV2103 - G - 020	MWG001
标准电流互感器	FCT 300/50 150 A/V	Pearson 4997 100 A/V	Pearson 1080 200 A/V

线圈输出波形和标准输出波形对比如图 6.20～图 6.22 所示。频响测试结果如表 6.7 所示。从结果可知,罗氏线圈输出波形和标准 CT 输出波形基本一致,在三种电流波形输入下的输出变比依次为 1 185∶1,1 197∶1 和 1 208∶1。可见,PCB 罗氏线圈具有良好的频率响应。

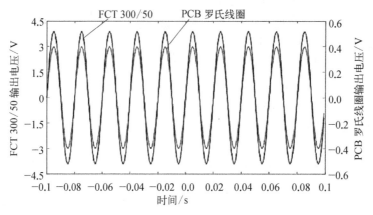

图 6.20   50 Hz 输出波形

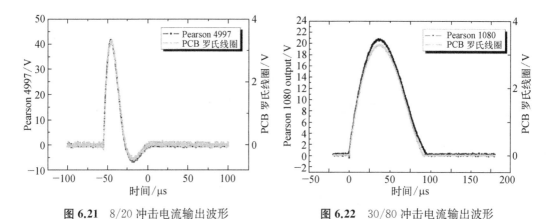

图 6.21   8/20 冲击电流输出波形   图 6.22   30/80 冲击电流输出波形

表 6.7   频响测试结果

电流波形	50 Hz	8/20(μs)	30/80(μs)
标准 CT 输出/V	2.77	41.42	20.78
输入电流/A	415	4 142	4 156
PCB 罗氏线圈输出/V	0.35	3.46	3.44
PCB 罗氏线圈输出变比	1 185∶1	1 197∶1	1 208∶1

6.3   高效可靠的输电线路智能监测装置供电技术

一般情况下安装在输电线路野外现场的监测装置没有可供使用的交流电源,因此必须开发独立的供电模块。输电线路监测装置供电技术是输电线路状态监测的核心关键技术之一,超过 70% 的输电线路监测装置都是因为电源问题而出现系统工作失效的情况[11]。目前广泛用于输电线路监测装置的供电方式主要有太阳能和蓄电池供电[12]、高压导线感应取能[13-17]、分压电容取电法[18]、激光供能[19,20]、小型风力发电等几种,其中前两种方式应用相对较多。

6.3.1　多电池组太阳能光伏供电技术

蓄电池和太阳能电池技术相对成熟,应用场景较多,因此在输电线路状态监测中得到了广泛应用。安装在杆塔上的监测装置几乎全部使用蓄电池和太阳能电池的供电方式。由于电池的寿命有限,同时在长期阴雨天时,可能将电池用至非正常状态,从而导致电池的损坏,最终使监测装置不能正常工作。主要技术瓶颈是如何设计有效的太阳能光伏系统,最大限度地延长电池使用寿命和对电池进行保护。

太阳能光伏系统的结构框图如图 6.23 所示,包括太阳能阵列、充放电控制器和蓄电池组;其中电源系统的电池信息由充放电控制器中的单片机与智能监测终端的主控单片机通过 I^2C 总线通信。

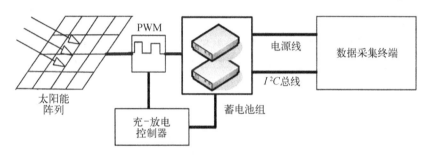

图 6.23　太阳能光伏电源系统结构图

太阳能光伏系统需要针对其负载情况和安装点位置有针对性地选择太阳能电池板和蓄电池的容量,然后针对太阳能电池板和蓄电池的容量综合负载的情况设计充供电电路,以实现最终的设计。

1. 太阳能光伏阵列和蓄电池容量的确定

在光伏阵列所处的环境条件下(即现场的地理位置、太阳辐射能、气候、气象、地形和地物等),设计的太阳能电池方阵及蓄电池电源系统既要考虑经济效益,又要保证系统的高可靠性,最好是使蓄电池容量与太阳能电池板匹配。某特定地点的太阳辐射能量数据,以气象台提供的资料为依据,这些气象数据需要取积累几年甚至几十年的平均值。计算时要考虑连续阴雨天以及两个相邻阴雨天之间的最短天数能否恢复的问题。图 6.24 为太阳能光伏阵列及蓄电池容量确定的计算流程图。

1) 蓄电池容量的确定

蓄电池的储能作用对监测终端保证连续供电是很重要的。在

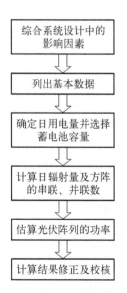

图 6.24　太阳能系统计算流程图

一年内,太阳能方阵发电量各月份有很大差别。太阳能方阵的发电量在不能满足用电需要的月份,要靠蓄电池的电能给予补足;在超过用电需要的月份,是靠蓄电池将多余的电能储存起来。所以太阳能方阵的发电量的不足和过剩值,是确定蓄电池容量的依据之一。同样,连续阴雨天期间的负载用电量也必须从蓄电池取得。所以,这期间的耗电量也是确定蓄电池容量的因素之一。蓄电池的容量 B_C 由式(6.24)计算:

$$B_C = A \times Q_L \times N_L \times T_O/C_C (\text{Ah}) \tag{6.24}$$

式中,A 为安全系数,取值为 $1.1 \sim 1.4$,现取 1.4;Q_L 为负载日平均耗电量,为工作电流乘以日工作小时数;N_L 为最长连续阴雨天数;T_O 为温度修正系数,一般在 $0 ℃$ 以上取 1,在 $-10 \sim 0 ℃$ 取 1.1,在 $-10 ℃$ 以下取 1.2;C_C 为蓄电池放电深度,一般铅酸蓄电池取 0.75,碱性镍镉蓄电池及锂电池取 0.85。

2)光伏方阵的设计

光伏方阵的设计目的主要是根据需要选定太阳能电池组的容量,使方阵的容量既可以满足系统供电的需要,又不会因为设计过多容量冗余导致容量的浪费和成本的提高。其计算过程主要包含太阳能电池串联数 N_S、并联数 N_P 及太阳能方阵的功率 P 的计算,具体计算步骤如下。

a. 太阳能电池串联数 N_S

将太阳电池组件按一定数目串联起来,就可获得所需要的工作电压。另外,太阳电池方阵对蓄电池充电时,太阳电池组件的串联数必须适当。如果串联数太少,串联电压低于蓄电池浮充电压,方阵就不能对蓄电池充电。当串联组件的输出电压远高于浮充电压时,充电电流也不会有明显的增加。因此,只有当太阳电池组件的串联电压等于合适的浮充电压时,才能达到最佳的充电状态。计算方法如下:

$$N_S = U_R/U_{OC} = (U_f + U_D + U_c)/U_{OC} \tag{6.25}$$

式中,U_R 为太阳能电池方阵输出最小电压;U_{OC} 为太阳能电池组件的最佳工作电压;U_f 为蓄电池浮充电压;U_D 为二极管压降,一般取 0.7 V;U_c 为其他因素引起的压降。

b. 太阳能电池并联数 N_P

(1)将太阳能电池方阵安装地点的太阳能日辐射量 H_t 转换成在标准光强下的平均日辐射时数 H(表 6.8):

$$H = H_t \times 2.778/10\ 000(\text{h}) \tag{6.26}$$

式中,$2.778/10\ 000(\text{h} \cdot \text{m}^2/\text{kJ})$ 为将日辐射量换算为标准光强($1\ 000 \text{ W/m}^2$)下的平均日辐射时数的系数。

表 6.8 我国部分城市的辐射参数表

城　市	纬度 $\Phi/(°)$	日辐射量 $H_t/(\text{kJ/m}^2)$	最佳倾角 $\Phi_{op}/(°)$	斜面日辐射量/(kJ/m^2)	修正系数 K_{op}
哈尔滨	45.68	12 703	$\Phi+3$	15 838	1.140 0
长　春	43.90	13 572	$\Phi+1$	17 127	1.154 8
沈　阳	41.77	13 793	$\Phi+1$	16 563	1.067 1
北　京	39.80	15 261	$\Phi+4$	18 035	1.097 6

续　表

城　市	纬度 Φ/(°)	日辐射量 H_t/(kJ/m²)	最佳倾角 Φ_{op}/(°)	斜面日辐射量/(kJ/m²)	修正系数 K_{op}
天　津	39.10	14 356	$\Phi+5$	16 722	1.069 2
呼和浩特	40.78	16 574	$\Phi+3$	20 075	1.146 8
太　原	37.78	15 061	$\Phi+5$	17 394	1.100 5
乌鲁木齐	43.78	14 464	$\Phi+12$	16 594	1.009 2
西　宁	36.75	16 777	$\Phi+1$	19 617	1.136 0
兰　州	36.05	14 966	$\Phi+8$	15 842	0.948 9
银　川	38.48	16 553	$\Phi+2$	19 615	1.155 9
西　安	34.30	12 781	$\Phi+14$	12 952	0.927 5
上　海	31.17	12 760	$\Phi+3$	13 691	0.990 0
南　京	32.00	13 099	$\Phi+5$	14 207	1.024 9
合　肥	31.85	12 525	$\Phi+9$	13 299	0.998 8
杭　州	30.23	11 668	$\Phi+3$	12 372	0.936 2
南　昌	28.67	13 094	$\Phi+2$	13 714	0.864 0
福　州	26.08	12 001	$\Phi+4$	12 451	0.897 8
济　南	36.68	14 043	$\Phi+6$	15 994	1.063 0
郑　州	34.72	13 332	$\Phi+7$	14 558	1.047 6
武　汉	30.63	13 201	$\Phi+7$	13 707	0.903 6
长　沙	28.20	11 377	$\Phi+6$	11 589	0.802 8
广　州	23.13	12 110	$\Phi-7$	12 702	0.885 0
海　口	20.03	13 835	$\Phi+12$	13 510	0.876 1
南　宁	22.82	12 515	$\Phi+5$	12 734	0.823 1
成　都	30.67	10 392	$\Phi+2$	10 304	0.755 3
贵　阳	26.58	10 327	$\Phi+8$	10 235	0.813 5
昆　明	25.02	14 194	$\Phi-8$	15 333	0.921 6
拉　萨	29.70	21 301	$\Phi-8$	24 151	1.096 4

（2）太阳能电池组件日发电量 Q_p 为

$$Q_p = I_{oc} \times H \times K_{op} \times C_z (\text{Ah}) \tag{6.27}$$

式中，I_{oc} 为太阳能电池组件最佳工作电流；K_{op} 为斜面修正系数，参考表 6.8；C_z 为修正系数，主要为组合、衰减、灰尘、充电效率等的损失，一般取 0.8。

（3）两组最长连续阴雨天之间的最短间隔天数 N_w，此数据为设计独特之处，主要考虑在此段时间内将亏损的蓄电池电量补充起来，需要补充的蓄电池容量 B_{cb} 为

$$B_{cb} = A \times Q_L \times N_L (\text{Ah}) \tag{6.28}$$

（4）太阳能电池组件并联数 N_p 的计算方法为

$$N_p = (B_{cb} + N_w \times Q_L)/(Q_p \times N_w) \tag{6.29}$$

式（6.29）的表达意义为：并联的太阳能电池组组数，在两组连续阴雨天之间的最短间隔天数内所发电量，不仅供负载使用，还需要补足蓄电池在最长连续阴雨天内所亏损的电量。

C. 太阳能电池方阵的功率计算

根据太阳能电池组件的串并联数，即可得出所需太阳能电池方阵的功率 P：

$$P = P_O \times N_s \times N_P (\mathrm{W}) \tag{6.30}$$

式中,P_O 为太阳能电池组件的额定功率。

当前功率计算以特定设备即特定地点为对象,如果设备的平均功耗有变化,或者设备安装地点有较大的日照差异,则系统的光伏阵列及蓄电池的容量都应重新计算。

2. 多电池组太阳能光伏供电原理与实现

1）充供电模块设计

充供电控制模块的基本思想是基于最大功率点跟踪（maximum power point tracking，MPPT），控制框图如图 6.25 所示,由于锂电池的寿命是按照其充放电循环周期来计算的,为了最大限度地延长锂电池的寿命,设计优先采用太阳能给系统供电,辅以锂电池供电的策略。当太阳能充足时,优先给系统供电,多余的电量给电池充电。通过脉冲宽度调制（pulse width modulation，PWM）调节锂电池的充电电流,使太阳能电池板始终工作在最大功率输出点。太阳能电池板的输出可等效为一个恒压源,设其最大功率输出点电压为 18 V 左右,为了有效地把 18 V 的电压转为给监测系统电子电路提供能量的电压等级,用 BUCK 型的 DC/DC 变换器比较合适。

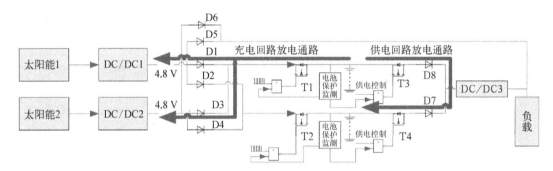

图 6.25　充供电回路系统框图

由于现在通用的作开关功能的 MOSFET 都集成了续流二极管,电池可通过 MOSFET 的续流二极管构成放电回路,如图 6.25 中充电回路放电通路箭头所示,所以必须在充电回路中添加单向二极管阻断放电回路。同样在电池组供电的情况下,也可构成图 6.25 中供电回路放电通路箭头所示的放电回路,必须添加单向二极管来防止供电电池通过 MOSFET 的续流二极管给另外的电池充电。以此来保证充电回路和供电回路的单向性。但是锂电池有效的电压范围为 3.3～4.2 V,当电池电压降为 3.7 V 以下时,系统将无法工作,故还须添加一个 DC/DC 转换器来消除电池电压变化带来的影响。电池保护监测模块不断地监测充电和供电电流,当充电电流或供电电流超过设定值时,立即切断充电或供电回路,防止电池过充电或者过放电。

2）电池充供电管理软件设计

太阳能光伏电源系统是独立的电源模块,在软件功能上主要是进行电池的充电管理和供电管理,电源系统不同工作状态的控制转换和相应的管理策略由基于单片机的充-放电控制电路实现,其控制信号为太阳能电池输出电压。白天光照条件下,控制电路检测到太阳能电池有正常输出,则开启充电电路,关闭供电电路,太阳能电池给蓄电池充电同时给系统终端供电;天黑后,太阳能电池停止工作,此时控制电路检测到太阳能电池无输出,则关闭充电电路。整个电源管理软件模块主要由三大部分构成：PWM 占空比调节、供电管理和充电管理。

　　a. 基于 MPPT 控制的 PWM 占空比调节

　　针对太阳能光伏电池输出最大功率与电压的关系，可以监测太阳能电池板的电压输出，并且通过调节 PWM 占空比以维持太阳能电池板的输出电压在最佳工作电压（最大功率点的电压值）附近。使用扰动观察法来实现太阳能电池板输出的 MPPT 控制。具体实现功能框图如图 6.26 所示。

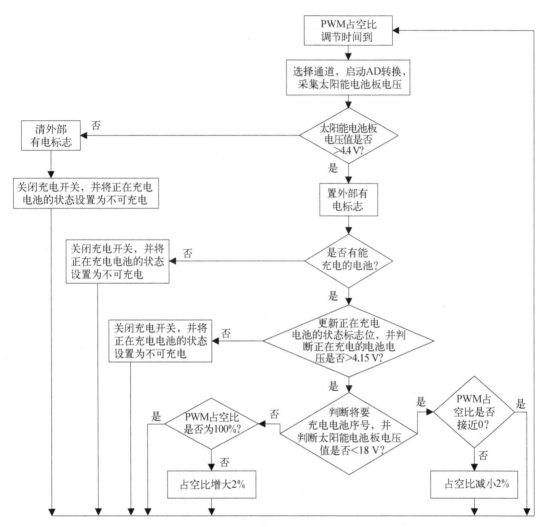

图 6.26　基于 MPPT 控制的 PWM 占空比流程图

　　由流程图 6.26 可知，对于太阳能电池板来说，若太阳能板输出电压小于 4.4 V，则关掉充电开关，不进行任何 PWM 占空比调节，这时太阳能所能提供的能力比较微弱，通常是傍晚到凌晨的一段时间；当太阳能电池板输出电压大于 4.4 V 时，则可以进行 PWM 占空比调节，判断 PWM 占空比需要增加还是减小，要依据当前太阳能电池板输出的电压值与太阳能电池最大功率点对应的电压值（18 V）的比较关系，如果太阳能电池输出电压大于 18 V，那么增加 PWM 占空比，负载加大，拉低太阳能电池板的输出电压，使其输出电压回到 18 V 附近,同样的原理,当太阳能电池输出电压小于 18 V 时,则减小 PWM 占空比,负载减小,抬升太阳能电池板的输出电压,使其输出电压回到 18 V 附近。这样太阳能电池板能够在最大功率点附近给锂离子电池充电,效率得到了保证。

b. 充电管理

锂电池的充-放电特性曲线如图 6.27 所示,可将充电分为三个阶段。

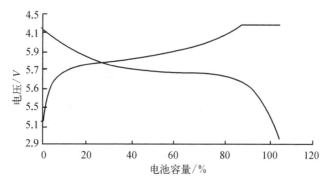

图 6.27   锂电池 0.5C 电流充-放电特性曲线

(1) 涓流充电。当锂电池电压小于 3.1 V 时,不宜采用大电流充电,否则会对锂电池造成损伤,此时选择小电流充电回路以小于 0.1 C 的电流对锂电池进行充电,直到锂电池电压大于 3.1 V。

(2) 大电流充电。当锂电池电压为 3.1~4.2 V 时,选择大电流充电回路以小于 1 C 的电流进行充电,直到锂电池电压等于 4.2 V。

(3) 浮充充电。当蓄电池容量到达其额定容量时,充放电控制器对蓄电池继续以小电流进行充电,以弥补蓄电池的自放电,这种以小电流充电的方式称为浮充阶段,直到所有电池电压达到充电截止电压 4.25 V(对应的电流为 0.01 C)。

蓄电池的使用归根结底是如何利用蓄电池的充放电特性。有效、科学地使用蓄电池,能够提高蓄电池的使用效率、延长蓄电池的使用寿命。

为保证充电效率,每次只能打开一组大电流充电开关;为了保证系统锂电池总容量,优先选择可以进行大电流充电并且电压较小的电池进行充电。充电电池电压达到 4.2 V 后,检测另一块电池电压,如果达到大电流恒流充电要求,则打开另一块电池大电流充电开关,对其进行充电,直到电池电压达到 4.2 V,此时进入轮流充电的浮充阶段;如果没有,则继续对原来的电池进行充电直到电池电压达到 4.25 V,关掉充电开关,当另一块电池满足大电流充电要求时,对下一块锂电池进行大电流充电。如此往复,直到最后两块电池电压都为 4.25 V,则停止充电。具体软件流程图如图 6.28 所示。

c. 供电管理

电源系统的设计总体原则是保证智能监测终端的稳定运行,由于太阳能的不稳定性,在日照和温度都不太好的时候,虽然光伏阵列还会输出能量,但是能量非常微弱,如果智能监测终端的功耗大于太阳能光伏阵列在当时所能提供的能量,智能监测终端就会因为供电不足而发生采集数据错误或停机。供电管理根据蓄电池的荷电状态保证有一块容量相对充足的电池处于放电状态,同时为了保证蓄电池的使用效率,正在供电的电池和正在充电的电池不会是同一个。电源系统不断地检测直流总线电压,当其低于设定阈值时,首

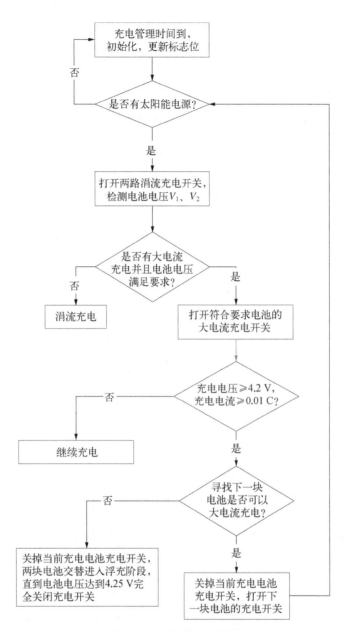

图 6.28 充电管理流程图

先减小对锂电池的充电电流,直至将充电的锂电池停止充电,并使该锂电池对负载供电,维持直流母线电压不变。选择放电锂电池组的原则是:① 锂电池组均匀使用;② 放电深度不宜太大;③ 有利于高效充电。

此外,充放电控制器内设计有专门的放电通路,还在硬件上实现过流保护和过压保护功能,在软件上设定了最低放电电压和最高充电电压,防止过充和过放,实现对锂电池充供电的多重保护。

6.3.2　高能量密度 CT 感应取能技术

随着智能电网的全面建设和发展,输电线路高压侧导线监测设备需求将越来越多,如输电线路导线及金具温度监测、电子式电流互感器、导线微风振动、输电线路动态增容装置及导线倾角监测等。上述监测设备由于直接安装在输电线路高压端无法从接地侧直接对其供电,故高压侧监测设备的供电问题是上述设备正常运行的重要保证。

现有的高压侧设备供电方式主要有分压电容取电法、激光供能法和 CT 取电法。分压电容取电法利用高压导线和均压环以及均压环对地的分布电容来获取能量,文献[18]在 150 kV 的高压输电线路上获取 370 mW 的功率,但此方法不仅需要隔离取电电路和后续工作电路,温湿度、杂散电容等多种因素都将影响取电装置的性能,并且此方法输出功率有限[19]。文献[20]用激光二极管作为光源,通过光纤向光电池提供功率,经过 DC/DC 变换后可稳定提供 5 V、220 mW 的功率,此取电方式难以应用在长期野外工作的取电装置上,而且光转换器效率低、寿命短等缺点也阻碍了其在电力系统中的应用。

高压导线 CT 感应取能技术利用电流互感器原理把部分高压导线上的能量转换成电能输出。此方式具有设备体积小、结构紧凑、绝缘封装简单、使用安全等优点[13-17],是高压输电线路上最有应用前景的取能方式。由于输电线路的特殊性,感应取电电源应满足如下要求。

(1) 动态范围大。输电线路上电流变化范围很大,峰值电流可达 1 000 A 以上,而低谷电流只有 40 A 左右,对配电线路来说其低谷电流可低至 10 A;监测装置峰值功耗通常为 1～2 W,而取电线圈的输出功率与线路电流大小呈正相关关系,当输电线路电流超过一定值时,其输出功率会远大于监测装置所需功率,此时需要通过合理的方法来控制取电线圈的输出功率,使之在宽动态范围内一直输出稳定的功率。尽量降低死区电流,在导线电流较小时可以输出足够的功率,并且在导线电流超过额定电流的情况下,取电装置仍然可以可靠工作,适应长期低热功耗是电源设计的难点之一。

(2) 单位功率密度高。由于线路安全、信号质量等方面的考虑,线路上监测装置重量有严格限制,例如,普通输电线路监测装置重量不大于 2.5 kg,微风振动监测装置重量不超过 1 kg,配网线路监测装置重量不超过 500 g。因此感应取电电源需要有较高的单位功率密度,来保证在输电线路运行最低负荷时仍然可以供应负载所需功率。

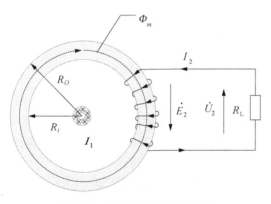

图 6.29　取能磁芯工作原理图

(3) 抗冲击能力强。输电线路在运行过程中可能会受短路电流、雷电电流的冲击,并且电流峰值可达数十 kA,因此感应取电电源需要能承受上述冲击电流。

1. 高功率密度取能磁芯的设计

1) 感应取能磁芯的功率输出模型

输电线路导线电流取能磁芯的基本工作原理如图 6.29 所示。

根据电机学基本理论,一次侧导线穿过磁芯,电流为 $\dot{I}_1$,二次侧感应电动势为

$$\dot{E}_2 = -\mathrm{j}\sqrt{2}\,\pi f N_2 \dot{\Phi}_m \qquad (6.31)$$

式中,f 为 50 Hz 工频;N_2 为副边线圈匝数;$\dot{\Phi}_m$ 为主磁通最大值。阻性负载 R_L 上电压为 $\dot{U}_2$,二次侧线圈内阻为 R_2。磁动势平衡方程式为

$$N_1 \dot{I}_1 + N_2 \dot{I}_2 = N_1 \dot{I}_m \tag{6.32}$$

式中，N_1 为 1 匝；$\dot{I}_2$ 为二次侧输出电流；$\dot{I}_m$ 为励磁电流。$\dot{I}_m$ 可分解为磁化电流分量 $\dot{I}_\mu$ 以及铁耗 $\dot{I}_{Fe}$。为简化分析，忽略二次侧内阻和铁耗。图 6.30 为向量图及简化后向量图。

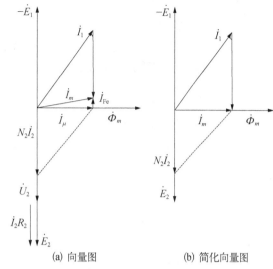

(a) 向量图　　　　　(b) 简化向量图

图 6.30　向量图及简化向量图

此时，磁化电流即励磁电流，即

$$I_\mu = I_m \tag{6.33}$$

磁化电流与原边电流及二次侧电流的关系为

$$I_\mu = \sqrt{I_1^2 - (N_2 I_2)^2} \tag{6.34}$$

感应电动势为

$$E_2 = \sqrt{2}\,\pi f N_2 \Phi_m \tag{6.35}$$

主磁通最大值为 $\Phi_m = B_m S$，其中 S 为磁芯的有效截面积，假定磁芯工作在线性区，则 B_m 与 H_m 的关系为

$$B_m = \mu H_m \tag{6.36}$$

由安培环路定律可知：

$$H_m l = \sqrt{2}\, N_1 I_\mu \tag{6.37}$$

式中，N_1 为一次侧匝数，此处为 1 匝。

二次侧输出功率为

$$P_2 = E_2 I_2 = 2\pi f \mu I_\mu S \frac{\sqrt{I_1^2 - I_\mu^2}}{l} \tag{6.38}$$

将磁化电流 I_μ 作为自变量，对式(6.38)求导，并令 $P'_2(I_\mu) = 0$，解得在 $I_\mu = \dfrac{\sqrt{2}}{2} I_1$ 时，输出功率最大，为

$$P_{\max} = \pi f \mu S I_1^2 / l \tag{6.39}$$

为验证上述结论，搭建实验电路如图 6.31 所示。

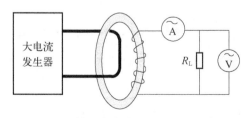

图 6.31　输出功率验证实验电路示意图

大电流发生器提供一次侧电流，二次侧接可变阻性负载。实验用磁芯为使用线切割对切后的环形微晶合金磁芯，内径为 55 mm，外径为 85 mm，宽为 20 mm，200 匝，平均磁路长度为 213.1 mm，有效截面积为 230.3 mm²。大电流发生器分别输出 10 A、20 A、30 A 电流，变化负载，测量负载电流及电压。由式(6.34)计算得到

励磁电流,近似作为磁化电流,得到实测输出功率与磁化电流的关系如图 6.32、图 6.33 所示。可见,实测曲线与仿真计算的曲线的形状一致,最大功率值略小于理论计算值,误差在 10% 以内。实测曲线的变化趋势略微滞后理论计算。造成滞后的原因是式(6.34)中将励磁电流值近似为磁化电流值,实际由于铁耗分量的存在,磁化电流小于励磁电流。铁耗带来的曲线整体右移并不影响该模型用于计算磁芯功率输出的有效性。

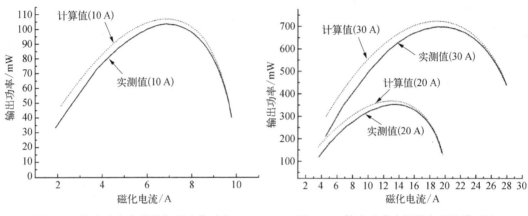

图 6.32 输出功率实测值与理论值对比
（10 A 原边电流）

图 6.33 输出功率实测值与理论值对比
（20 A、30 A 原边电流）

为了对比磁芯的功率输出能力,定义取能磁芯的功率密度 λ 为在一定的原边电流下,磁芯的最大功率输出 $P_{\max}$ 与磁芯体积 V 之比,即

$$\lambda = \frac{P_{\max}}{V} = \frac{\pi f \mu S I_1^2 / l}{V} \tag{6.40}$$

2) 功率密度与磁芯气隙

相对于软磁材料的低磁阻,气隙有非常高的磁阻。增加气隙后,整个磁芯有效磁导率将会显著降低。图 6.34 为引入气隙的磁芯示意图。记磁芯外径为 D_o,内径为 D_i,磁芯平均磁路长度为 l_c,气隙长度为 l_g,磁芯未切割时的相对磁导率为 μ_r,绝对磁导率为 μ,切割后相对磁导率为 μ_{rg}。

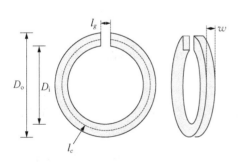

图 6.34 引入气隙的磁芯示意图

根据最常用的引入气隙后的磁芯简化模型,引入气隙后磁芯（包括气隙）的有效相对磁导率为

$$\mu_{rg} = \frac{\mu_r}{1 + \dfrac{l_g}{l_c + l_g} \mu_r} \tag{6.41}$$

引入气隙的磁芯在一定原边电流下的最大输出功率为

$$P'_{\max} = \pi f \mu_{rg} \mu_0 S I_1^2 / l_c = \pi f \frac{\mu}{1 + \dfrac{l_g}{l_c + l_g} \mu_r} S I_1^2 / l_c \tag{6.42}$$

由式(6.42)可见磁芯在一定原边电流下的最大输出功率对气隙的长度非常敏感。采用内径 50 mm、外径 70 mm、宽 35 mm、平均磁路长度为 183 mm、有效截面积为 345.4 mm^2、200 匝的环形硅钢磁芯,使用图 6.31 所示的实验电路,变化负载电阻,测出未切割的磁芯在 10 A 原边电流下的输出曲线。观察到磁芯最大功率输出点的电压波形无畸变,最大输出功率为 869 mW,可得对应相对磁导率为 23 363。再使用线切割工艺将磁芯对切,在接合处加不同厚度的气隙垫纸,如图 6.35 所示。

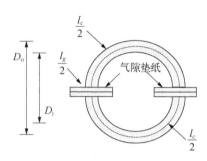

图 6.35　磁芯加垫纸示意图

测量 10 A 原边电流下加垫纸后的磁芯功率输出曲线,并与未切割时的曲线对比,结果如图 6.36 所示,统计由式(6.41)和式(6.42)计算出的加不同厚度气隙垫纸后磁芯的理论磁导率、理论最大输出功率,与实测最大输出功率对比并计算误差,结果如表 6.9 所示。

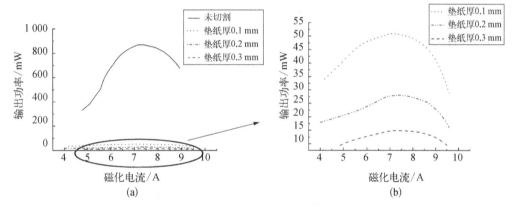

图 6.36　垫纸实验中磁芯的输出曲线对比

表 6.9　最大功率理论计算值与实测值对比

l_g/mm	理论相对磁导率	理论最大功率/mW	实测最大功率/mW	误差/%
0.1	1 700.5	63.3	50.6	25.1
0.2	882.8	32.8	28.1	16.7
0.4	450.4	16.8	15.0	12.0

可见将垫纸厚度作为气隙长度来计算最大输出功率的误差较大。由于在线切割磁芯时,切割换向会造成切面出现凹凸条纹,切面的表面粗糙度 R_Z 通常为 1~50 μm,故此处将线切割后切面粗糙引入的等效气隙考虑在内。去掉气隙垫纸,测得对切后的硅钢磁芯在 10 A 原边电流下最大输出功率为 258 mW,由式(6.41)可得切面粗糙引起的等效气隙 l_{eq} 长度约为 0.02 mm。将气隙垫纸的厚度加上切面粗糙引入的等效气隙长度 l_{eq} 作为修正的等效气隙长度 l_g'。采用 l_g' 计算 10 A 原边电流下理论最大输出功率值并与实测值对比,结果如表 6.10 所示。可见,考虑到线切割引起的等效气隙后,气隙垫纸实验中的理论最大功率与实际最大功率基本一致,误差在 7% 以内。

表 6.10   修正气隙长度后最大功率理论计算值与实测值对比

l_g'/mm	理论磁导率	理论最大功率/mW	实测最大功率/mW	误差/%
0.12	1 434.6	53.4	50.6	5.5
0.22	805.4	30.0	28.1	6.8
0.42	429.4	16.0	15.0	6.7

为方便安装和拆卸,必须将取能装置的磁芯进行对切,由于任何切割工艺和抛光工艺都不能保证切割面绝对光滑,所以对切将不可避免地引入气隙,对切后的磁芯有效磁导率及功率密度必然会下降。激光切割的表面粗糙度 R_z 可以控制在 $1.6\sim6.4\ \mu m$,但成本高,且切割厚度不超过 20 mm,不适合感应取能磁芯的切割。综合考虑,使用线切割作为对切磁芯的工艺。为了降低线切割引入的等效气隙长度,应使用机械抛光等方式降低切面的粗糙度。

3) 功率密度与磁芯材料

通常考虑硅钢、微晶合金、坡莫合金作为磁芯备选材料。在未经切割的条件下,硅钢具有高饱和磁感应强度,微晶合金具有高磁导率,而坡莫合金的磁导率介于二者之间,饱和磁感应强度最低。

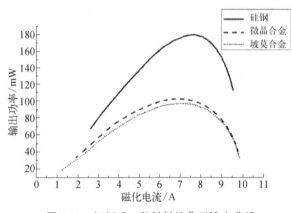

图 6.37   切割后三种材料的典型输出曲线

由气隙部分的分析可知,磁芯切割会导致功率输出性能下降。为了对比三种材料的磁芯在切割前后的功率输出性质,以三种材料制备的环型(未切割)的内径 55 mm、外径 85 mm、宽 20 mm、200 匝的磁芯各 20 只为实验样品,搭建电路,测量每只磁芯在 10 A 原边电流下的最大输出功率,并观察取得最大功率时,电压波形是否畸变,若有畸变,则说明在取得最大功率时磁芯的工作点已经进入饱和区。使用线切割将上述磁芯样品对切,测定磁芯在 10 A 原边电流下的功率输出曲线并统计最大输出功率,图 6.37 为切割后的典型输出曲线。

可见,切割后硅钢磁芯的功率输出显著高于其他两种材料。统计三种材料的样本在切割前的最大输出功率 P_{max} 的均值、方差,切割后的最大输出功率 P_{max}' 的均值、方差,并计算 P_{max}'/P_{max},结果如表 6.11 所示。

表 6.11   三种材料的磁芯切割前后最大输出功率对比

材 料	切割前 P_{max}			切割后 P_{max}'			$\dfrac{P_{max}'}{P_{max}}$/%
	均值/mW	标准差/mW	是否饱和	均值/mW	标准差/mW	是否饱和	
硅 钢	603.2	16.77	否	179.8	6.87	否	29.8
微晶合金	605.1	13.58	是	103.4	7.94	否	17.1
坡莫合金	352.1	9.45	是	98.0	7.23	否	27.4

由样本标准差可见样本的集中程度较为理想,每种材料的 20 只磁芯的输出特性均较为一致。未切割时,微晶合金磁芯在 10 A 原边电流下最大输出功率与硅钢基本相同,但微晶合金最大功率点在饱和区,而硅钢在线性区。假定线切割对硅钢和微晶合金两种材料引入的等效气隙长度相同,则切割后的微晶合金在线性区磁导率应显著高于硅钢,进而微晶合金磁芯切割后最大输出功率应显著高于硅钢。而实测结果与假设结果相反,切割后微晶合金磁芯的 P'_{max} 均值仅为切割后硅钢磁芯 P'_{max} 均值的 57.5%,且微晶合金磁芯的均值的 P'_{max}/P_{max} 仅为 17.1%。可知线切割对微晶合金磁芯引入的等效气隙长度必然大于硅钢。使用式(6.41)估算可得,切割硅钢引入的等效气隙长度约为 0.02 mm,而切割微晶合金引入的等效气隙至少为 0.05 mm。观察切割后样品的切面,硅钢与坡莫合金样品切面较为光洁,而微晶合金的切口毛面明显。对微晶合金磁芯样品进行机械抛光,由于该材料脆性大,抛光过程中极易产生掉碎片现象。

测量抛光后该批磁芯样品在 10 A 原边电流下的最大输出功率,得其均值为 106.3 mW,标准差为 8.2 mW,可见机械抛光对微晶合金磁芯的输出特性无明显改善。

坡莫合金磁芯切割后功率密度最低,不考虑作为高功率密度磁芯的备选材料。虽然未切割的微晶合金磁芯磁导率高,但微晶合金材料脆性大,韧性差,经过切割后性能下降严重。此外微晶合金切割时切缝处会有物相由非晶态向晶态转变,也会导致磁性能下降。在现有切割工艺及抛光工艺的限制下,为了取得最大的功率密度,应选择硅钢作为感应取能装置的磁芯材料。

4) 功率密度与磁芯尺寸

考虑环形磁芯的尺寸对功率密度的影响。记磁芯外径为 D_o,内径为 D_i,宽为 w,依据 IEC 60205 标准,计算磁芯常数 C_1 和 C_2,得

$$C_1 = 2\pi \left/ \left(w\ln\frac{D_o}{D_i} \right) \right. \tag{6.43}$$

$$C_2 = 2\pi \left(\frac{2}{D_i} - \frac{2}{D_o} \right) \left/ w^2 \ln^3 \frac{D_o}{D_i} \right. \tag{6.44}$$

磁芯的平均磁路长度为

$$l = C_1^2 / C_2 \tag{6.45}$$

有效截面积为

$$S = \frac{C_1}{C_2} \times \frac{S_x}{100} \tag{6.46}$$

式中,S_x 为磁芯叠片系数。磁芯体积为

$$V = \pi(D_o^2 - D_i^2)w/4 \tag{6.47}$$

由式(6.43)~式(6.47)可得功率密度 λ 与内外径的关系为

$$\lambda = \frac{\pi f\mu S I_1^2}{Vl} = \frac{2f\mu I_1^2 \ln\dfrac{D_o}{D_i} S_x/100}{(D_o^2 - D_i^2)\pi} \tag{6.48}$$

可见,选定磁芯材料,固定磁芯体积、磁导率和原边电流后,功率密度正比于 $\ln \dfrac{D_o}{D_i} \Big/ (D_o^2 - D_i^2)$。记磁芯内外径之差为 $\Delta D = D_o - D_i$,考虑二元函数:

$$Z(D_i, \ \Delta D) = \ln \frac{D_i + \Delta D}{D_i} \Big/ \left[(D_i + \Delta D)^2 - D_i^2 \right] \tag{6.49}$$

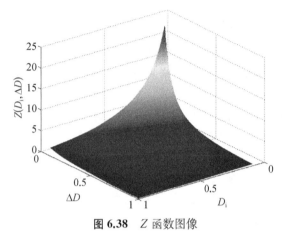

图 6.38　Z 函数图像

作出该函数图像,如图 6.38 所示。

可见内径越小,内外径之差越小(即外径越小),Z 函数的值越大。可以推断同样体积的磁芯,内径和外径小、宽度大的磁芯输出功率大。但实际情况下,由于磁芯要套接在线路上,对于内径的下限有要求;且磁芯的工艺以及材料强度对磁芯宽度有限制。此外,平均磁路长度过小时,磁芯易饱和,输出模型失效。因此在设计取能磁芯时在机械结构和强度允许的范围内应尽量减小内外径,增大磁芯宽度,以获取大功率密度。

5)磁芯实物

根据前述功率密度的分析,磁芯的气隙应尽量做到最小,形状应选择内外径较小、宽度较宽的设计。因此本书中采用硅钢作为磁芯材料,使用效果较好的电解抛光工艺对磁芯截面抛光,以尽可能地降低因切割而引入的等效磁芯气隙。设计磁芯的参数如表 6.12 所示。其在 10 A 原边电流下最大输出功率为 258 mW,对应功率密度为 391 W/m^3,磁芯实物图如图 6.39 所示,可见整个磁芯的形状薄而扁,磁芯的切口平整、抛光后磁芯截面光滑。

表 6.12　磁芯参数表

参 数 类 型	数 值
内径/mm	50
外径/mm	70
匝数	200
宽度/mm	35
体积/cm^3	65.97
重量/g	450
最大输出功率/mW	258
功率密度/(W/m^3)	391

2. CT 感应取能电源的硬件组成原理

1)硬件组成及结构

感应取能电源的结构示意图如图 6.40 所示。取能线圈(磁芯+绕线)套装在线路上,

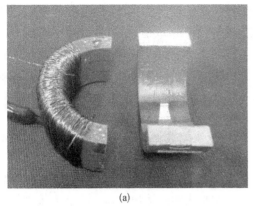 

(a)   (b)

图 6.39 磁芯实物图

从线路上感应出交流电,经过功率控制及过压保护模块后整流、滤波,输送到第一级 DC/DC 转换器转换为 5 V 输出。在供电管理模块控制下,5 V 输出可经第二级 DC/DC 转换为负载需要的 3.3 V 输出供给负载。当取能充足时,5 V 输出可通过充电管理模块为锂电池充电。电源(充电/供电)管理模块由微控制器及相关电路组成。

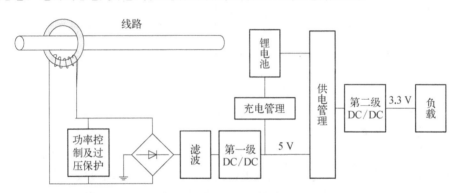

图 6.40 感应取能电源结构图

2)整流滤波电路

整流滤波电路采用四个二极管构成的全波桥式整流电路,将线圈感应的交流电转换为单一方向的直流电,由于转换后的直流是大幅度脉动,不适宜将其作为第一级 DC/DC 变换电路的输入。因此需要在整流桥后并联电容将大幅度脉动的直流电压进行滤波。滤波后直流脉动的幅度将大幅度减小,经 DC/DC 电路变换后可转换为稳定的直流输出。

3)DC/DC 变换器

设计中采用两级 DC/DC 变换模块。若仅采用一级 DC/DC 变换模块,直接将整流滤波后的直流变为负载所需的 3.3 V 输出,则无法获得锂电池充电需要的 3.7 V 以上的电压,不方便电源管理,且很难做到高效转换。本书中第一级 DC/DC 变换模块将宽范围的直流电变换为 5 V 直流电。再经第二级 DC/DC 将 5 V 直流电转换为 3.3 V。当取能不足时,电池输出经过第二级 DC/DC 变换模块将电池电压转换为 3.3 V 输出。保证负载供电不间断。

4)电源(充电/供电)管理模块

由于取能线圈可提供的功率与母线电流呈正相关的关系,空载或轻载情况下母线电流小于启动电流,取能线圈提供的功率不足,无法保证负载正常工作,故需要锂电池作为备用电源,保证系统的可靠供电。母线电流较大时取能线圈取能充足,可为负载供电并将多余电量通过 PWM 控制储存到锂电池中。电源管理模块通过收集关键节点处电压数据,根据管理策略作出决策并输出控制信号控制电路通断。此外微控制器将当前取能装置工作信息上传至智能监测终端。

5)功率控制及过压保护

母线在正常工作状态下的电流范围较宽,可从数安培到数百安培。为了适应大的原边电流动态范围,保证取能线圈低热耗稳定输出负载所需功率,需要对线圈输出的功率进行控制。取能线圈在副边短路时,不对外输出功率。据此,可用双向可控硅并联在线圈副边,通过可控硅控制每个周波内线圈的导通角,进而控制线圈的输出功率。在功率控制模块的作用下,磁芯在原边电流较大时,在一个周波内仅有部分时间对后级输出功率,而后级的电容可以储能并起到平滑功率的作用,故磁芯可在保持低热耗的同时输出负载所需的功率。

双向可控硅的开通时间约为 $1\sim 10\ \mu s$。当线路发生短路故障时,瞬时电流可能高达数千安培,此时可控硅的响应速度显得相对较慢,取能线圈输出端的瞬间电压可能超过触发可控硅动作的阈值,故需要配合响应速度更快(响应时间通常低于 1 ns)的双向瞬态抑制二极管(transient voltage suppressor,TVS)阻止浪涌电流的影响。双向 TVS 可在正反两个方向吸收瞬时脉动大功率。由双向可控硅、TVS 以及气体放电管构成的复合过压保护电路,可对瞬间的浪涌冲击迅速反应,也可使线圈长期工作在原边大电流情况下而不过热。

3. 基于相角控制法的 CT 感应取能原理

功率控制是保证感应取电电源可靠性、提高取电效率的核心环节,作者利用双向可控硅作为取电线圈功率控制器件,在每 1/2 个工频周期内使取电线圈交替工作在副边短路状态和功率输出状态。动态调整取电线圈功率输出状态的时间,使取电线圈输出的功率等于负载消耗的功率,可在输电线路较大的电流范围内稳定的输出负载所需功率,并真正做到低热耗。同时在输电线路短路时,保护电路可在取电线圈副边电压过高时触发双向可控硅导通使取电线圈副边短路,来保护后级电路。

1)CT 取电原理模型

CT 取电线圈的工作等效图可以按照图 6.41 所示的变压器负载等效模型来等效。根据电磁感应定律可知取电线圈副边输出电压 E_2 的瞬时表达式为

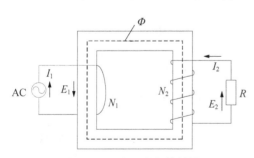

图 6.41 取电线圈负载等效模型

$$E_2 = N_2 \frac{\mathrm{d}\Phi}{\mathrm{d}t} \qquad (6.50)$$

式中,E_2 为取电线圈副边输出电压有效值;N_2 为副边线圈匝数;Φ 为取电线圈磁芯内通过的磁通有效值。

根据全电流定律可知:

$$\begin{cases} \Phi = BS = \mu HS \\ HL = N_1 I_\mu \end{cases} \qquad (6.51)$$

式中,Φ 为取电线圈磁芯内通过的磁通;B 为取电线圈磁芯内磁感应强度;H 取电线圈磁芯内磁场强度;S 为取电线圈磁芯截面积;μ 为磁芯的磁导率;L 为取电线圈磁芯磁路长度;N_1 为取电线圈原边匝数(取电线圈模型中 $N_1=1$);I_μ 为取电线圈磁化电流。

联立方程可得到二次侧输出电压 E_2 的表达式为

$$E_2 = \frac{u N_2 S}{L}\frac{\mathrm{d}i_u}{\mathrm{d}t} \tag{6.52}$$

式中,N_2 为副边线圈匝数。

忽略原副边漏感、线圈内阻及磁滞损耗,限定磁性在线性区工作时,根据取电线圈的负载等效模型可以得出其负载等效电路如图 6.42 所示。

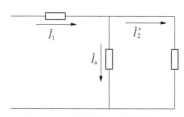

图 6.42　取电线圈负载模型等效电路

图 6.42 中,$\dot{I}_1$ 为输电线路电流,$\dot{I}_2'$ 为取电线圈副边输出电流折算到一次侧的电流 ($\dot{I}_2'=N_2 I_2$),$\dot{I}_u$ 为取电线圈磁化电流。设输电线路电流 $\dot{I}_1$ 的瞬时表达式为 $I_1\cos\omega t$,由式(6.52)可知 I_u 比 E_2 超前 90°,当负载为阻性负载时,E_2 和 I_2 同相位即 I_u 比 E_2 超前 90°,可分别列出 $\dot{I}_2'$、$\dot{I}_u$ 的瞬时表达式为

$$\begin{cases} I_\mu = K_1\cos(\omega t - \varphi) \\ N_2 I_2 = K_2\cos(\omega t - \varphi - 90°) = -K_2\sin(\omega t - \varphi) \\ K_1^2 + K_2^2 = (I_1)^2 \end{cases} \tag{6.53}$$

式中,K_1 为磁化电流最大值;K_2 为 N_2 倍副边电流最大值;φ 为原边电流和磁化电流之间的相位差。

如果取电线圈的负载为阻性负载且阻值为 R,由式(6.54)、式(6.55)可知:

$$I_2 = \frac{K_2\sin(\omega t - \varphi)}{N_2} = \frac{E_2}{R} = \frac{2\pi f u N_2 S K_1\sin(\omega t - \varphi)}{LR} \tag{6.54}$$

即 $\tan(\varphi) = \dfrac{K_1}{K_2} = \dfrac{LR}{2\pi f u N_2^2 S}$,由式(6.54)可知,当负载电阻一定时,相位差 φ 也为常数。

2) CT 取电线圈输出功率

根据功率定义可知取电线圈的输出功率表达式为

$$P = \frac{1}{2\pi}\int_0^\theta \frac{\pi\mu f S I_1^2\sin(2\varphi)\sin^2(\omega t - \varphi)}{L}\mathrm{d}(\omega t) \tag{6.55}$$

式中,f 为原边电流频率(50 Hz);θ 为取电线圈的功率输出导通角。

由式(6.55)可知,取电线圈的瞬时输出功率与磁芯的磁路长度、磁芯截面积、原边电流大小和相位差 φ 有关。其中磁芯的磁路长度、磁芯截面积为常量,磁导率 μ 在线性区时也可认为是常量。当 φ 为 0°或者 90°时,输出功率为零。90°对应于取电线圈副边短路状态;0°对应于取电线圈副边开路状态。因此可在取电线圈输出一定功率时使取电线圈副边短路来调节取电线圈的最终输出功率。

为验证取电线圈的功率输出特性,利用 6.2 节的方法研制磁芯,采用晶粒取向冷轧硅钢片 30Q110 作为实验磁芯，30Q110 具有初始磁导率高、饱和磁感应强度大、抗震性能强等特点。磁芯基本参数如下：磁路长度为 20.4 cm，截面积为 1 050 mm²，副边匝数为 200 匝。

1）非相角控制时输出功率

若不对取电线圈输出功率导通时间做任何限制，对式（6.55）在一个周期内积分即可得到取电线圈的输出功率为

$$P = \frac{\pi \mu f S I_1^2 \sin(2\varphi)}{2L} \tag{6.56}$$

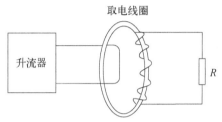

图 6.43 取电线圈输出功率实验框图

取电线圈功率输出特性和负载电阻的关系实验框图如图 6.43 所示，升流器为取电线圈提供稳定的一次侧电流，测量负载电阻 R 上的电压有效值以确定在负载电阻为 R 时，相位差 φ 与负载电阻的关系以及取电线圈输出功率与原边电流的关系。

分别记录负载电阻为 50 Ω、100 Ω、150 Ω 和 200 Ω 时，原边电流从 10 A 到 45 A 步进为 5 A 时 N_2 倍的负载电流 K_2 和磁化电流 K_1 的关系曲线及取电线圈输出功率和原边电流关系曲线如图 6.44、图 6.45 所示。

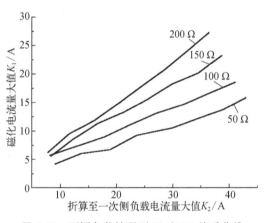

图 6.44 不同负载情况下 K_1 和 K_2 关系曲线

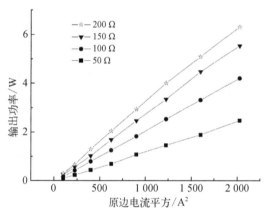

图 6.45 原边电流和输出功率关系曲线

由图 6.44 可知，在不相同的负载情况下，N_2 倍的负载电流 K_2 和磁化电流 K_1 的比值不随原边电流的变化而变化，几乎为一恒定值，而且当负载变化时，其比值也随之变化，说明相位差 φ 随负载的变化而变化，当负载一定时相位差 φ 也一定，这和理论分析一致。图 6.45 中取电线圈的输出功率随着原边电流的增加而增加并且几乎和原边电流的平方成正比，此结论和式（6.56）的理论分析一致。

2）相角控制时输出功率

由于相角控制器件用双向可控硅，其在电压过零点时自动关断，并可在一个工频周期内导通两次，若控制取电线圈在正负两个半波内的功率输出导通角，使之都为 θ，取电线圈的输出功率 P 为

$$P = \int_0^\theta \frac{\mu f S I_1^2 \sin(2\varphi) \sin^2(\omega t - \varphi)}{L} \mathrm{d}(\omega t) \tag{6.57}$$

式中，θ 为导通角，取值为 $0\sim\pi$。

由式(6.57)可知，可以用每个工频周期控制导通角 θ 的值来控制取电线圈的输出功率。

图 6.46 为验证导通角 θ 和取电线圈的输出功率关系的实验模型，升流器为取电线圈原边提供稳定的一次侧电流，取电线圈副边并接负载电阻 R 和双向可控硅，电压检测电路检测取电线圈的输出电压，当其达到一定值时向触发模块发出触发命令。触发模块得到电压检测模块的触发信号后，触发可控硅导通，使取电线圈输出功率降为零。

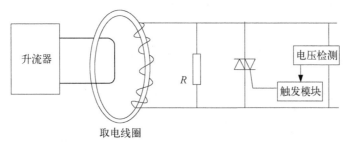

图 6.46　取电线圈相角控制功率输出实验框图

负载电阻取 $50\,\Omega$，原边电流分别为 $120\,\text{A}$、$320\,\text{A}$ 和 $520\,\text{A}$ 时调节电压检测模块的阈值设定电压，使负载电阻 R 上的功率为 $3.5\,\text{W}$，记录在不同原边电流的情况下取电线圈副边输出电压波形图如图 6.47 所示。

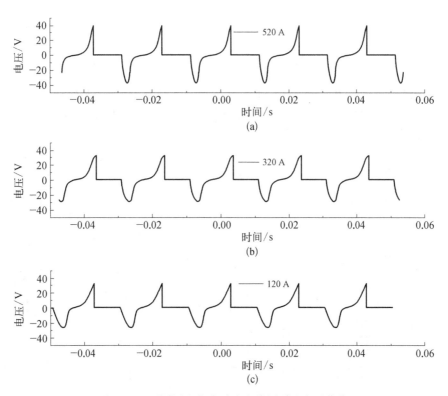

图 6.47　不同原边电流时取电线圈副边电压曲线

由图 6.47 可知,当取电线圈输出功率保持 3.5 W 不变时,原边电流越大,取电线圈的功率输出有效时间越小,其对应的功率输出导通角越小,因此可控制取电线圈的功率输出导通角 θ 来调节取电线圈的有效输出功率。

3) 相角控制方法

取电线圈的输出功率为周期为 π 的函数,为提高电源的动态响应能力,相角控制周期以 1/2 个工频周期为基本控制单位。

a. 相角控制方法

设取电电源的输出电压为 U_l,负载电流为 I_l,则 1/2 个工频周期内负载消耗的功率 P_l 为

$$P_l = \frac{1}{\pi} \int_0^\pi U_l I_l \mathrm{d}(\omega t) \tag{6.58}$$

在 1/2 个工频周期内取电线圈输出的功率 P_{out} 为

$$P_{\text{out}} = \int_0^\theta \frac{\mu f S I_1^2 \sin(2\varphi) \sin^2(\omega t - \varphi)}{L} \mathrm{d}t \tag{6.59}$$

式中,θ 为导通角,取值为 0～π。

为使式(6.58)和式(6.59)在微处理器上运算分别对其离散化得

$$\begin{cases} P_l = \dfrac{1}{\pi} \sum_{i=0}^{n-1} U_{li} I_{li} \left(\dfrac{\pi}{n} \right) \\ P_{\text{out}} = \sum_{i=0}^{N-1} \dfrac{\mu f S I_{1i}^2 \sin(2\varphi) \sin^2\left(\dfrac{\omega \pi i}{N} - \varphi \right)}{L} \left(\dfrac{\pi}{N} \right) \end{cases} \tag{6.60}$$

在每个基本控制单位时间内,使取电线圈的输出功率 P_{out} 等于负载消耗的功率 P_l 即可使取电线圈没有多余的能量产生。基于上述理论可得到相角控制取电电源框图如图 6.48 所示。

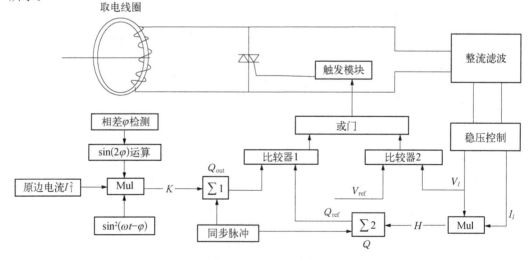

图 6.48 相角控制取电电源框图

图 6.48 中一个同步脉冲周期为基本控制单位时间,其频率为取电线圈原边电流的两倍(100 Hz)且和原边电流同相位。$\sum 1$ 和 $\sum 2$ 模块分别代表离散化后的式(6.58)和式(6.59)。比较器 1 和比较器 2 分别构成双闭环控制的外环和内环。外环控制中,每个基本控制单位时间的开始把上个周期 Q_l 的积分值赋予 Q_{ref},并清零 Q_l 和 Q_{out}。当 $Q_{out} > Q_{ref}$ 时,比较器 1 生成触发命令使双向可控硅导通。内环控制中,当稳压芯片的输出电压 V_l 小于设定电压 V_{ref} 时比较器 2 锁定触发脉冲生成,使取电线圈持续输出功率 $V_l > V_{ref}$ 为止。

b. 相位差 φ 的确定

由上述分析及实验可知当负载一定时,相位差 φ 为常数。在相角控制方法中,稳压控制输出的负载电流在一个相角控制周期内变化很小,并且相位差 φ 每个相角控制周期更新一次,故可近似认为取电线圈的负载在一个相角控制周期内固定不变,相角控制方法中等效负载电阻 R_l 的实现框图如图 6.49 所示。

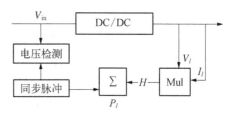

图 6.49 相差 φ 检测电路框图

同步脉冲的定义与图 6.48 中定义相同,在每个基本控制单位时间的开始记录 P_l,并同时采样 DC/DC 模块的输入电压 V_{in},则取电线圈的负载电阻 R_l 的表达式为

$$R_l = P_l / (\eta V_{in}) \tag{6.61}$$

式中,η 为 DC/DC 模块的效率。

把 R_l 代入式(6.58)即可近似计算出相位差 φ。

4) 相角控制法取电电源设计

由上述分析可知当其输出功率大于负载所需功率时可用相角控制法来使其输出功率等于负载所需功率;基于此理论设计的相角控制法取电电源框图如图 6.50 所示。

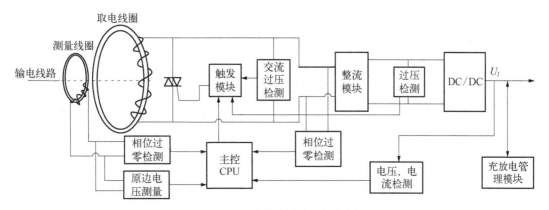

图 6.50 相角控制取电电源框图

图 6.50 中测量线圈把输电线路原边电流实时转换为电压信号供主控 CPU 采集。取电线圈为取电模块的核心能量转换部分负责从输电线路上感应出能量从副边输出;触发模块接收主控 CPU、交流过压检测模块或过压检测模块触发命令后触发可控硅使之导通;交流过压检测模块限定取电线圈副边输出电压,当其超过设定值时即通过触发模块触发可控硅,取电线圈输出电压降为零;整流模块把取电线圈输出的交流电压转换为直流电

压作为 DC/DC 稳压芯片的输入;过压检测模块检测 DC/DC 输入电压,当输电线路短路暂态电流使输入电压大于设定的 DC/DC 模块安全工作电压时,通过触发模块触发可控硅导通,使 DC/DC 模块的输入电压降至安全工作电压以下;主控 CPU 实时监控输电线路原边电流、相位差 φ、DC/DC 模块的输出电压及输出电流,并根据原边电流大小及相位差 φ 确定取电线圈的工作在相角控制模式或非控制模式。充放电管理模块在取电线圈功能充足时对锂电池充电,当取电线圈不足以提供负载所需能量时控制锂电池为负载供电。

4. 电源管理软件的设计

1) 电源管理策略

为了最大限度地延长系统的续航时间,应从"开源"和"节流"两个方面设计电源管理策略。即在线圈取能充足的情况下,尽量将多余的能量存储起来;而当线圈取能不足时,尽量降低电源自身功耗。

实现上述策略需要对当前线圈取能状况以及电池电量状况有定量的判断。取能线圈的输出电压可以表征当前取能线圈带负载的能力,故采样对第一级 DC/DC 的输入电压 CT_Volt 作为判断依据。想要测得锂离子电池的准确电量,必须使用库仑计测量。但锂离子电池有一个特性有利于简便地估算电量,即电池电压会随着电量的流逝逐渐降低,因而可以通过锂离子电池的电压近似计算电量,据此对电池电压 BATT_Volt 进行采样。仅测量上述两个电压还不足以满足管理策略的需求,由于取能线圈在空载和带额定负载两种情况下同等电压表征的带负载能力是不同的,在使用电压判断线圈带负载能力前,需要对当前带负载情况进行判断。采样第二级 DC/DC 模块的输入电压 LTC_Volt,若 LTC_Volt 高于 BATT_Volt 加一个二极管的压降,则可认为当前取能线圈在为负载供电,反之则认为锂离子电池在为负载供电。

根据第一级 DC/DC 输入电压及带负载情况,判定当前取能线圈的带负载能力。设定两个电压阈值,将其带负载能力划分为低、中、高(分别用 A、B、C 表示)三个等级,对应取能线圈取能不足以驱动额定负载、可以驱动额定负载但不足以为电池充电、可以驱动负载且可以为电池充电三种情况。根据电池电压,判定电池当前状态。设定两个电压阈值,将电池电量划分为低、中、高(分别用 X、Y、Z 表示)三个等级:电池电量低对应电池的过放电状态,过放电后锂电池寿命下降,且不宜充电,电池进入过放状态后电源装置通过串口向智能监测终端发送告警信息;电池电量中对应电池正常工况,可充电;电池电量高对应电池充满的情况。

软件控制采用 Moore 状态机的思想,流程如图 6.51 所示。

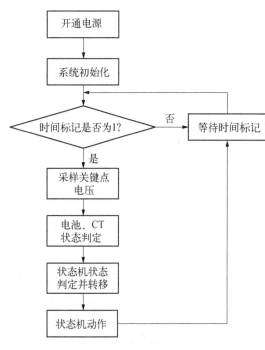

图 6.51 电源管理软件流程图

系统节拍来临时,MCU 采样 CT_Volt、BATT_Volt 和 LTC_Volt 三处电压,判断取能线圈带负载能力以及电池电量。判断结果作为状态机输入,状态机检查输入,根据状态转移逻辑转移状态并输出 CT_switch、Charge_switch、BATT_switch 和 Load_switch 四个控制信号,如图 6.52 所示,其中 Charge_switch 是以 PWM 波的形式输出的。输出持续不变直到下一个系统节拍来临,状态转移逻辑如图 6.53 所示。

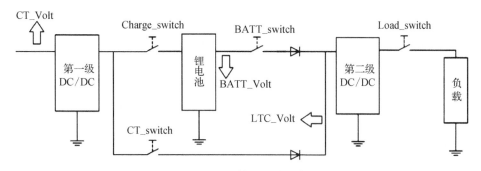

图 6.52　电源管理电路示意图

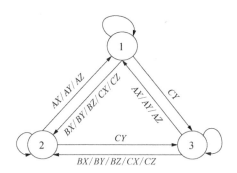

图 6.53　状态转移逻辑

状态机在各状态下的输出如表 6.13 所示。

表 6.13　状态机输出逻辑

	1	2	3
CT_switch	Off	On	On
Charge_switch	Off	Off	PWM_On
BATT_switch	On	On	On
Load_switch	On	On	On

2) PWM 充电方式

一定原边电流下,第一级 DC/DC 的输入电压随负载的加重而跌落。为了防止打开充电开关后充电电流过大导致 DC/DC 的电压跌落到最小工作电压以下,采用变占空比 PWM 方式对锂电池进行充电。占空比调节的流程如图 6.54 所示。当状态机由状态 1、状态 2 转向状态 3 时,初始化充电占空比为 1%。当前一个状态也是状态 3 时,根据第一级 DC/DC 的输入电压调节占空比。电压高则增大占空比,电压低则减小占空比。为了加快调节效率,若输入电压高于一个较大的阈值 U_H,则增加占空比的步长为 5%;否则使用 1% 的步长调节占空比,最终将第一级 DC/DC 的输入电压稳定在阈值 U_L 和 U_M 之间。阈值 U_H、U_M 和 U_L 通过实验测定。最大占空比限定为 50%,以避免充电电流超过 DC/DC 最大负载电流。

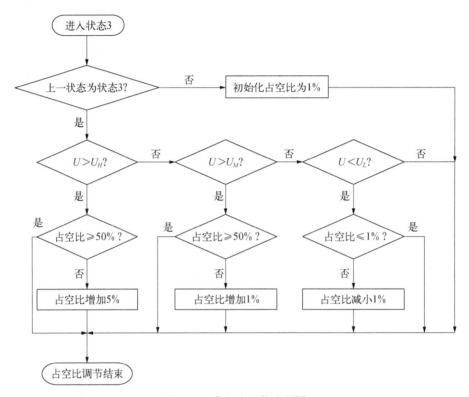

图 6.54 占空比调节流程图

5. CT 感应取能电源的感应输出功率测试

为检验 CT 感应取能电源的效果,对取能电源的功率特性进行了测试,取电电源最终输出为 4.2 V,负载电阻为 7 Ω,为了测量感应取能电源通过电磁感应输出到负载的功率,修改取能电源的软件,使 Load_switch 以及 CT_switch 均保持开通,Charge_switch、BATT_switch 保持关断,则感应供电的路径会保持畅通,实验原理图如图 6.55 所示。

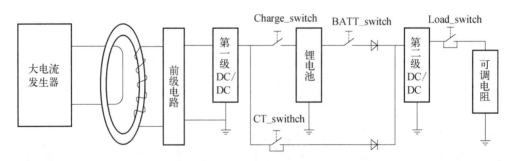

图 6.55 感应输出功率测试原理图

利用程控功率源产生原边电流,取能电源的 5 V 输出接最大为 1 kΩ 的可变电阻作为负载,测试开始前,将可变电阻调至最大。功率源上电后,缓慢地减小可变电阻的阻值(即增大负载),测量负载电压电流。当一定原边电流下磁芯的输出能力不足以承担负载功率时,负载电压将会跌落。负载电压从 5 V 跌落至 4.25 V 以下时,认为该时刻负载的功率就是该原边电流下感应得到的最大功率。改变原边电流,得到最大感应输出功率,如表 6.14 所示。

表 6.14　最大感应输出功率测试结果

原边电流/A	10	15	20	25	30	35
最大感应输出功率/mW	180	380	650	920	1 350	1 710

最大感应输出功率随原边电流变化的曲线如图 6.56 所示。从表 6.14 及图 6.56 可以看出,取能电源的感应输出功率近似与原边电流成二次增长的关系。因而当线路处于高峰负荷时,感应取能电源在较短的时间内即可获得数倍于非高峰负荷时期的能量,这对于取能装置通过充电补充后备锂电池的能量是极其有利的。

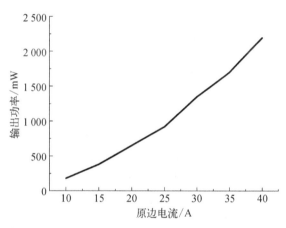

图 6.56　最大感应输出功率曲线

用升流器分别为原边电流提供 40 A、1 000 A 和 2 000 A 的电流,记录在不同的原边电流情况下,取电线圈输出电压波形和取电电源的输出波形分别如图 6.57 所示。

由实验结果可知,取电电源可在较大的电流范围内,动态调整取电线圈的功率输出导通角,使取电线圈能稳定输出负载所需功率。当输电线路电流低于 40 A 但高于启动电流 10 A 时,可用最大功率跟踪算法使取电线圈输出功率基本保持在最大功率输出点,同时使用取电线圈和电池联合供电的方式使得取电电源输出功率为 2 W,这为输电线路振动监测等对监测设备重量有严格限制的应用提供了解决途径;当输电线路电流较大时,利用双向可控硅,动态调整取电线圈的输出功率使之等于负载所需功率,并且在 10～2 000 A 的电流范围内,有效地降低取电电源的热耗系统温升,不超过 6 ℃,真正做到低热耗状态。

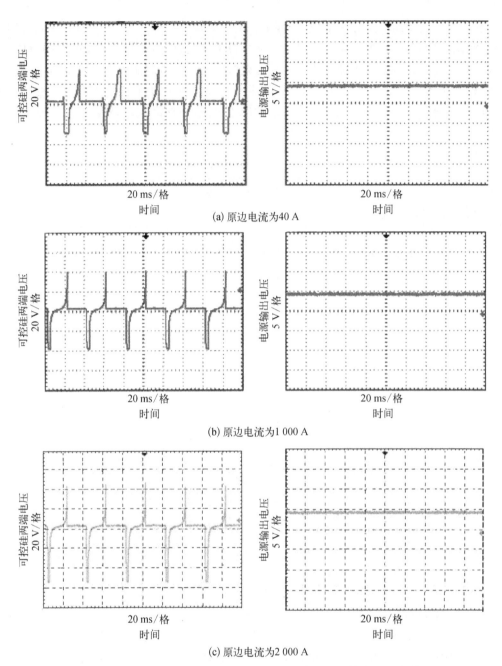

(a) 原边电流为40 A

(b) 原边电流为1 000 A

(c) 原边电流为2 000 A

图 6.57   不同原边电流情况下取电线圈和取电电源输出电压波形

6.4   安全稳定的输电线路状态监测系统通信技术

输电线路往往长达数十公里至数百公里,状态监测装置采集的数据如何准确、高效地传输至数据处理中心是输电线路状态监测工作中一项关键技术。

通信领域现使用的数据传输技术种类多样,大致分为有线传输和无线传输方式,有线传输方式有光纤、双绞线、同轴电缆、电力线载波等,无线传输方式有卫星、WiFi、无线公网等。针对输电线路处于户外环境中,线路长、分布广,其所经过的地区往往环境复杂、各种外界因素干扰较多,状态监测通信系统必须适应野外条件,并且不能影响线路的安全运行,需要充分发挥每种通信技术的特点和优势,结合传感器装设方案、数据流量和流向、数据集中点布置位置等因素,参考投资效益及运行成本,选择适用于线路在线监测的数据传输技术。

6.4.1　智能输电线路状态监测数据传输方式分析

根据目前电力系统通信技术的发展,输电线路状态监测可采用的数据传输方式主要有以下几种[21]。

常用的有线数据传输技术主要是光纤通信和电力载波通信(power line carrier,PLC)技术。光纤通信的特点是传输容量大、抗干扰能力强、随输电线路架设成本较低、维护简便。光纤通信可以采用同步数字体系(synchronous digital hierarchy,SDH)、无源光纤网格(x passive optical network,xPON)等组网方式,也可采用 IP(over SDH、over fiber)方式组网。电力通信常用的光缆有:普通架空光缆、地埋光缆、电力特种光缆(全介质自录式(all-dielectric self-supporting,ADSS)和 OPGW 等)、非对称数字用户线路(asymmetric digital subscriber line,ADSL)、局域网(local area network,LAN)、混合光纤同轴(hybrid fiber-coaxial,HFC)和光纤到户(fiber to the home,FTTH)。电力线载波通信传输速率和可靠性相对较低。

无线通信技术主要有 WiFi、WiMAX、Bluetooth、Zigbee、GPRS/CDMA/3G/4G、卫星等。WiFi、WiMAX、Bluetooth、Zigbee 适合近距离无线组网;GPRS/CDMA/3G/4G 移动通信网络可作为输电线路状态监测系统的公共通信网;卫星通信不受地形、地貌、距离影响,组网灵活,可提供多路话音、数据接口及网络(LAN)接口,但时延较大,费用较高,可作为电力通信系统的一种补充手段。另外,针对电力通信业务的多种需求也有采用无线通信的电力专网设计,利用 4G 时分长期演进(TD-LTE)核心技术,建立基于 230 MHz 频点的 TD-LTE 230 无线宽带通信系统[22],提供安全、可靠的电力数据传输通道,但是该方式需要建立专门的基站,其建设和运维成本方面有较多困难。

1. 选择原则

目前,通信资源按资产可划分为电力系统通信专网的资源和公网运营商的资源两部分,智能输电线路的建设可以依托通信专网资源建设,也可以依托公网运营商无线网络资源进行建设,两种资源应用比较见表 6.15。

表 6.15　电力通信专用网络与公用网络比较

比较项目	传　输　方　式	
	电力专用网络	公用网络:4G/3G/GPRS/CDMA
建设成本	高	低
通信实时性	满足要求	受第三方限制
运行维护费	较低	高
容量	满足要求	基本满足要求,GPRS、CDMA 传输视频信号清晰度低

比较项目	传　输　方　式	
	电力专用网络	公用网络：4G/3G/GPRS/CDMA
可靠性	高	3G/4G 网络覆盖率低，GPRS/CDMA 受天气和地形影响较大，可靠性低
通道的稳定性	高	较低
信息安全	有线通信方式与公网完全隔离，安全性高；无线通信方式通过网络加密，开发私有协议等方式提高安全性，安全性较高	基本满足要求
选择顺序	优先选择	无法建设通信专网时考虑

智能输电线路状态监测系统的数据传输应遵循以下原则。

1）安全性

电网的安全至关重要，而在智能输电线路的实现模式下，线路状态监测与其他信息系统需要信息交互，其通信安全性会影响电网运行的安全性。电力系统通信专网独立于公网运营商和其他系统专网，具有系统独立、网络可靠、安全等特点，因此线路状态监测传输方式首先应选择电力系统通信专网资源，在专网资源不方便接入或不能覆盖的地方选择公网运营商资源。

2）稳定性

智能输电线路状态监测和状态评估结果将作为决策支持的重要依据，直接影响运行单位和检修部门对电网的调度和巡线计划、检修计划、生产计划等，因此状态监测数据传输通道的稳定性至关重要。

3）先进性

智能输电线路的建设需要紧密跟踪新技术、新产品的发展，采用通信领域主流通信技术，构建安全、高效的智能输电线路状态监测网络构架。

4）经济性

建设智能电网的最终目的之一就是使社会和用户都能从中获益，而输电线路分布范围广、线路长，通信系统的经济性是必须考虑的因素。

5）可实施性

输电线路运行环境复杂，多处于运行人员不易到达或气候恶劣的地方，输电线路状态监测通信技术必须考虑通信技术的可实施性，综合考虑供电方式、气象条件、海拔高度、地理环境等因素。

6）易于维护

智能输电线路状态监测作为提高运行人员巡线效率，减少工作量的手段，不宜建设维护量大的监测单元。

2. 数据传输方式

1）无线通信方式选择

常用的无线通信网络技术有 GPRS/GSM/3G/4G、WiFi、Bluetooth、Zigbee 等，通信方式比较见表 6.16。

表 6.16　常用无线通信网络技术比较

通信方式比较项	GPRS/GSM/CDMA	3G/4G	WiMAX 802.16	WiFi 802.11	Bluetooth 802.15.1	Zigbee 802.15.4
业务应用重点	语音、信息	语音、视频、图像、Web	语音、视频、图像、Web	Web、语音、视频、图像	语音、视频、图像	控制信息、数据、图像等
带宽	GPRS 为 115.2 kbit/s CDMA 为 153.6 kbit/s	3G 下行速度为 3.6 Mbit/s,上行速度为384 kbit/s;4G 下行速度为 100 Mbit/s,上行速度为30 Mbit/s	上下行带宽与申请的频带宽度有关,10 MHz 频带宽度,上下行速率总带宽可达到 12 Mbit/s,最高接入速度为 70 Mbit/s	54～300 Mbit/s	720 kbit/s	20～250 kbit/s
传输距离	信号接收模块与基站间的距离大于 1 km	基站间传输距离最远可达50 km,信号接收模块与基站间的距离大于 1 km	基站间传输距离最远可达 50 km,信号接收模块与基站间的距离大于 1 km	100 m 内满足 54 Mbit/s 接入速率,改变接入速率最远可以达到 300 m,采用定向天线可以达到20 km以内	1～10 m	通常 1 km 范围内,增加发射功率可达 3 km
实时性和适用业务	受第三方网络限制,实时性较高,适用于语音、信息和模拟视频	受第三方网络限制,实时性较高,适用于语音、信息和标清视频	实时性高,适用于语音、信息和标清视频	实时性高,与局域网相同,适用于语音、信息和高清视频	实时性低,适用于近距离传输图片和信息	实时性较高,适用于语音、图片和模拟视频的传输
安全性	公共通信网络,易引入外部数据,安全性一般	公共通信网络,易引入外部数据,安全性一般	独立申请频段,干扰小,安全性较高	利用公共频段,协议公开,易引入外部数据,安全性一般	无有效的安全机制,安全性差	十余个频段,协议不同,可加密,安全性高
通信模块开发周期	技术成熟,开发周期短,是目前架空线路状态监测主用传输手段	技术成熟,开发周期较短,线路状态监测有较多应用案例	监控设备制造厂商对 WiMAX 技术掌握较少,二次开发周期长	技术成熟,通信协议规范,开发周期短	应用少,开发周期长	技术成熟,开发周期短,线路状态监测有较多应用案例
优点	覆盖范围较广、通信模块小、技术成熟	带宽大,可同时传输数据和高清视频	带宽大,可同时传输数据和高清视频	通道带宽大,稳定性高,可以实现巡线人员现场数据采集和分析	价格便宜,方便	传输距离较远,可靠,功耗低,价格便宜
缺点	传输速率较低、覆盖范围受限、安全性较低、运维费用偏高、难以定位通信故障	覆盖范围受限、安全性较低、运维费用偏高、难以定位通信故障	基站设备功耗大、质量大。尚未利用 WiMAX 建设专用通信网络,面临频率分配和设备产品尚未成熟等问题	利用开放频段,安全性较低	传输距离近,应用面狭窄	对视频、图片等大容量的数据处理能力较低

　　根据表 6.16 的比较结果,结合输电线路监测需求特点,可优先选用 3G/4G、WiFi、Zigbee 等三种无线通信技术。WiMAX 需要利用执照的无线频段,标准和技术尚未成熟,需要面临频率分配和产品成熟度等问题。Bluetooth 主要应用于数据包的短距离传输,时

延较大、安全性低,不建议使用。

2)有线通信方式选择

常用的有线通信网络技术有 SDH 技术、工业以太网技术、无源光纤网络(passive optical network,PON)技术。SDH 技术受其设备功耗和投资成本以及应用环境限制,仅作为变电站站间大容量传输设备使用,工业以太网技术和 PON 技术均可以应用于输电线路状态监测系统中,区别是 PON 技术传输距离较近,仅能应用于 20km 以内数据的传输,优点是不受单点故障影响。

6.4.2 智能输电线路状态监测系统组网方式分析

1. 基于移动通信公用网络的信息集成

图 6.58 为基于移动通信公用网络的智能输电线路信息集成示意图。同一杆塔附近的智能监测终端之间通过 Zigbee 等短距离无线通信组网或数据总线的方式实现分布式自组网,将监测数据集中安装在现场的通信代理,由通信代理通过 GPRS/CDMA/3G/4G 等移动通信公用网络将监测数据传输到智能输电线路监控中心进行数据的展示和分析。在没有移动网络信号的地区可先通过 WiFi 等无线接力通信的方式将数据传至有移动网络信号的杆塔。该方式的组网特点是不受地形、距离限制,组网灵活。

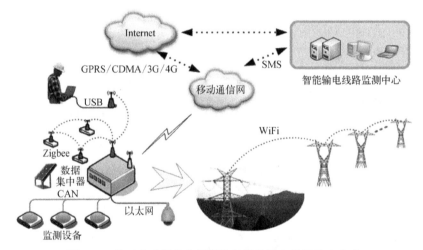

图 6.58 基于移动通信公用网络的智能输电线路信息集成

2. 基于电力专用通信网络的信息集成

图 6.59 为基于电力专用通信网络的智能输电线路信息集成示意图。同一杆塔附近的现场监测设备之间通过 Zigbee 等短距离无线通信组网或数据总线的方式实现分布式自组网将监测数据集中安装在现场的通信代理,由通信代理通过 WiFi 等无线中继接力的方式(在条件成熟的地方可通过 OPGW 接入电力系统光纤网络)将监测数据传输到变电站电力专用通信网络接入平台,主要实现方式包括以下四种。

1)无线中继组网方式

以无线节点(如变电站、通信站、光缆接头盒等)为中心,利用无线中继功能沿线路构建多级无线宽带链路,如图 6.60 所示。系统支持多级中继,每级间距可根据实际情况进行调整,理论最大间距为 20 km,由于受到地球曲率影响,再考虑到实际传输带宽,最大间

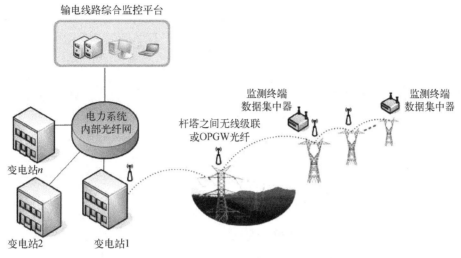

图 6.59　基于电力专用通信网络的智能输电线路信息集成

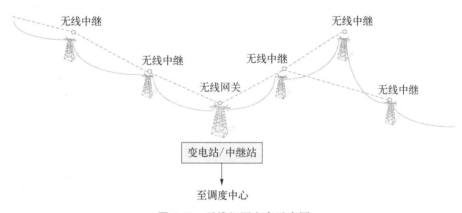

图 6.60　无线组网方案示意图

距不超过 15 km(即线路单方向可达 20 km,实际应用中由于地形等原因,单跳间距一般小于 10 km)。该方式适合以光缆节点(如变电站、通信站、光缆接头盒等)为中心,一定范围内(如 1~20 km)视距传输的应用。

该方式组网可采用 IEEE 802.11 标准,工作频段为 2.4/5.8 GHz,支持语音、数据、图像业务,缺点是无线信号受到自然天气、电磁干扰、雷击等影响,且传输质量不稳定,受地形影响严重。

2) 有线组网方式

由输电线路 ADSS/OPGW 光缆连接盒引出一对纤芯,配备光传输设备(工业以太网交换机或 PON 设备),塔上视频等状态监测终端数据利用光缆进行数据回传,适用于沿线具有可利用的光缆接头盒的杆塔,如图 6.61 所示。该方式组网特点是不受地形、距离限制的,可靠性强,新建线路可同时开展状态监测装置通信接入的设计。缺点是需要对光缆接续盒进行改造,且施工难度高、操作复杂,实施规范要求高,输电线路监测装置仅能在具备光缆接头盒的杆塔进行安装布设,限制了监测功能配置的灵活性。

3) 有线+无线混合组网方式

选择部分光缆接入点(例如,每 4~6 km 取具备光纤接续盒的杆塔),利用光缆连接盒

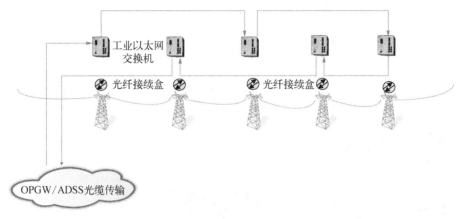

图 6.61   有线组网方案示意图

作为无线中级的网关节点,以此为中心利用无线沿线构建无线传输链路,实现数据的回传,如图 6.62 所示。该方式适用具有光缆接续盒可以利用的线路,特点是综合了有线和无线组网的优点,不受地形和距离的限制,实用性强,是线路全线状态监测的理想方案。

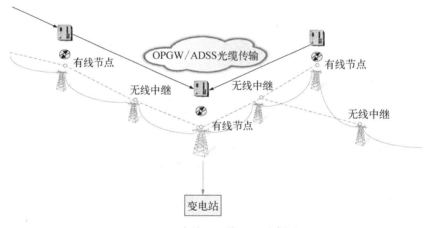

图 6.62   有线+无线组网示意图

4)无线+应急通信车混合组网方式

利用无线中继沿线路构建多段传输链路,需要时应急通信车到达现场与无线链路建立通信,通过卫星通信实现视频及数据的实时回传,并可读取存储在无线节点内的历史数据,如图 6.63 所示。该方式适用于监测线路重点区间、应急事故现场指挥。组网特点是区间监测,具备一定的灵活性,可重复利用。

总体来看,基于移动通信公用网络的信息系统集成技术成熟,在线路监测方面已广泛应用,服务器端易于接入,主要问题是利用移动通信的网络需要后期通信费用的不断投入,另外由于要接入外网,系统的安全性和可靠性需要特别关注。基于电力专用通信网络的信息集成通过无线专网或光纤接入的方式整合到电力系统专用通信网络,费用一次性投入,信号传输稳定、速度快、安全性能高,且不受移动通信网络信号覆盖范围的影响。但是,由于输电线路 OPGW 接口的限制目前应用还比较困难,采用无线接力存在着数据传输稳定性和传输带宽的问题。

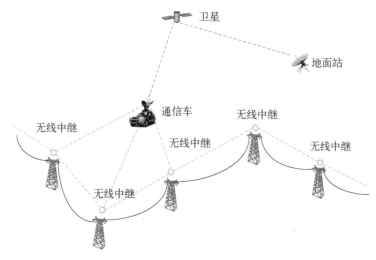

图 6.63　无线＋应急通信车混合组网图

6.4.3　基于无线 Mesh 网络的输电线路状态监测数据传输

1. 无线 Mesh 网络通信的原理和特点

目前输电线路监测常用的移动公用网络通信方式往往覆盖范围受限,部分偏远地区存在没有公网信号,受制于网络的接入等问题,不能实现线路的监测,另外该方式运维成本高,也难以定位通信网络故障。Mesh 技术是无线网络技术的发展方向之一,无线 Mesh 网络采用"网格"状的组网结构,可以自由扩展,安装非常灵活、方便,网络自身可以自动组网、自动故障隔离、自动网络优化,具有很高的可靠性和稳定性。

输电线路状态监测的 Mesh(网格)技术,节点之间采用无线级联方式通信,同时每个节点都可与其他节点使用点对多点(point-to-multipoint)的方式连接,无线级联没有跳数的限制。这样,可构建一个网状结构的网络,网络内每个节点都有一条以上的无线上联链路,提供了高冗余性,保证了无线传输服务的高可用性。从拓扑角度来说,Mesh 拓扑结构完全超越了传统的点到点、点到多点的拓扑结构,从根本上解决了大规模无线网络部署中存在的阻挡物的影响,主要的特点和优势包括以下四方面。

1）部署安装简单

Mesh 网络节点可以自我配置,当一个网络节点启动,该节点内的各模块互相自动发现并且确定它们的位置和在节点内的角色,包括该接口为有线或无线连接网络。网络中新加入的节点也可以被自动发现,并可自我配置,降低了初期部署和管理运维的工作负荷。

2）稳定性和可靠性

Mesh 无线网络连接建立后形成网格结构,每个网络节点以一定的时间间隔不断地执行决策算法,保证任何由于网络单元被增加或是移除导致的网络拓扑变化,都可以立即被检测到并采取相关的措施实现链路自愈,确保网络总是处于最优的性能和运行状态。同时网络支持动态频率选择功能,无线频谱中利用率最低、最不拥挤的信道将被使用。整个过程都是自动完成的,不需要人工干预,使用灵活,极大地提高了无线网络效能。

3）安全性

Mesh 无线网络系统提供一系列完备的标准工具保护网络安全和加密交换的信息以防止外部窃听，全面支持 802.1x，支持从 WEP、TKIP 到 AES 的加密协议，通过论证方式授权 ID 和动态加密以保护信息流。为了防止恶意攻击者采用物理方式进行网络攻击，例如，加入大功率 AP(access point)等设备使频段饱和，从而引起 DoS(denial of service)的物理式攻击，网络同时提供了对非法无线设备的扫描，当无线专网区域内出现未经授权的无线设备时，可以发现网络中其他的无线局域网产品(AP,Wireless Router 等)，并且进行实时报警。可以迅速地检测、定位未经授权的或恶意的接入点，通过迅速、准确的定位，指导对非法设备进行排除。

4）经济性

Mesh 网络的特性可以减少建设光纤等有线传输网络的成本，使网络的管理、扩容和升级更加方便。输电线路智能监测采用 Mesh 技术，可以充分满足恶劣地理条件下的远距离、大规模、高性能无线传输的需求，通过在输电线路沿线 5～10 跳的无线组网，实现多路监测装置数据的实时回传。

2. 基于无线 Mesh 网络的输电线路状态监测数据传输实现方式

输电线路上的状态监测数据采集是通过安装在输电杆塔上的监测设备完成的。首先通过安装在线路上的状态监测通信管理单元汇聚并进行智能化数据加工处理，然后依据电力通信 IEC60870-5-101 规约、IEC60875-5-104 规约或自定义的轻量级传输规约封装数据，并通过无线或有线通信网络直接传回到信息中心，也可以通过临近变电站的状态接入控制器接入信息中心。通信网络拓扑结构主要为点对点、多点对点，终端数据依次经过运营商无线接入网、IP 承载网、企业接入网接入电力信息网络。

基于无线 Mesh 网络的输电线路状态监测数据传输可以采用无线 Mesh 网络与电力 OPGW 传输相结合的网络解决方案，如图 6.64 所示[23,24]，输电线路上 OPGW 为电力远程调度提供了可靠的通信，同时也为输电线路上的在线监测设备提供了信息传输的骨干通信网络。无线 Mesh 网络可以将位于输电杆塔上的监测信息采用无线中继方式汇聚到 OPGW 的信息接入点，从而减少 OPGW 开口次数。在每一个杆塔处布置无线 Mesh 网络传输节点，该节点实现以下功能：① 收集线路杆塔上状态监测传感器信息。② 与临近杆塔之间建立通信连接，实现监测信息的中继传输。

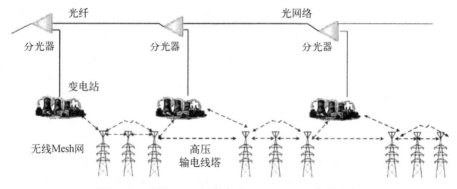

图 6.64 无线 Mesh 网络结合电力 OPGW 传输方案

无线 Mesh 网络的建立可采用 WiFi 标准 IEEE 802.11 g 设备。根据菲涅耳区半径与路径的关系,在 2.4 GHz 频段下,通信收发双方距离为 3 km 时,其传播路径上 3.5 m 范围内不能有突出的坚硬阻挡物。通信基站采用共杆塔搭建,通常高度>10 m 并且建立在山顶与山顶之间,使得周围阻挡物不能进入辐射区。实际上 2.4 GHz 通信频率具有一定的穿透性,树障碍偶然进入菲涅耳区对通信影响也有限。输电线路运行环境无线噪声在 2.4 GHz 频段没有明显干扰。

3. 无线 Mesh 网络通信关键技术

建立输电线路状态监测无线 Mesh 网络涉及的关键技术包括[23]以下四方面。

1) 高增益无线技术

WiFi 标准 IEEE 802.11 g 设备标准规定发送功率<100 mW,通常工作距离在100 m 范围内。由于 WiFi 一般工作在点对多点拓扑模式,需要采用全向天线,而输电线路信息节点沿杆塔呈线性分布,使用高增益的定向天线,可以通过高增益天线补偿远距离传输引起的路径损耗,在满足无线电管理委员会规定的条件下提高通信传输距离,此时 WiFi 设备工作在点对点模式。

2) 接入控制技术

WiFi 远距离传输性能不仅取决于定向天线增益技术,还取决于其在数据链路层的接入控制协议。WiFi 设备采用了载波侦听多路访问/冲突避免接入(carrier sense multiple access with collision avoidance,CSMA/CA)方式,其数据接入成功概率取决于参与接入竞争的通信设备数量以及设备之间的距离。

3) 无线 Mesh 拓扑技术

WiFi 路由器在实现几公里的点对点传输基础上,进一步实现十公里数量级的远距离传输则要依靠组网实现,即多个无线路由器构成无线 Mesh 网络。该网络主要可以采用级联和环状拓扑结构,其中级联拓扑结构如图 6.65 所示,通过位于无线 Mesh 网络上的多个远端 WiFi 路由器中继,实现无线路由器与 OPGW 的交换机接口互联。

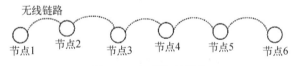

图 6.65　级联拓扑结构

级联拓扑结构的优点是拓扑简单,缺点是中继节点故障影响整个网络的可靠性。改进方法是采用多个 WiFi 中继路由器构成首尾相接的环状拓扑结构,如图 6.66 所示。环形拓扑结构各节点通过通信线路组成闭合回路,增加环中数据链路提高了传输带宽,提高网络可靠性,但增加了网络复杂度和无线频点资源占用需求。

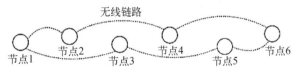

图 6.66　环状拓扑结构

4）信息安全技术

采用无线 Mesh 的无线网络使用开放无线频段作为传输媒介,且输电线路暴露在公共区域,相对于传统的有线网络,更容易遭遇攻击。应采用多种技术为平台中信息安全提供保障。在工程设计中除了采用接入认证技术识别通信装置、应用地址过滤功能限制非法信息流,还需要采用虚拟专用网(virtual private network,VPN)技术实现数据传输的逻辑隔离。简单方案是采用虚拟局域网技术(virtual local area network,VLAN),考虑信道加密则采用了互联网安全协议(internet protocol security,IPSec)技术实现端对端的加密,通信管理单元与监测单元之间的设备须支持 IPSec 技术。

参考文献

［1］ 石一辉,张承学,易攀,等.差分算法在电力系统高频信号分析过程中的研究[J].电工技术学报,2008,3：115-119,136.

［2］ 邬林勇,何正友,钱清泉.利用 CVT 二次信号的频域行波故障测距方法[J].电力系统自动化,2008,32(8)：73-77,82.

［3］ 乔立凤,高敬更,温定筠,等.330 kV 电流互感器电流异常故障分析[J].电子测量技术,2013,7：125-127.

［4］ 文玉梅,孙登峰,李平,等.自全式无线霍尔电流传感器[J].仪器仪表学报,2014,8：1700-1706.

［5］ 王立辉,杨志新,殷明慧,等.数字闭环光纤电流互感器动态特性仿真与测试[J].仪器仪表学报,2010,8：1890-1895.

［6］ Di Z G,Jia C R,Zhang J X,et al. PCB rogowski coil for electronic current transducer[J]. Sensors & Transducers,2014：1715.

［7］ Liu Y,Xie X,Hu Y,et al. A novel transient fault current sensor based on the PCB rogowski coil for overhead transmission lines[J]. Sensors,2016,16(5)：742.

［8］ 谢潇磊,刘亚东,刘宗杰,等.高频差分绕线 PCB 罗氏线圈设计[J].仪器仪表学报,2015,36(4)：886-894.

［9］ 甘磊.基于电压互感器二次信号的行波定位系统研制[D].武汉：华中科技大学,2006.

［10］ 王绍部,舒乃秋,龚庆武,等.计及 TA 传变特性的输电线路行波故障定位研究[J].中国电机工程学报,2006,26(2)：88-92.

［11］ Liu Y,Xie X,Hu Y,et al. A novel high-density power energy harvesting methodology for transmission line online monitoring devices[J]. Review of Scientific Instruments,2016,87(7)：75119.

［12］ 吴波,盛戈皞,曾奕,等.多电池组太阳能光伏电源系统的设计与应用[J].电力电子技术,2008,42(2)：45-47.

［13］ 刘亚东,盛戈皞,江秀臣,等.基于功率控制法的电流互感器取电电源设计[J].电力系统自动化,2010,34(3)：70-74.

［14］ 刘亚东,盛戈皞,江秀臣,等.基于相角控制法的输电线路 CT 取电电源设计[J].电力系统自动化,2011,35(19)：72-77.

［15］ 朱成喜,刘亚东,盛戈皞,等.导线监测装置取电研究[J].电力电子技术,2011,45(2)：78-80.

［16］ 李志先,杜林,陈伟跟,等.输电线路状态监测系统取能电源的设计新原理[J].电力系统自动化,2008,32(1)：76-80.

［17］ 任晓东,陈树勇,姜涛.电子式电流互感器高压侧取能装置的设计[J].电网技术,2008,32(18)：67-71.

[18]　Hubert Z, Thomas B, Georg B. Energy harvesting for online condition monitoring of high voltage overhead power line[C]. I2MTC 2008—IEEE International Instrumentation and Measurement Technology Conference, Victoria, Canada, 2008.

[19]　朱炜,高学山,吴晓兵,等.混合光电电流互感器的反馈式激光供能[J].微纳电子技术,2007,7：146－149.

[20]　Ben-kish A, Tur M, Shafir E. Geometrical separation between the birefringence components in Faraday-rotation fibre-optic current sensors[J]. Opt Lett,1999,16(9)：687－693.

[21]　郭经红,张浩.智能输电网线路状态监测系统数据传输技术研究[J].中国电机工程学报,2011,31(S1)：45－49.

[22]　刘柱,赵明科,张京娜.基于基带拉远 LTE 230 MHz 的配电自动化通信系统设计[J].电力系统通信,2012,33(12)：35－40.

[23]　黄天聪,黄超,杨光.无线 Mesh 网络在输电线路设备物联网中的应用[J].高电压技术,2016,42(9)：2018－3024.

[24]　沈鑫,曹敏,薛武.基于物联网技术的输变电设备智能在线监测研究及应用[J].南方电网技术,2016,10(1)：32－40.

第 7 章

智能输电线路的最新进展和发展趋势

输电线路智能化技术的研究既要立足于目前处于发展期的现实,又要兼顾未来成熟期的前景。综合来看,涉及输电线路智能化核心的状态感知、智能评估、故障诊断和预测的基础理论与方法研究仍然较欠缺,促进传感器、计算机、通信网络、信号处理、数据分析、人工智能与电气工程等学科和技术的交叉与融合,是智能输线路技术研究的主要发展趋势。

7.1 大数据和人工智能技术在输电线路状态评估中的应用

传统的输电线路状态评估、分析和诊断大都基于巡检、试验数据和带电检测/在线监测参数,评估分析模型的建立、参数和阈值的设定都依赖于理论计算、实验结果分析以及专家经验。这些状态评估诊断方法结合输电线路家族缺陷、运行工况的分析,对输电线路的检修决策起到了良好的支撑作用,但要支持线路的智能运维检修,实现线路资产全寿命管理,达到全面、及时、准确地掌握输电线路运行状态的要求,还有相当大的发展空间,主要问题表现在以下四方面。

1) 状态评价分析不够全面,故障预测手段匮乏

影响输电线路运行状态的因素众多,现有的评估诊断方法多基于单一或少数状态参量进行分析和判断,没有充分利用设备大量状态信息之间、状态变化与电网运行和环境气象之间蕴涵的内在规律和关联关系进行综合分析,且一般依据单次测量值或近期数据来进行分析,未充分利用全部历史数据及其动态变化信息,分析结果粗放和片面,无法全面反映故障演变与表现特征之间的客观规律,难以实现潜伏性故障的发现和预测。

2) 评估诊断没有体现设备差异化,准确性有待提高

目前输电线路状态评估主要针对设备群体,普遍采用基于理论分析、计算仿真和实验测试等手段建立的机理和因果关系模型以及统一的评价标准,参数和阈值的确定主要基于大量实验数据的统计分析和专家经验。然而设备故障机理的复杂性、运行环境的多样

性和设备制造工艺、运行工况等存在差异,难以建立严格、完善、精确、统一的评估和预测模型,无法实现设备状态的个性化评估,统一标准的固定阈值判定方法难以保证对不同设备的适用性。

3) 状态检测数据量爆发增长,诊断分析效率亟待提升

输电线路的故障诊断分析很大程度上依赖专家经验,无法将这些经验与海量数据中蕴涵的信息进行有机结合,实现智能的判断。近年来爆发式增长的状态检测数据加上与设备的状态密切相关的电网运行、气象环境等信息数据量巨大,人工进行诊断分析的效率很低。

4) 与状态相关的数据源分散,数据质量参差不齐

输电线路状态相关信息分散于各业务应用系统中,数据结构复杂多样、数据接口各不相同、平台间数据通信困难、交互性差,导致信息与资源分散,异构性严重,横向共享和纵向贯通困难,而且数据质量参差不齐,数据的有效提取和融合分析的难度较大,影响设备状态评估诊断的效果和效率。

随着智能电网的建设与发展,输电线路状态监测、生产管理、运行调度、环境气象等数据逐步在统一的信息平台上的集成共享,推动输电线路状态评价、诊断和预测向基于全景状态的信息集成和综合分析方向发展。然而,影响输电线路运行状态的因素众多,爆发式增长的状态监测数据加上与设备的状态密切相关的电网运行、气象环境等信息数据量巨大,难以建立完善、准确的输电线路状态评估及诊断机理模型对这些数据进行分析,这种背景下,大数据分析技术提供了一种全新的解决思路和技术手段。

近年来,随着信息通信技术的不断进步,数字化、信息化已经渗透到各个领域,据国际数据公司 IDC 编制的年度研究报告《从混沌中提取价值》表明,世界已进入数字摩尔时代,全球数据量大约每两年翻一番,大数据的分析和处理方法开始得到广泛的关注。2007年,图灵奖获得者 Jim Gray 提出人类科学研究的前三种范式分别是实验科学、理论科学、计算科学,“数据密集型科学发现”将成为科学研究的第四范式,揭示了数据分析对科学研究的重要性[1]。2008 年 9 月《自然》(Nature)发表了名为 Big Data 的研究论文专辑,2011年 2 月 11 日 Science 发表了名为 Dealing with Data 的论文专辑,讨论了数据对科学研究的作用。2010 年《经济学人》周刊发表封面文章,提出了“数据泛滥(data deluge)为科研带来新机遇”的观点。2012 年 7 月,联合国发布政务白皮书《大数据促发展:挑战与机遇》,建议联合国成员国开发大数据潜在价值的研究。由于大数据对经济、社会和科研的巨大价值,世界主要发达国家纷纷给予广泛关注,投入大量人力和财力进行研究:2012 年 3月,美国总统奥巴马宣布投入 2 亿美元,启动“大数据研发计划”(Big Data R&D Initiative),将大数据技术研究提升到美国国家战略层面;2012 年 6 月,欧盟斥资 10 亿欧元致力于大科学(big science)问题研究,主要探索新的科学方法,并建立支持超级计算和大数据挖掘分析的平台;谷歌、亚马逊、微软、IBM 和 Facebook 等国际著名 IT 企业也将大数据列入重点研究发展计划[1-4]。

与国外相比,国内相关的研究起步稍晚,但近几年出现了蓬勃发展的态势。我国国家自然科学基金于 1993 年首次支持数据挖掘领域的研究项目。20 世纪 90 年代末至今,相关学术机构举办了多次知识发现与数据挖掘学术会议对数据挖掘、知识发现、人工智能、机器学习等相关领域的主题进行讨论。2012 年 6 月,中国计算机学会成立了专门研究大数据应用和发展的学术咨询组织——大数据专家委员会,推动了我国大数据的科研与发

展[1]。国内已经有十多位院士向高层建议制定大数据国家战略,并在发展目标、发展原则、关键技术等方面作出顶层设计。与此同时,国家发展和改革委员会与中国科学院启动"基础研究大数据服务平台应用示范项目"。2013 年 3 月中国电机工程学会发布了《中国电力大数据发展白皮书》第一次提出了电力大数据的定义,并提出中国电力行业要制定切合自身实际的发展策略,开展电力大数据技术的研究与实践[5,6]。

总的来看,与输电线路等电力设备状态评估相关的数据已具备大数据特征,面向数据挖掘、机器学习和知识发现的大数据分析技术近年来快速发展,在互联网、社会安全、电信、金融、商业、医疗等领域获得广泛的应用。这种背景下,利用先进的大数据分析处理技术可以充分挖掘与输变电设备状态相关联的多种有效信息,从大量数据中探知设备状态及影响变量变化的关联关系和发展规律,实现个性化、多样化的全方位分析,及时捕捉设备早期故障的先兆信息,为设备状态的精细化评价、故障预测和风险评估提供全新的解决思路和技术手段,从而及时发现、快速诊断和消除故障隐患,有效提升输变电设备评估的准确性,实现智能技术与设备管理的有机融合,确保设备和电网安全可靠运行。

大数据技术包括数据管理、数据存储与处理、数据分析和数据可视化展示等重要技术,其中大数据分析技术是核心。利用大数据分析方法可以从大量的、不完全的、有噪声的、模糊的、随机的数据中提取隐含在其中的、事先不知道但又是潜在的有用信息和知识。大数据分析的研究方式不同于基于数学模型的传统研究方式,大量数据可以不依赖模型和假设,只要数据间有相互关系,统计分析计算就可以发现传统方法发现不了的新模式、新知识甚至新规律。20 世纪 90 年代以来,人们开始关注通过统计或人工智能的方法从大量原始数据集合中推测、寻找数据之间复杂的、潜在的关系或蕴涵的模型。当数据规模增大时,已有的数据挖掘算法就不再适用,需要对其改进,以利用并行计算模型加快数据的处理速度。因此,国外很多科研机构以及高校、院所都积极致力于高性能的大规模数据集挖掘算法的研究,利用不同的技术对传统的数据挖掘算法进行修改、优化,使其能够通过大数据存储架构的 MapReduce 并行计算模型加快计算速度,以适应大数据背景下的数据挖掘分析要求。这些研究利用经典的数据挖掘算法(包括回归分析、关联分析、分类、聚类、时间序列分析等)构建大数据挖掘平台,通过将已有的数据挖掘算法同大数据挖掘平台的集成,在利用已有研究成果的同时,结合实际应用问题快速地开发相关的算法。近年来,大数据分析处理技术在金融业、电信业、网络、零售业、制造业、医疗保健、制药业等领域的应用已经取得不少成果[7-10],为电力大数据分析的研究和应用提供了强有力的技术支撑。

最近几年,由于大数据、信息化技术的发展以及各类传感器和数据采集技术的广泛应用,人工智能机器学习技术取得飞速的进展,尤其在语音识别、图像识别、自动驾驶等领域已经超过人类专家的认知水平。深度学习是近年来机器学习领域的一个突出的研究热点,其通过构建多隐含层的神经网络来模拟大脑处理信号的过程,使得机器能够自动地学习隐含在数据内部的多层非线性关系,从而使学习到的特征更具有推广性和表达力,提高了分类和预测的精度。有多层隐含层的深度学习网络在发展过程中曾经遇到训练上的瓶颈,直到 2006 年,机器学习领域的知名学者 Hinton 提出深度学习网络在训练上的难度可以通过逐层初始化来克服,掀起了深度学习新的研究热潮[11-13]。2011 年语音识别领域的研究人员采用深度学习技术,将语音识别错误率降低了 20%～30%,是语音识别领域 10 多年来最大的突破性进展。2012 年,在 ImageNet 的图像识别挑战赛上,参赛者采用深度学习技术,将错误率从 26% 降低到 15%,2015 年和 2016 年,以深度学习为技术基础的机器人"AlphaGo"与人类对弈围棋取得 60 连胜,而且两次战胜了围棋世界冠军,更是引起广泛的关注。以深度学习为代表的人工智能技术的发展为电力设备状态评估诊断提供了新的解决方法。

输电线路等电力设备的状态变化和突发故障是在高压电场、热、机械力以及运行工况、气象环境等多种因素的作用下发生的,要及时和准确地发现设备在运行中产生的潜伏性故障是十分困难的,必须多角度综合分析不同特征参量值及其变化趋势来提高设备状态评价、诊断和预测的准确性。而输电线路的状态变化和故障演变规律蕴涵在带电检测、在线监测、巡检试验以及运行工况、环境气候、电网运行等众多状态信息中,随着智能电网的建设和不断发展,设备检测手段的不断丰富,电网运行和设备检测产生的数据量呈指数级增长,逐渐构成了当今信息学界所关注的大数据,充分利用这些数据需要相应的大数据分析技术作为支撑。研究设备状态评估大数据分析基础理论和方法的目标是从海量的设备状态监测、电网运行以及气象数据中,通过分类、聚类、机器学习、预测与估计、关联和序列分析、异常检测等大数据挖掘分析方法发掘出有价值的知识(规律、规则或模式),从数据分析的角度揭示输电线路状态、电网运行和气象环境参量之间关联关系和内在变化规律,实现设备异常状态的快速挖掘、差异化的状态评价和故障预测等功能。

近年来,直升机/无人机智能巡检、带电检测、在线监测技术大量推广应用,其采集了海量的状态检测数据,由于线路故障类型和现场干扰的种类多,许多情况下需要专家人工分析确诊,诊断效率很低。采用大数据和人工智能技术对海量数据样本进行自动学习实现故障智能诊断,期望达到甚至超过多个专家的分析会诊能力。基于大数据样本智能学习的线路故障诊断一方面需要建立海量的历史数据和故障案例数据库,另一方面通过强化学习、深度学习等先进的机器学习手段建立设备故障智能诊断分析模型,同时利用大数据匹配和关联算法搜索类似的缺陷或故障案例,为设备故障分析提供参考。

总的来看,大数据分析应用是电力信息物理系统、"互联网+"设备状态检修等未来电网应用场景的重要组成部分。输变电设备状态评估是大数据技术在电力系统的重要应用领域,应用前景广阔。目前的研究和应用才刚起步,初步的研究表明,大数据分析可以有效提高输变电设备状态评估的准确性,在家族性缺陷分析、个性化评价、异常检测、故障快速诊断和预测等方面有明显效果[14-17],但是在数据质量、数据集成、应用价值、多学科深度合作等方面面临一些挑战,未来突破的关键是多源数据的有效获取和建立适用的数据挖掘分析模型,大数据结合人工智能技术的应用将是未来重要的发展方向。

本书在进行输电线路智能化关键技术原理和方法介绍的同时,初步阐述了利用大数据分析方法在输电线路状态评价、负载能力动态评估和预测中进行应用的方法和效果,可以为智能电网模式下设备状态检修、全寿命周期管理和智能调度等环节提供智能决策支持。

7.2 光传感技术在智能输电线路中的应用

传感器承担了智能输电线路实时信息的最前端测量、监测信息的直接获取任务,可以说传感器技术的发展很大程度上决定了智能输电线路的发展水平。高压输电线路具有所处环境恶劣、电磁干扰强、监测距离长、范围广、温度变化范围大、湿度高、电腐蚀强等特点,有必要综合测量温度、应力、磁场、加速度、角度和位移等多类物理量,实时获得覆冰、污秽、温度、负荷、舞动、闪络等状态信息,以便及时掌握设备状态,准确判断事故的性质和影响程度。目前状态监测所使用的传统传感器大都以电信号输出,存在信息容量不大、测量效率不高、容易受干扰、抗腐蚀能力差、绝缘要求高、传感器运行需要本地供电、不易组网等问题。光纤传感技术具有无源、抗电磁干扰能力强、绝缘性好、耐高温、耐腐蚀、体积小、重量轻、响应特性好、测量一致性好、精度和灵敏度高等特点,可直接安装于输电线路高压侧,能准确、快速地反映线路状态量的变化情况,因此在输电线路状态监测领域得到了关注。

光纤相关产品主要包括两大分支:光通信产品和光传感产品。前者已经具有非常成熟和广泛的应用,而光传感产品起步较晚,国外自 20 世纪 80 年代才开始商业化应用,国内自 20 世纪 90 年代开始进行小规模应用,21 世纪以来,光纤传感技术的研究和商业化应用发展速度很快,产品种类迅速增加,规模化应用已经覆盖多个领域,呈现良好的发展势头,是极具潜力的新一代传感技术。光纤传感器能够对应变、压力、温度、振动、加速度等各种参数进行精确测量,能够适应极端恶劣的环境,符合输电线路状态监测的应用场景。

输电线路状态监测用得较早的光学监测技术是绝缘子表面污秽的等值盐密度和灰密度监测,主要原理是基于介质光波导中的广场分布理论和光能损耗机理:利用石英玻璃棒作为光学传感器,污秽直接作用在其表面,当石英玻璃棒无污染时,光波传输过程中的光损耗很小,有污染时光能产生较多损耗,通过检测光能的损耗就可以检测出污染的严重程度和输电线路的外绝缘情况。随着光纤光栅应用的发展,光纤光栅传感器的种类也日趋增多。近年来,华北电力大学等单位在应用于输电线路监测的光纤光栅技术上进行了大量的研究,采用的光纤传感器包括光纤温度传感器、光纤湿度传感器、光纤风速传感器、光纤压力传感器、光纤应变传感器、光纤位移传感器、光纤加速度传感器、光纤倾角传感器、光纤磁场传感器、光纤腐蚀传感器等,用于监测输电线路微气象、杆塔倾斜、杆塔应变、绝缘子倾斜、导线覆冰、导线应变、导线温度、导线电流、微风振动和舞动、复合绝缘子性能等多种状态参数[17-19]。光学传感器均为无源传感器,以串联或并联的方式分布在光纤回路中,可以组成光传感网络,导线温度、导线振动等高压侧传感器可通过光纤复合绝缘子内的光纤通道从高压侧连到低压侧,并与杆塔上的杆塔倾斜、杆塔应力、微气象等传感器串联在一起组成杆塔的光纤传感器监测网络,所有光传感器的光信号最终通过 OPGW 内的光纤传送到线路一侧的变电站全光在线监测主机上,组成分布式的全光监测系统。目前光纤光栅的输电线路全光监测技术已有示范应用工程,并在逐步地完善和改进。基于布里渊原理的分布式监测系统采用 OPGW 内部光纤作为传感器,用于 OPGW 温度和应变的分布式测量,可以构建大范围分布式传感网络,稳定性、准确性、系统维护和造价具有明显优势,未来可以在覆冰监测、通信光纤状态检测、杆塔状态、雷击温升等方面得到应用。

总的来看,适用于输电线路的光纤传感器离实用化还有一段距离,需要攻克长期稳定性、选择性等一些技术难关,未来随着研究的深入,能够越来越多地应用到输电线路状态监测领域,将极大地推动智能输电线路的发展。

7.3　传感器集成化和智能化技术

传感器将输电线路的状态信息转化为可测量的信息,是线路状态的感知元件,在监测功能中具有关键作用。传感器的小型化与输电线路设备的一体化、集成化,实现一次设备与二次设备高度集成,成为一个有机整体的设计理念是未来重要的研究发展方向。过去,电力设备制造商较少关注设备的监测功能,大多数状态监测功能是设备投运之后加装的。由于一部分传感器需要改装主设备,这不仅或多或少地影响主设备的安全,传感器也往往不能置于最佳位置。对于外置传感器,虽然不需要改装主设备,但影响设备的美观。还有部分传感器,一旦设备制造完毕,就无法植入。综合这些情况,智能输电线路的高级阶段应从输电线路设备部件的设计开始,在设计、制造环节综合状态监测需求,充分考虑内置传感器的安装要求,且保证有规范的信号接口,出厂实验时应带传感器进行,实现传感器与输电线路设备部件的集成化设计和制造。

针对这一目标,一方面需要从传感元件理化性能、传感小型化、一体化设计、物联组网等方面入手,开展复杂运行环境下传感器内置可靠性研究,实现传感器与线路部件集成化设计制造;另一方面还需要研究传感器智能化技术,自动满足宽量程、抗干扰的测量信号需要,利用智能传感技术实现对线路部件正常、异常、故障等状态的实时监测与诊断,提升线路状态自感知、自评估和自诊断能力。

当前,常规感知元件与线路部件的集成化设计制造方面已有了初步的研究和应用,如内嵌应力和温度光纤传感器的复合绝缘子[20],具备张力测量功能的连接金具以及具备动态温度测量功能的光纤复合智能导线等。但基于状态智能感知的整体设备一体化设计制造理念和技术还远未成熟,智能感知元件及实用化关键技术研究仍处于起步阶段。

7.4　输电线路状态检测图像自动处理和分析技术

近年来,基于图像的状态检测技术在输电线路状态检测中广泛应用:传统的人工巡检或在线监测系统会采集大量的可见光、红外、紫外等检测图像;采用直升机、无人机、线路巡检机器人等搭载照相机、红外成像仪、紫外检测仪等手段实现高效、快速的输电线路巡检也得到迅速推广和广泛应用。通过这些大量的非结构化图像数据(视频图片、红外热像、紫外成像等)可以有效地发现输电线路外观和通道环境异常、异物入侵、局部过热、局部放电等主要缺陷,为线路管理和运行维护提供重要依据。但是,这类数据存量巨大、增长速度快且价值密度低,相关数据的有效应用存在较大困难:一方面图像数据在生产管理系统中处理需要非常大量的存储空间,利用率很低;另一方面对这些数据的人工检查和故障识别需要花费大量的人力和时间,分析效率很低,而且给出的结果存在主观性、模糊性、不完全、易漏检和误检等问题。在这种背景下,亟须研究状态监测图形图像数据自动分析和结构化表达的理论方法和关键技术,对这些数据进行有效的处理,分层提取关键状态的数字特征量后进行深入分析,以提高该类数据的应用分析效率,及时发现电力设备及其运行环境的缺陷和异常。

近年来,图像处理技术的发展和广泛应用使复杂背景下图像数据的自动分析成为可能。主要研究目标是应用成熟、可靠的图形图像处理技术提取输变电现场设备的运行环境、外观、缺陷和设备温度等关键运行状态的特征数据,对电力设备现场状态检测图像、红外热像、紫外成像等进行自动分析:一方面对图像数据进行高效处理,提取关键状态的数字特征量,以提高该类数据的存储和分析效率;另一方面研究输变电设备典型缺陷与图像特征之间的映射关系,实现输变电设备典型缺陷智能判断。

国外电力设备状态检测图像分析研究的主要工作是提高输电线路飞行巡检和图像监测的效率和准确性,主要研究点集中在输电线、杆塔和绝缘子的提取识别及覆冰、断股、弧垂等特定缺陷或状态的识别,其研究取得了初步成果,弧垂图像测量等少量图像监测设备已形成应用产品。我国对于基于图像的设备状态检测和自动分析相关的研究主要集中在理论方法分析及可行性研究阶段,华北电力大学、上海交通大学、华中科技大学、重庆大学、湖南大学、同济大学等高校利用图像信息开展了输电线路状态评估的研究,主要研究集中在设备图像配准、设备及其部件识别提取、覆冰厚度估算、绝缘子污秽和裂纹、异物识别、导线断股、弧垂测量、红外热像过热故障检测以及紫外成像的放电情况分析等[22-24]。

总的来看,状态检测图形图像的自动分析和处理方面已有一些初步的研究,主要侧重于图像的配准以及设备故障的诊断和识别方面。相关研究在国内外基本属于起步阶段,国内外研究水平差距不大,还没有形成针对电力设备状态检测图像处理的成熟应用技术。未来研究的继续深入将有利于实现状态检测图像的高效处理和分析,提高设备状态评估和诊断分析水平,从而及时、准确地掌握设备健康状态和设备运行风险,减少设备故障,提升运检效率,提高设备管理和电网安全运行水平。

7.5　计及输电线路等设备状态的电网优化调度技术

多年来,输电线路等设备状态监测已经形成了固定的技术理念,其主要目标是在线发现高压设备的缺陷,为缺陷报警和检修决策提供支持,其主要考虑的是设备本身的运行风险及状态维护,应用对象为运行检修人员,设备运行状态给电网运行带来的定性和定量风险的研究很少。但实际上,电力设备始终是电网中的一个节点,电力设备安全和电网安全运行两者相互影响和相互作用,共为一个有机整体,将两者独立考虑的运行和维护方式可能导致电力设备的状态评估和检修无法顾及电网的运行工况、电网的调控和安全评估,低估设备的运行风险,这将构成潜在威胁。考虑设备状态信息制定调度运行方式、分析电网运行风险和确定检修模式等对电网的安全可靠运行起到重要的作用,因此,除了支撑设备状态检修,设备状态评估还应以支持电网优化调度运行为重要目标。

20 世纪 30 年代的电力系统已经建立了调度中心,但调度员仅凭运行经验指挥系统的运行,无法对运行中的电力系统进行客观的性能评价。70 年代中期出现了能量管理系统,经过多年的研究和开发,能量管理系统已具有预想事故分析和安全约束调度等安全评估和控制的功能。伴随着计算机技术和通信技术的飞速发展,90 年代出现了 WAMS,为电力系统在线动态安全评估和控制提供了重要的技术支持。90 年代末至今,一个重要的进展就是将概率的思想引入在线运行评估中,能够计及多种不确定因素的影响。但是,传统的电力系统电网运行与调度未考虑电网运行和设备状态的相互作用和相互影响,实际上,当设备的健康状态有所下降时,故障率会增加,同样电网的运行工况也会影响设备状态。目前,考虑电力设备健康状态的电网和设备优化控制的研究不多,电网调度和安全校核等采用的设备停运模型较为单一,很少考虑电力设备状态时效、连续变化对电网整体带来的运行风险。设备状态信息的智能化高级应用,例如,优化电网运行控制减少电网及设备运行风险,提高电力设备和电网的运行效率等,也需要在电网中由调度系统来实现,但相关的应用缺乏相应的理论和方法指导。

　　总的来看,利用设备状态信息支撑智能电网优化运行的相关理论和应用方法还处于探索阶段,要全面支持资产全寿命管理和电网智能调度,大幅提高电网运行的安全性和经济性,达到智能电网的要求还有相当大的发展空间。未来智能输电线路的发展需要基于输电线路等设备状态监测、评估和预测技术,建立考虑设备状态的电力系统调度运行分析理论和方法体系,提出面向智能调度应用的电力设备运行风险评估和考虑设备状态的优化调度辅助决策方法。在此基础上,综合考虑设备可靠性、负载能力和检修计划,以供电路径最优、停电计划最优等为应用目标,研究电网运行方式优化策略和电网运行风险防控技术,开发出计及设备状态的调度可视化辅助决策支持系统,为全面实现电网安全、高效的优化调度提供技术支撑。

参考文献

[1]　李国杰.大数据研究的科学价值[J].中国计算机学会通讯,2012,8(9):8-15.

[2]　陶雪娇,胡晓峰,刘洋.大数据研究综述[J].系统仿真学报,2013,25(S1):142-146.

[3]　Mayer-Schonberger V, Cukier K.大数据时代生活、工作与思维的大变革[M].杭州:浙江人民出版社,2013.

[4]　王珊,王会举,覃雄派,等.架构大数据:挑战、现状与展望[J].计算机学报,2012,34(10):1741-1752.

[5]　中国电机工程学会信息化专委会.中国电力大数据发展白皮书[M].北京:中国电力出版社,2013.

[6]　宋亚奇,周国亮,朱永利,等.智能电网大数据处理技术现状与挑战[J].电网技术,2013,(4):927-935.

[7]　王星.大数据分析:方法与应用[M].北京:清华大学出版社,2013.

[8]　Tan P N, Steinbach M, Kunmar V.数据挖掘导论[M].北京:人民邮电出版社,2011.

[9]　谭磊.大数据挖掘[M].北京:电子工业出版社,2013.

[10]　Wegner D, Mock M, Adranale D, et al. Toolkit-based high-performance data mining of large data on MapReduce clusters[C]. Proceedings of the 9th IEEE International Conference on Data Mining (ICDM'09), Dec 6-9, 2009, Miami, FL, USA. Los Alamitos, CA, USA: IEEE Computer Society, 2009:296-301.

[11]　郑胤,陈权崎,章毓晋.深度学习及其在目标和行为识别中的新进展[J].中国图象图形学报,2014,19(2):175-184.

[12] Chen X W, Lin X T. Big data deep learning: challenges and perspectives[J]. IEEE Access, 2014, 2: 514 - 525.

[13] 孙志军,薛磊,许阳明,等.深度学习研究综述[J].计算机应用研究,2012,29(8):2806 - 2810.

[14] 严英杰,盛戈皞,陈玉峰,等.基于关联规则和主成分分析的输电线路状态评价关键参数体系构建[J].高电压技术,2015,41(7):2308 - 2314.

[15] 王建,熊小伏,梁允,等.地理气象相关的输电线路风险差异评价方法及指标[J].中国电机工程学报,2016,36(5):1252 - 1259.

[16] 江全元,晏鸣宇.基于概率统计的输电线路山火监测方法[J].高电压技术,2015,41(7):2302 - 2307.

[17] 郑茂然,余江,陈宏山.基于大数据的输电线路故障预警模型设计[J].南方电网技术,2017,11(4):1 - 5.

[18] 陈洪波,李昃.基于光传感的输变电设备状态监测技术[M].西安:西安交通大学出版社,2014.

[19] 穆瑞铎.用于绝缘子表面盐密检测的光纤布喇格光栅传感器的研究[D].北京:华北电力大学,2014.

[20] 马国明,李成榕,全江涛.架空输电线路覆冰监测光纤光栅拉力倾角传感器的研制[J].中国电机工程学报,2010,30(34):132 - 138.

[21] 蔡炜,周国华,杨红军,等.复合绝缘子光纤智能监测研究[J].高电压技术,2010,36(5):1167 - 1170.

[22] 闫书佳.基于图像识别的输电线路故障诊断的研究[D].上海:同济大学,2014.

[23] 陈斯雅,王滨海,盛戈皞,等.采用图像摄影的输电线路弧垂测量方法[J].高电压技术,2011,37(4):904 - 909.

[24] 仝卫国.基于航拍图像的输电线路识别与状态检测方法研究[D].保定:华北电力大学,2011.